FEILIAO GAOXIAO
SHIYONG JISHU

肥料
高效施用技术

姚素梅 主编

U0230894

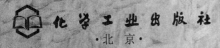
化学工业出版社
·北京·

图书在版编目（CIP）数据

肥料高效施用技术/姚素梅主编. —北京：化学工业
出版社，2014.6（2024.5重印）
 ISBN 978-7-122-20278-9

Ⅰ．①肥…　Ⅱ．①姚…　Ⅲ．①施肥　Ⅳ．①S147.2

中国版本图书馆 CIP 数据核字（2014）第 068965 号

责任编辑：邵桂林　　　　　　文字编辑：向　东
责任校对：徐贞珍　　　　　　装帧设计：张　辉

出版发行：化学工业出版社
　　　　　（北京市东城区青年湖南街 13 号　邮政编码 100011）
印　　装：北京机工印刷厂有限公司
850mm×1168mm　1/32　印张 10¼　字数 294 千字
2024 年 5 月北京第 1 版第 15 次印刷

购书咨询：010-64518888　　　售后服务：010-64518899
网　　址：http://www.cip.com.cn
凡购买本书，如有缺损质量问题，本社销售中心负责调换。

定　　价：29.80 元　　　　　　　　版权所有　违者必究

编写人员名单

主　　编　姚素梅

副 主 编　陈翠玲　王　永

编写人员　（按姓名汉语拼音顺序）

陈翠玲　任秀娟　陶　晔

王　永　王永刚　姚素梅

前言

　　肥料的施用对促进现代农业生产的发展起着不可替代的作用。但是，目前我国肥料的当季利用率很低，这不仅造成了经济和资源的巨大浪费，还带来了巨大的环境风险，致使生态环境安全问题已成了影响当前及长远农业生产、农产品安全与人类健康的重大问题。因此，如何兼顾肥料施用的经济效益、生态效益和社会效益，建立高产、稳产、优质、低耗、省工、无污染的肥料高效施用技术体系，应是当前农业生产中亟待解决的主要问题。

　　本书的特点是以肥料为核心，阐述各种有机肥、化肥的性质及合理施用方法。书中对新近引起重视的中量元素、有益元素及相应的肥料加以介绍，并把一些新型肥料品种，如长效肥、缓释肥推荐给读者。针对目前种植业结构调整，经济作物、果树、蔬菜等增值高的作物种植面积加大，本书对这些作物的营养特性及合理施肥方法作了详尽阐述。

　　全书分十四章，以农业科学理论为基础，从当前农业生产实际出发，根据新形势下出现的新问题，既讲明怎样做，又讲清这样做的道理，通俗易懂，简明实用。本书适合肥料企业技术人员、管理人员、农业技术推广人员等阅读，而且可作为农业院校教师和学生的参考用书。

参加本书编写的有姚素梅、陈翠玲、王永、任秀娟、陶晔、王永刚。典晓阳校对了全稿，在此表示衷心的感谢！

由于时间仓促，编者的学识有限，书中难免有不足之处，真诚地敬请广大读者批评指正。

主　编

2014 年 3 月

目 录

第三章 有机肥   24

第四章　氮素化肥　　52

第五章　磷素化肥　　66

第九章　复混肥料及其施用 **152**

第十章　微生物肥料 　177

第十一章 叶面肥 194

第十二章 缓控释肥料 205

第十三章　肥料施用新技术　　**222**

第十四章　作物施肥　　**238**

第一章
肥料在现代农业生产中的作用

第一节　肥料与现代农业的发展

　　现代农业的主要特点是农业劳动生产率的极大提高，一个农业劳动力生产的农产品，可以满足几十个人的需求。人们通常认为，这都是使用了农业机械的结果。其实，大量使用肥料也发挥了重要作用。使用农业机械，固然使每个人能耕种更多的土地，大大提高劳动生产率，但要在单位面积耕地上收获更多的农产品，最迅捷的办法就是增加肥料施用量。机械和肥料是工业支援农业的两大支柱，只有把两者结合起来，才能极大地提高劳动生产率。

　　生产和使用肥料，是农业生产和科学实践发展到一定阶段的必然产物。不同历史阶段的农业生产，有不同的主要肥源，肥源发展的每一个阶段都以增加一种新肥源为特征，并且不断丰富了施肥内容和促进了农业生产。刀耕火种时代，人们把要播种的土地上的植物烧成灰肥，这是最早的、也是最原始的肥源与施肥方法。随着家畜的驯养和畜牧业的发展，人们从残留粪便的土地上收获了好庄稼，由此总结了使用粪肥的经验，农牧业便开始结合和相互促进。至今"粪"字仍然是当代大多数国家用以代表肥料的一个词。以后随着宜垦地的减少和

1

土地轮休制的扩大，要求更快更好地恢复地力，人们又发现了像苜蓿、红花草（紫云英）这样的豆科植物，能更好地恢复地力，使后作物的产量提高。于是，豆科绿肥又成了重要的肥源。但是，灰肥、粪肥和绿肥的数量，均受到一定面积上植物产品的产量和农牧业比例的限制。因此，使用这些肥源都不可能超脱用土地自身的产品——农产品还田以恢复和维持地力，即农业物质自然（有机）循环的局限。这是因为，人们开垦荒地种植农作物，其实是利用荒地长期积累的自然肥力。荒地一旦变为耕地，就须依靠每年施肥以维持地力。而每年从耕地上收获的农产品，经人、畜利用后，只有其废弃物、副产品（秸秆、粪便等）还田，如耕地连年种植，甚至一年种植多季农作物，则这些有机废弃物还田，显然不足以维持其不断消耗的地力，因而人们只能轮休长草或轮种绿肥牧草以维持地力，耕地上种植的作物单产自然受到限制。直到19世纪中叶以后，由于植物生理学和农业化学的发展，人们才逐渐认识到可以用无机养分，即化肥来归还土壤，用以增加农产品。到了20世纪初，由于大规模合成氨方法的问世，化肥工业的发展与日俱增。

现代农业的本质是可持续发展农业，农业的可持续发展是人类社会经济可持续发展的基础。面对人口、粮食、资源、环境与能源五大问题，农业的可持续发展正在受到越来越广泛的重视。可持续农业应能维护土、水资源和动植物的遗传资源，使环境不退化，技术上应用适当，经济上能维持下去，并能够被社会所接受。随着科学技术的进步，可持续农业也在不断提高与完善。可持续农业的核心是以当代科学技术为基础，以持续增长的生产率、持续提高的土壤肥力、持续协调的生态环境，以及持续利用与保护的农业自然资源为目标，以高产、优质、高效、低耗为宗旨，采用现代科学技术、现代经营方法来管理而建立的一种农业综合体系。其中持续提高的土壤肥力不仅是基础的基础而且是各种关系持续的纽带。

人类从事农业已有数千年历史。据考古证明，我国黄河流域、长江流域以及其他一些地区农业发展都有数千年历史，这些古老的农垦区土壤肥力不仅没有枯竭，而且越种越肥，产量持续上升。由此可见，农业可持续发展是完全可能的。土壤肥力是地球生命中能量和物质交流的库容。肥沃的土壤能持续协调地提供农作物生长所需的各种土壤肥力因素，保持农产品产量与质量的稳定与提高，因此，肥料是现代农业可持续发展的重要基础。

第二节　肥料在农业可持续发展中的作用

土壤养分是土壤肥力最重要的物质基础，肥料则是土壤养分的主要来源，因而也是农业可持续发展的重要物质基础之一。著名的育种学家，诺贝尔奖获得者 Norman E. Borlaug 在全面分析了 20 世纪全球农业发展的各相关因素之后断言，全世界产量增加的一半是来自肥料的施用。联合国粮农组织的统计也表明，在提高单产方面，肥料对增产的贡献额为 40%~60%。我国农业部门认为中国的这一比例在 40% 左右，从现代科学储备和生产条件出发可以预见，未来农业中，肥料在提高产量与品质方面仍继续会发挥积极作用。化肥在农业生产中作用主要体现在以下几个方面。

一、增加作物产量

据联合国粮农组织（FAO）统计，在 1950~1970 年世界粮食增产较快的 20 年中，粮食总产增加近 1 倍，其中因谷物播种面积增加 10600 万公顷，所增加的产量占 22%；由于单位面积产量增加 $700kg/hm^2$ 所增加的产量占 78%。而在各项增产因素中，西方及日本科学家一致认为，增施肥料起到 40%~65% 的作用。

我国从 1952~1995 年，粮食产量与肥料特别是化肥的投入量同步增长，密切相关。另外，据对上海郊区几种主要作物的实际产量统计，1950~1980 年间，粮食、棉花和油菜的单产与化肥年施用量密切相关。可见，化肥的增产作用是具有普遍性的。20 世纪末，我国年生产粮食约计 5 亿吨，投入化肥养分约 4200 万吨。其中如按 75% 化肥投放于粮食作物，并按我国近期的平均增产率（每千克养分增产粮食 7.5kg）计，则化肥的贡献在 5 亿吨粮食产量中将占有 2.363 亿吨的份额，占 47.3%。因此，对化肥的多方面积极作用的评估中，对粮食增产作用的认识较为一致。

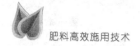
二、提高土壤肥力

每年每季投入农田的肥料，在当季作物收获后，都有相当数量残留于土壤中，其一部分经由不同途径继续损失，大部分则可供第二季、第二年，以及往后种植的作物持续利用，这就是易被人们忽视的肥料后效。连续多年合理施肥的结果，肥料后效将叠加，土壤有效养分含量将增加，促进作物单产不断提高，耕地的肥力不但能保持，而且可能越种越肥。

什么是土壤肥力？教科书上有多种定义性描述，如组成土壤肥力的因子有"水、肥、气、热"或"水、养、气、热、光、磁"等。也有人认为，土壤肥力就是"土壤生产力"，能长好庄稼、多打粮食的就是肥地；反之，就是瘦地或肥力低的地。因此，威廉斯对土壤肥力的最基本描述"土壤能同时地、最大限度地满足作物对水分和养分需求的能力"，仍应是最精确和经典的定义。这一定义是否比"水、肥（养）、气、热"要求低，不完整？比"水、养、气、温、光、磁"更原始？并非如此。因为，单位面积土壤能接受到的光能、大气温度的高低、空气的组成等，均受到地理位置（如纬度）、大气环流、季节变换以及所处生态环境的影响。只有作物每时每刻需要的水分和养分存在于一定环境下具体土壤的孔隙中，如果作物根系能在其中正常伸展，同时和充分地吸收到所需的水分和养分，作物就能很好地生长发育，就能取得高产。土壤空气与水分都存在于土壤孔隙中，互相联系、互为消长，两者体积相加等于土壤孔隙总体积的两个因子。水多则气少，水少则气多。如果一种土壤能满足作物的水分要求，说明这种土壤的空气状态良好。作物需要的二氧化碳及其与环境的气体变换，主要由地上部叶子去完成。如果该土壤又同时能满足其对各种养分的要求，说明该种土壤的温度（热量）也较适宜。因为温度影响土壤微生物的活性、有机质的分解及相应的速效养分含量。因此，土壤肥力的基本因子应是直接影响作物生育好坏的水分和养分供应能力，即生产力。其他都是派生因子或受大气环境影响的因子。

使用含多种有机质的有机肥的主要目的就是为了在不断转化和不断更新的条件下，维持和提高土壤中有机物质的数量和组成的表观平衡。这里需要强调说明的事实是：一方面，有机物质只能由绿色植物的地上部利用光能合成，有机物合成后，即面临降解与转化，增施化肥恰恰是通过绿色植物提高有机物质合成量的重要手段。作物产量越高，单位耕地面积上收获的农产品越多，残留土壤中的根茬等有机物也越多，有的可达到地上部产量的 1/3 左右，相应的微生物活动也愈旺盛。据统计，水稻、冬小麦和玉米的根茬占地上部籽实产量的百分比分别为：29%～44%、29%～59%、29%～53%，大豆为 21%～60%，油菜为 29%～53%。如以平均数 35% 计，若每亩❶收获籽实 400kg，则相应残留根茬有机质 140kg 或有机碳 81kg，这对平衡和补偿土壤有机质具有重要意义。另一方面，化肥施入土壤后也能被微生物直接利用。微生物的代谢，以及化肥直接与土壤中的有机物及其降解的中间产物结合成新的有机物（如微生物体内的有机酸与吸入的氨结合生成氨基酸）等过程，都能使土壤中的有机物质不断代谢更新，保持甚至提高有机质含量，减缓有机质的消亡。

三、发挥良种潜力

现代作物育种的一个基本目标是培育能吸收和利用大量肥料养分的作物新种，以增加产量、改善品质。因此，高产品种可以认为是对肥料的高效应用品种。实质上，高产品种是能吸收利用更多的养分，并将其转化为产量的品种。例如，以德国和印度各自的小麦良种与地方种相比，每 100kg 产量所吸收的养分量基本相同，但良种的单位面积养分吸收量是地方种的 2～2.8 倍，单产是地方种的 2.14～2.73 倍。

我国杂交稻的推广也与肥料投入量密切相关。据湖南省农业科学院土壤肥料研究所报告，常规种晚稻随施肥量的增加其单产变化不明显，而杂交晚稻（威优 6 号）则随施肥量增加而增加养分吸收量，单产相应提高约 1.5t/hm^2，每公顷产量（稻谷＋稻草）的养分吸收量，"杂晚"较"常晚"多吸收 N21～54kg，P$_2$O$_5$ 1.5～15kg，K$_2$O 19.5～67.5kg。因此，肥料投入水平成为良种良法栽培的一项核心措施。肥料投入量的差异也常是甲地的良种至乙地种植可能显不出优势，或此一时的良种常难以在彼一时发挥潜力的一个重要原因。

---

❶ 667m^2＝1 亩。

四、补偿耕地不足

生产实践表明，加施肥量，能提高作物产量，可以从较小面积的耕地上收获更多的农产品；如降低施肥量，则必须用较大面积的耕地才能收获与高施肥量下相似数量的农产品。因此，对农业增加肥料施用量，实质上与扩大耕地面积的效果相似。例如，按我国近年的平均肥效，每吨化肥养分增产粮食 7.5t，若每公顷耕地的粮食单产量也是 7.5t，则每增施 1t 化肥养分，即相当于扩大耕地面积 1hm²。因此，那些人多地少的国家，无一不是借助增加投肥量以谋求提高作物单产，弥补其耕地的不足，人多地少的日本、荷兰，其施肥量是美国、前苏联的 3～5 倍，而其粮食单产量则达到美国、前苏联的 2～3 倍。也就是说，日本、荷兰两国通过增加肥料投入量，使其耕地面积相对增加 60%～227%。显然，如能将这种认识变成全社会的强烈意识，进而成为国策，将对我国今后的农业生产产生重大影响。

五、发展经济作物、森林和草原的物质基础

据统计，在较充足的施用肥料实现连年粮食丰收的条件下，我国经济作物获得大幅度发展。在 1995 年前的 10 年中，糖料、油料、橡胶、茶叶等增加 50%～80%，瓜菜增加 150%～170%，水果增加 250%。而且随着农村种植业结构的调整还在继续发展，极大地丰富了我国的城乡市场和农产品的出口能力。粮食和多种农产品的丰富，有力地促进了退耕还林、还草的大面积实施和城乡大规模的绿化，也为从宏观上治理水土流失，保护和改善生态环境提供了可靠的物质基础。

据统计，我国有 1.4222 亿公顷森林，长期在雨养条件下自然生长，如能有重点地施用肥料，即可加速成材，扩展覆盖率。我国的3.181 亿公顷草原长期缺水少肥，载畜率极低，有的每公顷年产肉量不到 15kg。如能对有一定水源的草原适量施肥，即可迅速提高肉产量和载畜率。一些发达国家，其耕地平均施肥量之所以较高，其中就有相当数量用于森林和草地，发展多种经济作物，实施城乡大规模绿化。不仅使其农业劳动生产率提高、畜牧业发达、农牧产品丰富，而且使其能保持优美的生态环境。我国在农业实现良种化、持续提高施

肥量、获得粮食连年丰收的基础上，进入 21 世纪后，才有可能实施大规模的退耕还林、还草。上海郊区依靠我国充足的商品粮，有条件将 6 万余公顷粮田（约占粮田的 1/3）经 10 年左右逐步改作林地和大面积绿化。由于大面积绿色植物（森林、草地、农作物）的繁茂生长，及其与所处生态环境的物质交换，对生态环境的改善作用巨大，难以取代。可以认为，在当今世界上，任何一个长期保持高施肥量的发达国家，都保持着良好的自然生态环境。

参 考 文 献

[1] 石元亮，王玲莉，刘世彬，聂鸿光．土壤学报，2008，45（5）：852-864.

[2] 孔露曦，赵敬坤，黎娟．有机肥料对土壤及作物作用的研究进展．南方农业，2010（3）：83-86.

[3] 姜玮．试论土壤肥料在农业持续发展中的地位和作用．民营科技，2013（7）：208.

[4] 王兴仁，张福锁，张卫峰．我国粮食安全形势和肥料效应的时空转变——初论化肥对粮食安全的保障作用．磷肥与复肥，2010，25（4）：1-4.

第二章
作物营养与施肥的基本原理

第一节　作物对养分需求

一、作物生长发育所必需的营养元素

一般新鲜作物含有 $75\%\sim95\%$ 的水分，$5\%\sim25\%$ 的干物质。在干物质中绝大部分是有机化合物，约占 95%，无机化合物只占 5% 左右。干物质经加热燃烧后，其有机化合物部分几乎全部可被氧化分解，以二氧化碳、水、氮气等物质的气体形式逸出，留下的残渣，就是灰分。灰分含有几十种化学元素，有作物生长所必需的和非必需的营养元素。

根据试验研究，高等植物所必需的营养元素有：碳、氢、氧、氮、磷、钾、钙、镁、硫、铁、硼、锰、铜、锌、钼及氯16种元素。这16种必需营养元素，由于它们在作物体内含量不同，又可分为大量、中量和微量营养元素。

大量营养元素在作物体内约占干物重的千分之几到百分之几十。如碳、氢、氧、氮、磷、钾等。

中量和微量营养元素在作物体内约占干物重的千分之几到十几万分之几。如钙、镁、硫、铁、硼、锰、铜、锌、钼及氯等。

氮、磷、钾三要素对作物固然重要，但是中、微量营养元素的重要性也不能忽视。尽管它们在作物中的含量相差百倍、千倍，甚至十万倍，但缺少其中任何一种微量元素，也会影响到作物的正常生长发育。缺氮会使叶绿素合成受阻，叶色失绿显黄，严重缺氮时，作物早衰，产量显著下降。只有增施氮肥，才能减轻其危害。在缺磷的土壤中，增施氮肥，作物也不能正常生长。硼元素一般占作物干物重的十万分之二，如果硼元素不足，作物就表现为花药和花丝萎缩，花粉管形成困难，出现"花而不实"、"穗而不实"的现象。其他营养元素施用再多也不能弥补损失。

二、必需营养元素的基本生理作用

各种必需营养元素在作物体内部有着各自独特的作用，其基本生理作用如下。

（1）构成作物体的基本物质和生活物质　结构物质就是构成作物体的基本物质，如纤维素、半纤维素、木质素及果胶物质等。生活物质则是指作物代谢过程中最为活跃的物质，如氨基酸、蛋白质、核酸、类脂、叶绿素及酶等。这些物质都是由碳、氢、氧、氮、磷、硫、钙、铁等元素组成的。

（2）在作物体内代谢过程中起催化作用　大多数微量元素和钾、钙、镁等，都具有加速体内代谢过程的作用。这些营养元素大多是酶的组成部分，如钼是固氮酶活性部分的重要组成成分，或是酶的活化剂；如钾是许多酶的活化剂。

（3）对作物具有特殊的功能　钾、钙、镁等在作物体内是活性较强的元素，在很多方面对作物有特殊功能，能调节细胞的通透性，增强作物的抗逆性等。

总之，作物体内任何生理生化过程，都不可能由某一种元素单独完成。由于营养元素具有各自的特殊生理功能和相互作用，共同担负着各种代谢功能，保证了作物的正常生长发育。

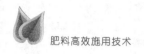
肥料高效施用技术

第二节　作物对养分的吸收

一、根系对养分的吸收

根系是植物吸收养分和水分的主要器官。植物体与环境之间的物质交换，在很大程度上是通过根系来完成的。因而，植物的根系粗壮发达、生活力强、耐肥耐水是植物丰产的基础。

（一）根吸收养分的部位

据离体根研究，根吸收养分最活跃的部位是根尖以上的分生组织区，大致离根尖 1cm，这是因为在结构上，内皮层的凯氏带尚未分化出来，韧皮部和木质部都开始了分化，初具输送养分和水分能力；在生理活性上，也是根部细胞生长最快，呼吸作用旺盛，质膜正急骤增加的地方。就一条根而言，幼嫩根吸收能力比衰老根强，同一时期越靠近基部吸收能力越弱。

根毛因其数量多、吸收面积大、有黏性、易与土壤颗粒紧贴而使根系养分吸收的速度与数量成十倍、百倍甚至千倍地增加。根毛主要分布在根系的成熟区，因此根吸收养分最多的部位大约在离根尖10cm 以内，愈靠近根尖的地方吸收能力愈强。

根系吸肥的特点决定了在施肥实践中应注意肥料施用的位置及深度。

（二）根可吸收的养分形态

植物根能吸收的养分形态有气态、离子态和分子态 3 种。气态养分有二氧化碳、氧气、二氧化硫和水汽等。气态养分主要通过扩散作用进入植物体内，也可以从多孔的叶子进入，即由气孔经细胞间隙进入叶内。

植物根吸收的离子态养分——阳离子＋阴离子。阳离子：NH_4^+、K^+、Ca^{2+}、Mg^{2+}、Fe^{2+}、Mn^{2+}、Cu^{2+}、Zn^{2+} 等；阴离子：NO_3^-、$H_2PO_4^-$、HPO_4^{2-}、SO_4^{2-}、$H_2BO_3^-$、$B_4O_7^{2-}$、MoO_4^{2-}、Cl^- 等。

土壤中能被植物根吸收的分子态养分种类不多，而且也不如离子态养分易进入植物体，植物只能吸收一些小分子的有机物。如尿素、

10

氨基酸、糖类、磷脂类、植酸、生长素、维生素和抗生素等，一般认为有机分子的脂溶性大小，决定着它们进入植物体内部的难易。大多数有机物须先经微生物分解转变为离子态养分以后，才能较为顺利地被植物吸收利用。

（三）土壤养分向根部迁移的方式

土壤中养分向根部迁移的方式有 3 种——截获、扩散和质流。

（1）截获（root interception） 截获指植物根在土壤中伸长并与其紧密接触，使根释放出的 H^+ 和 HCO_3^- 与土壤胶体上的阴离子和阳离子直接交换而被根系吸收的过程。这种吸取养分的方式具有两个特点：第一，土壤固相上交换性离子可以与根系表面离子养分直接进行交换，而不一定通过土壤溶液达到根表面；第二，根系在土体中所占的空间对整个土体来说是很小的，况且并非所有根的表面都能对周围土壤中交换性离子进行截获，所以仅仅靠根系生长时直接获得的养分也是有限的，一般只占植物吸收总量的0.2%～10%，远远不能满足植物的生长需要。

（2）扩散（diffusion） 扩散是由于根系吸收养分而使根圈附近和离根较远处的离子浓度存在浓度梯度而引起的土壤中养分的移动。土壤中养分扩散是养分迁移的主要方式之一，因为，植物不断从根部土壤中吸收养分，使根表土壤溶液中的养分浓度相对降低，或者施肥也会造成根表土壤和土体之间的养分浓度差异，使土体中养分浓度高于根表土壤的养分浓度，因此就引起了养分由高浓度处向低浓度处的扩散作用。

（3）质流（mass flow） 质流是因植物蒸腾、根系吸水而引起的水流中所携带的溶质由土壤向根部流动的过程。其作用过程是植物蒸腾作用消耗了根际土壤中大量水分以后，造成根际土壤水分亏缺，而植物根系为了维持植物蒸腾作用，必须不断地从根周围环境中吸取水分，土壤中含有的多种水溶性养分也就随着水分的流动带到根的表面，为植物获得更多的养分提供了有利条件。

一般认为，在长距离时，质流是补充养分的主要形式；而在短距离内，扩散作用则更为重要。如果从养分在土壤中的移动性来讲，硝酸态氮素移动性较大，质流可提供大量的氮素，但磷和钾较少。氮素通过扩散作用输送的距离比磷和钾要远得多，磷的扩散远远低于钾。

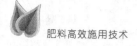

（四）根部对无机养分的吸收

目前较一致的看法是离子进入根细胞可划分为被动吸收和主动吸收两种形式。

（1）**被动吸收（passive uptake）** 被动吸收又称非代谢吸收，是一种顺电化学势梯度的吸收过程。不需要消耗能量，属于物理的或物理化学的作用。养分可通过扩散、质流等方式进入根细胞。

① 养分通过扩散、质流等形式进入根细胞。离子态养分无论是通过截获、扩散或质流都能进入根细胞。但一般不通过细胞膜，对整个组织来说，一般不能通过内皮层。

② 离子交换。植物吸收离子态养分，还可以通过离子交换的方式进入植物体内。一般情况是根细胞外的氢离子和黏粒扩散层交换性阳离子进行交换。

（2）**主动吸收（active uptake）** 主动吸收又称为代谢吸收，是一个逆电化学势梯度且消耗能量的吸收过程，且有选择性。①植物体内离子态养分的浓度常比土壤溶液的浓度高出很多倍，有时竟高达十倍至数百倍，而且植物根系仍能不断地吸收这种养分，并不见养分有外溢现象。②为什么植物吸收养分有高度选择性，而不是外界环境中有什么养分，就吸收什么养分。③植物对养分的吸收强度与其代谢作用密切相关，并不决定于外界土壤溶液中养分的浓度。常表现出植物生长旺盛，吸收强度就大，生长衰弱，吸收强度就小。

究竟养分如何进入植物细胞膜内，很多学者通过研究提出了不少假说，但养分进入植物体内的真正机制，到目前为止，还不十分清楚。目前，从能量的观点和酶的动力学原理来研究植物主动吸收离子态养分，并提出载体学说（carrier theory）、离子泵学说（ion pump theory）等。

但对于离子半径大小相似、所带电荷相同的离子相互间还存在着争夺载体运载的现象。例如，K^+ 和 NH_4^+，$H_2PO_4^-$、NO_3^- 和 Cl^- 在被植物吸收时，彼此就有对抗现象。

主动吸收的离子只要细胞保持着活力，离子就不会释放出来，它们也不与外界环境中的离子进行交换。

（五）根部对有机养分的吸收

植物根系不仅能吸收无机养分，也能吸收有机态养分。这是20

世纪初随着无菌技术和同位素技术的应用而得到证实的，当然植物并不是什么样的有机养分都能吸收，而主要是限于那些分子量小、结构比较简单的有机物，同时也与被吸收的有机物性质有关。如大麦能吸收赖氨酸，玉米能吸收甘氨酸，大麦、小麦和菜豆能吸收各种磷酸己糖和磷酸甘油酸，水稻幼苗能直接吸收各种氨基酸、核苷酸以及核酸等。近年来，微量放射自显影的研究指出，以 ^{14}C 标记的腐殖酸分子能完整地被植物根所吸收，并可输送到茎叶中。

二、根外器官对养分的吸收

植物通过地上部分器官吸收养分和进行代谢的过程，称为根外营养。根外营养是植物营养的一种方式，但只是一种辅助方式。生产上把肥料配成一定浓度的溶液，喷洒在植物叶、茎等地上器官上，称为根外追肥。

（一）根外营养的机制

根外营养的主要器官是茎和叶，其中叶的比例更大，因而，人们研究根外营养机制时多从叶片研究开始，早期认为叶部吸收养分是从叶片角质层和气孔进入，最后通过质膜而进入细胞内。现在多认为：根外营养的机制可能是通过角质层上的裂缝和从表层细胞延伸到角质层的外质连丝，使喷洒于植物叶部的养分进入叶细胞内，参与代谢过程。

（二）根外营养的特点

① 直接供给植物养分。防止养分在土壤中固定和转化。如磷、锰、铁、锌等；某些生理活性物质，如赤霉素、B9 等，施入土壤易于转化，采用根外喷施就能克服这种缺点。

② 养分吸收转化比根部快。能及时满足植物需要。用 ^{32}P 在棉花上试验，涂于叶部，5min 后各器官已有相当数量的 ^{32}P。而根部施用经 15 昼夜后 ^{32}P 的分布和强度仅接近于叶部施用后 5min 叶的情况。

③ 促进根部营养。强株健体。根外追肥可提高光合作用和呼吸作用的强度，显著地促进酶活性，从而直接影响植物体内一系列重要的生理生化过程，同时也改善了植物对根部有机养分的供应，增强根

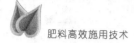

系吸收水分和养分的能力。

④ 节省肥料，经济效益高。

（三）影响根外营养效果的因素

① 溶液的组成。

② 溶液的浓度及反应。如果主要供给阳离子时，溶液调至微碱性，反之供给阴离子时，溶液应调至弱酸性。

③ 溶液湿润叶片的时间。保持叶片湿润的时间在 30min～1h 内吸收的速度快、吸收量大；喷施时间最好在傍晚无风的天气下进行。

④ 叶片与养分吸收。双子叶植物，因叶面积大，角质层较薄，溶液中的养分易被吸收；而稻、麦、谷子等单子叶植物，叶面积小，角质层较厚，溶液中养分的吸收比较困难，在这类植物上进行根外追肥要加大浓度。从叶片结构上看，叶子表面的表皮组织下是栅状组织，比较致密；叶背面是海绵组织，比较疏松、细胞间隙较大，孔道细胞也多，故喷施叶背面养分吸收快些。

⑤ 喷施次数及部位。不同养分在叶细胞内的移动是不同的。每隔一定时期连续喷洒的效果，比一次喷洒的效果好。生产实践中应掌握在 2～3 次为宜。

三、养分在作物体内的运转和利用

通过根部或根外器官吸收的养分进入植物体后，除了满足自身生长发育需要外，大量的养分要进行短距离运输（即养分由表皮、皮层运至根中柱方向的截面运输过程）和长距离运输（即物质通过植物周身的维管系统在根部与地上部之间进行运移的过程），以提供植物其他器官和组织对养分的需要，实现这一目的最重要的途径是木质部运输和韧皮部运输，水和无机养分主要通过木质部向上运输，也可以通过韧皮部向下运输；而有机养分主要在韧皮部内向上和向下运输。

（一）木质部运输的机制

木质部运输是指养分及其同化物从根通过木质部导管或管胞运移至地上部的过程。其机制是，绝大多数的营养元素以无机离子的形式在木质部运转，离子在木质部导管里运输主要靠质流，是随蒸腾流向

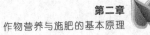

上运输的。

（二）韧皮部运输的机制

韧皮部运输是指叶片中形成的同化物以及再利用的矿质养分通过韧皮部筛管运输到植物体其他部位的过程。养分从老组织到新组织的运输完全靠韧皮部运输。

（三）养分在植物体内的再分配与再利用

养分进入植物体内后就参与植物的生理生化过程，发挥着自己的生理和营养功能，由于植物在不同的生育时期对养分的数量和比例要求不同，环境中养分供应水平与程度也不一样，因而，植物体内的养分就会随生长中心的转移而使养分再分配与再利用。

当然各种养分转移的情况和数量是不同的，一般 N、P、S、Mg、K 较易移动，再利用程度较高，而 B、Ca 很难被再利用。

第三节　影响作物吸收养分的条件

一、植物吸收养分的基因型差异

在许多栽培植物不能正常生长甚至死亡的地方，野生植物却能蓬勃生长。如在海滨偶尔还受海潮侵袭的地方，海蓬子能连片生长；在 pH 值 4.0 左右的红黄土壤上，杜鹃和白茅却能正常绵延后代。

同一种植物的不同品种或品系，由于产量不同，尽管植株中养分浓度相差不大，但从土壤中带走的养分却相差很大。杂交种和其他高产品种需肥量都高于常规品种。一个品种的适应性广，往往需肥量低，产量低。

对植物营养基因的研究方兴未艾。目前关于一个基因控制某种元素的吸收运输和利用的研究已被植物营养学者和植物遗传学者所关注，成为世界研究热点之一。

（一）植物形态特征对吸收养分的影响

（1）根　根系有支撑植物、吸收水分和养分、合成植物激素和其他有机物的作用，就吸收养分能力大小而言，根表面积和根密度与根的形态有关，包括根的长度、侧根数量、根毛多少和根尖数。单子叶植物的根和双子叶植物的根在形态上有很大的不同，因而在对养分的利用上也有差别。如禾本科牧草的根可以吸收黏土矿物层间的非交换性钾，而豆科牧草这种能力较弱。

根系吸收养分的潜力远远超过植物对养分的需要。所以，只要一小部分根系所吸收的养分就能满足整株植物的需要。在田间并不是所有根系都与土壤密切接触，因为根系穿过土壤时必然会遇到许多孔隙。因此，只有一部分根系在吸收水分和养分。

（2）叶和茎　植物叶、茎不仅本身可由于形态大小、角度、位置不同而造成吸收养分的能力不同，而且由于光合作用能力的不同造成可供吸收养分所消耗的能量也不同，从而也就影响着根系对养分的吸收能力。

（二）植物生理生化特性对吸收养分的影响

（1）根系离子交换量　植物根系具有较高的阳离子交换量，甚至还有一定的阴离子交换能力。根系的离子交换点位于质外体上。根系的阳离子交换 $70\% \sim 90\%$ 是由细胞壁上的自由羧基引起的，其余部分是由蛋白质或许还有细胞原生质产生的。根系的离子交换量与植物吸收养分有关。如 Ca^{2+} 和 Mg^{2+}，随着根系阳离子交换量的增大，植物对它们的吸收也增加。

（2）酶活性　植物吸收养分是个能动的过程，是根据体内代谢活动的需要而进行的选择性吸收，因而与植物体内的酶活性有一定的相关性。米切利克（1983）报道，植物对磷的吸收速率与植物体内磷酸酯酶活性的相关系数为 0.97。

再如植物体内硝酸还原酶的活性强烈影响着植物对硝酸盐的吸收与利用，传统的水稻水作都认为水稻前期不能利用硝态氮，但晚期旱育秧及水稻旱作的研究结果表明，水稻苗期体内也存在着较强的硝酸还原酶活性，因此旱作条件下水稻一生均能很好地吸收和利用硝态氮。

（3）植物激素和植物毒素　植物激素（如生长素、激动素和脱落酸）和植物毒素，虽然在植物体内含量很少，但对代谢活动起重要作用。同样影响着植物对养分的吸收。

(三) 植物生育特点对吸收养分的影响

1. 不同植物种类对元素吸收的选择性

例如，烟草体内含钾多，叶用蔬菜含氮多。某些植物对有益元素的必需性很强。如水稻——硅。许多植物对元素的形态也有一定的选择性。如水稻生长前期——喜铵。一些植物喜酸，例如酸模，在代谢过程中能形成有机酸的铵盐来消除氨的毒害，因而可以吸收较多的铵盐而不会中毒。

2. 植物不同生育阶段对元素吸收的选择性

植物在各生育阶段，对营养元素的种类、数量和比例都有不同的要求。植物整个生育期可分为营养临界期和肥料最大效率期。营养临界期是指植物对养分供应不足或过多显示非常敏感的时期，不同植物对于不同营养元素的临界期不同。大多数植物磷的营养临界期在幼苗期。氮的营养临界期，对于水稻来说为三叶期和幼穗分化期；棉花在现蕾初期；小麦、玉米为分蘖期和幼穗分化期。水稻对钾的营养临界期在分蘖期和幼穗形成期。在植物的生育阶段中，施肥能获得植物生产最大效益的时期，叫做肥料最大效率期。这一时期，作物生长迅速，吸收养分能力特别强，如能及时满足植物对养分的需要，产量提高效果将非常显著。玉米的氮素最大效率期在喇叭口期至抽雄期；油菜为花薹期；棉花的氮、磷最大效率期均在花铃期；对于甘薯，块根膨大期是磷钾肥料的最大效率期。

植物吸收养分有年变化、阶段性变化，还有日变化，甚至还有从几小时至数秒钟的脉冲式变化。如果环境条件符合上述变化规律，将促进植物生长。

3. 植物不同的生长速率对元素吸收的选择性

植物的生长速率不同，对养分吸收的多少也不同，生长速度小的植物，即使在肥力较低的土壤中，也能正常生长，施用肥料的增产效果较差；相反，生长速度大的植物，如果处在贫瘠的土壤上，生长受到阻碍，产量也受影响，施用肥料能收到较好的增产效果。

二、环境因素对植物吸收养分的影响

在自然条件下，植物生长发育时刻受到土壤和气候条件的影响。

光照、温度、通气、酸碱度、养分浓度和养分离子间的相互作用都直接影响植物对养分的吸收速度和强度。

（一）光照

植物吸收养分是一个耗能过程，根系养分吸收的数量和强度受地上部往地下部供应的能量所左右。当光照充足时，光合作用强度大，产生的生物能也多，养分吸收的也就多。有些营养元素还可以弥补光照的不足，例如，钾肥就有补偿光照不足的作用。光由于影响到蒸腾作用，因而也间接地影响到靠蒸腾作用而吸收的养分离子。

（二）温度

植物的生长发育和对养分的吸收都对温度有一定的要求。大多数植物根系吸收养分要求的适宜土壤温度为 15～25℃。在 0～30℃ 范围内，随着温度的升高，根系吸收养分加快，吸收的数量也增加。

低温影响阴离子吸收比阳离子明显，可能是由于阴离子的吸收是以主动吸收为主。低温影响植物对磷、钾的吸收比氮明显。所以植物越冬时常需施磷肥，以补偿低温吸收阴离子不足的影响。钾可增强植物的抗寒性，所以，越冬植物要多施磷肥、钾肥。

（三）通气

大多数植物吸收养分是一个好氧过程，良好的土壤通气，有利于植物的有氧呼吸，也有利于养分的吸收。某些植物如水稻、芦苇等，在淹水条件下，仍能正常生长，是因为它们的叶部和茎秆有特殊的构造能进入氧气，并向根部运输供植物利用。

（四）酸碱度

土壤溶液中的酸碱度常影响植物对养分离子形态的吸收和土壤中养分的有效性。在酸性反应中，植物吸收阴离子多于阳离子；而在碱性反应中，吸收阳离子多于阴离子。表 2-1 是番茄吸收 NH_4^+-N 和 NO_3^--N 的培养试验，在 pH 4.0～7.0 范围内，培养液的 pH 值越低，则使阴离子 NO_3^--N 的吸收增加；反之则阳离子 NH_4^+-N 的吸收增加。

土壤溶液中的酸碱度影响土壤养分的有效性。如在石灰性土壤上，土壤 pH 值在 7.5 以上，施入的过磷酸钙中的 $H_2PO_4^-$ 常受土壤

表 2-1　pH 对番茄吸收 NH_4^+-N 和 NO_3^--N 的影响

培养液的 pH	离子吸收量(6h)/(mg/100g 鲜重)		
	NH_4^+-N	NO_3^--N	总 N
5.0	4.2	5.9	10.1
6.0	4.6	4.1	8.7
7.0	6.6	3.0	9.6

中钙、镁、铁等离子的影响，而形成难溶性磷化合物，使磷的有效性降低。大多数养分在 pH 6.5～7.0 时其有效性最高或接近最高。因此这一范围通常认为是最适 pH 范围。

各种植物对土壤溶液的酸碱度的敏感性不一样。据中国科学院南京土壤研究所在江西甘家山红壤试验结果：大麦对酸性最敏感，金花菜、小麦、大豆、豌豆次之，花生、小米又次之，芝麻、黑麦、荞麦、萝卜菜、油菜都比较耐酸，而以马铃薯最耐酸。茶树只宜于在酸性土壤中生长。植物对土壤碱性的敏感性也有类似情况。田菁耐碱性较强，大麦次之，马铃薯不耐碱，而荞麦无论酸、碱都能适应。

(五) 水分

水是植物生长发育的必要条件之一，土壤中养分的释放、迁移和植物吸收养分等都和土壤水分有密切关系，土壤水分适宜时，养分释放及其迁移速率都高，从而能够提高养分的有效性和肥料中养分的利用率。应用示踪原子研究表明，在生草灰化土上，冬小麦对硝酸钾和硫酸铵中氮的利用率，湿润年份为 43%～50%，干旱年份为 34%。反之当土壤含水量过高时，一方面稀释土壤中养分的浓度，加速养分的流失；另一方面会使土壤下层的氧不足，根系集中生长在表层，不利于吸收深层养分，同时有可能出现局部缺氧而导致有害物质的产生而影响植物的正常生长，甚至导致死亡。

(六) 离子间的相互作用

土壤是一个复杂的多相体系，不仅养分浓度影响植物的吸收，而且各种离子之间的相互关系也影响着植物对它们的吸收，从已有的研究结果可知，离子间的相互关系中影响植物吸收养分的主要有离子拮抗作用和离子协同作用。这些作用都是对一定的植物和一定的离子浓度而言的，是相对的而不是绝对的。如果浓度超过一定的范围，离子协同作用反而会变成离子拮抗作用。

离子拮抗（ion antagonism）作用是指介质中某种离子的存在能抑制植物对另一种离子吸收或转运的作用，这种作用主要表现在阳离子与阳离子之间或阴离子与阴离子之间。如 K^+、Cs^+、Rb^+ 的拮抗作用；NH_4^+、Cs^+ 也有这种作用，但不及 K^+、Rb^+、Cs^+ 那样明显。Ca^{2+}、Mg^{2+} 有抑制作用，如果同时存在 Ca^{2+}、K^+，则大豆对 Mg^{2+} 的吸收所受的抑制作用就显著的增加。水稻吸收 K^+ 能减少对 Fe^{2+} 的吸收。一般来讲，一价离子的吸收比二价离子快，而二价离子与一价离子之间的拮抗作用，比一价离子与一价离子之间所表现的要复杂得多。此外阴离子如 Cl^-、Br^- 之间，$H_2PO_4^-$、NO_3^-、Cl^- 之间，都存在不同程度的拮抗作用。

离子协同（ion synergism）作用是指介质中某种离子的存在能促进植物对另一种离子吸收或转运的作用，这种作用主要表现在阴离子与阳离子之间或阳离子与阳离子之间。阴离子 $H_2PO_4^-$、NO_3^- 和 SO_4^{2-} 均能促进阳离子的吸收，这是由于这些阴离子被吸收后，促进了植物的代谢作用，形成各种有机化合物，如有机酸，故能促使大量阳离子 K^+、Ca^{2+}、Mg^{2+} 等的吸收。阳离子之间的协同作用最典型的是维茨效应，据维茨（Viets）研究，溶液中 Ca^{2+}、Mg^{2+}、Al^{3+} 等二价及三价离子，特别是 Ca^{2+}，能促进 K^+、Rb^+ 以及 Br^- 的吸收。值得注意的是，吸收到根内的 Ca^{2+} 并无此促进作用。根据这些事实，认为 Ca^{2+} 的作用是影响质膜，并非影响代谢，通常这一作用称为"维茨效应"。试验证明，Ca^{2+} 非但能促进 K^+ 的吸收，而且还能减少根中阳离子的外渗。氮常能促进磷的吸收，生产上氮磷配合使用，其增产效果常超过单独作用正是由于氮磷常有正交互效果所致。

第四节　合理施肥的基本原理

所谓合理施肥，就是针对植物营养特性、土壤供肥特性、肥料化学性质选择肥料及其适宜用量，坚持有机肥与无机肥相结合；坚持因土壤、因作物施肥；坚持缺素补素，平衡施肥；确定合理的轮作施肥制度，合理调配养分；采用合理的施肥技术，提高肥料利用率。

一、养分补偿学说

德国化学家李比希 1843 年所著的《化学在农业和生理学上的应用》一书中，系统地阐述了植物、土壤和肥料中营养物质变化及其相互关系，提出了养分归还学说。认为人类在土地上种植作物，并把产物拿走，作物从土地中吸收矿质元素，就必然会使地力逐渐下降，从而土壤中所含养分将会越来越少。如果不把植物带走的营养元素归还给土壤，土壤最终会由于土壤肥力衰减而成为不毛之地。因此，要恢复和保持地力，就必须将从土壤中拿走的营养物质还给土壤，以解决用地与养地的矛盾。

二、同等重要和不可代替律

不论是大量元素还是微量元素，对农作物来说都是同等重要的，缺一不可，缺少了其中的任何一种营养元素，作物就会出现缺素症状，而不能正常地生长发育、结实，甚至会死亡，导致减产或绝收。例如作物对铜的需要量很少，但小麦缺少了它就会出现不孕小穗的现象。

作物需要的各种营养元素，在作物体内都有其一定的功能，相互之间不能互相代替。如缺少钾，不能用磷代替，缺磷不能用氮代替，也不能用和它们化学性质十分相似的其他元素所完全代替。缺少什么元素，就必须施用含有该元素的肥料。

三、最小养分律

上述的两条定律说明，要保证作物的正常生长发育，获得高产，就必须满足它们所需要的元素的种类和数量及其比例。若其中有一个达不到需要的数量，生长就会受到影响，产量就受这一有效性或含量最小的元素所制约。最小的那种养分就是养分限制因子。最小养分不是指土壤中绝对含量最少的养分，而是对作物的需要而言的，是指土壤中有效养分相对含量最少（即土壤的供给能力最低）的那种养分。最小养分不是不变的，它随作物种类、产量和施肥水平而变。一种最小养分得到满足后，另一种养分就可能成为新的最小养分。例如，新中国成立初期，我国基本上没有化肥工业，土壤贫瘠，突出表现缺氮，施用氮肥就有明显的增产效果。到了 20 世纪 60 年代，随着生产的发展，化学氮肥的施用量有了一定增长，作物产量也在提高，但有些地区开始出现单施氮肥增产效果不明显的现象，于是土壤供磷不足就成了当时进一步提高产量的制约因素。在施氮基础上，增施磷肥，作物产量大幅度增加。到了 70 年代，随着氮、磷化肥用量的增长及复种指数的提高，作物产量提高到了一个新水平，对土壤养分有了更高的要求。南方的有些地区开始表现出缺钾；北方一些高产地区开始出现了土壤供钾不足或某些微量元素缺乏的现象。如在缺硼的土壤上油菜出现花而不实、棉花出现蕾铃脱落的现象，北方缺锌的田块水稻出现坐蔸、玉米出现白化苗病，这些症状只有在施用硼肥或锌肥后才会消退。

四、报酬递减律

早在 18 世纪后期，欧洲经济学家杜尔哥（A. R. J. Turgot）和安德森（J. Anderson）同时提出了报酬递减律这一经济规律。目前对该定律的一般描述是：从一定土地上所得到的报酬随着向该土地投入的劳动和资本量的增大而有所增加，但随着投入的单位劳动和资本量的增加，到一个"拐点"时，投入量再增加，则肥料的报酬却在逐渐减少。

这一定律的诞生对工业、农业及其他行业都具有普遍的指导意义，最先引入到农业上的是德国土壤化学家米切利希（Mitscherlich）等人，在 20 世纪初，在前人工作的基础上，通过燕麦施用磷肥的砂培试验，深入研究了施肥量与产量之间的关系，从而发现随着施肥剂量的增加，所获得的增产量具递减的趋势，得出了与报酬递减律相吻合的结论。

米切利希的试验证明：第一，在其他技术相对稳定的前提下，随着施磷量的逐渐增加，燕麦的干物质量也随之增加，但干物质的增产量却随施磷量的增加而呈递减趋势，这与报酬递减律相一致。第二，如果一切条件都是理想的，植物就会产生某一最高产量；相反，只要某一任何主要因素缺乏时，产量便相应减少。

需要强调指出的是，报酬递减律和米切利希学说都是有前提的，它们只反映在其他技术条件相对稳定情况下，某一限制因子（或最小养分）投入（施肥）和产出（产量）的关系。如果在生产过程中，某一技术条件有了新的改革和突破，那么原来的限制因子就让位于另一新的因子，同样，当增加新的限制因子达到适量以后，报酬仍将出现递减趋势。

参 考 文 献

[1] 范富主编．土壤与肥料．内蒙古：内蒙古科学技术出版社，2007.

[2] 高丽松主编．常见肥料及其使用知识．北京：中国盲文出版社，2000.

[3] 沈其荣主编．土壤肥料学通论．北京：高等教育出版社，2010.

第三章
有 机 肥

　　有机肥料是中国农业生产的重要肥料，有机肥与无机肥配合施用可提高作物产量。有机肥料除含植物生长必需的氮磷钾外，还含有微量元素。例如畜禽粪便中含硼 $21.7\sim24mg/kg$、锌 $20\sim290mg/kg$、锰 $143\sim261mg/kg$、钼 $3.0\sim4.2mg/kg$、有效铁 $29\sim290mg/kg$。另外有机肥料中氮、磷、钾之比约为 $1:0.52:1.25$，在中国施用有机肥对补充磷、钾尤其是钾的不足，起着非常重要的作用。

第一节　有机肥的种类与生产方法

　　有机肥料是一切含有大量有机质的肥源的总称，是农村中可就地取材、就地积制的自然肥料。其来源广，种类多，一般包括人畜粪尿、厩肥、堆沤肥、饼肥、土杂肥、泥炭、腐殖酸类肥料、还田的作物秸秆以及各种有机废弃物等。有机肥从定义上可分为"广义上的有机肥"和"狭义上的有机肥"。

一、狭义有机肥

　　狭义上的有机肥：专指以各种动物废弃物（包括动物粪便、动物加工废弃物）和植物残体（饼肥类、作物秸秆、落叶、枯枝、草炭等），采用物理、化学、生物或三者兼有的处理技术，经过一定的加工工艺（包括但不限于堆制、高温、厌氧等），消除其中的有害物质（病原菌、病虫卵害、杂草种子等）达到无害化标准而形成的，符合国家相关标准（NY 525—2012）及法规的一类肥料。

有机肥料的标准化定义（NY 525—2012）：主要来源于植物和（或）动物，施于土壤以提供植物营养为其主要功能的含碳物料。有机肥料主要技术指标见表3-1。

表 3-1　有机肥料（NY 525—2012）主要技术指标

外观	有机质含量	总养分 (N,P_2O_5,K_2O)	水分	酸碱度(pH)
褐色或灰褐色,粒状或粉状,均匀,无恶臭,无机械杂质	≥45%	≥5.0%	≤30%	5.5～8.5

注：有机肥料中重金属含量、蛔虫卵死亡率和大肠杆菌值指标应符合 GB 8172 的要求。

二、广义有机肥

广义的有机肥俗称农家肥，由各种动物、植物残体或代谢物组成，如人畜粪便、秸秆、动物残体、屠宰场废弃物等。另外还包括饼肥（菜籽饼、棉籽饼、豆饼、芝麻饼、蓖麻饼等）、堆肥、沤肥、厩肥、沼气肥、绿肥、泥肥等。主要是以供应有机物质为手段，借此来改善土壤理化性能，促进植物生长及土壤生态系统的物质循环。

作物秸秆：农作物秸秆是重要的肥料品种之一，作物秸秆含有作物所必需的营养元素有 N、P、K、Ca、S 等，在适宜条件下通过土壤微生物的作用，这些元素经过矿化再回到土壤中，为作物吸收利用。

饼肥：菜籽饼、棉籽饼、豆饼、芝麻饼、蓖麻饼、茶籽饼等。

堆肥：以各类秸秆、落叶、青草、动植物残体、人畜粪便为原料，按比例相互混合或与少量泥土混合进行好氧发酵腐熟而成的一种肥料。

沤肥：沤肥所用原料与堆肥基本相同，只是在淹水条件下进行发酵而成。

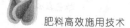

厩肥：指猪、牛、马、羊、鸡、鸭等畜禽的粪尿与秸秆垫料堆沤制成的肥料。

沼气肥：在密封的沼气池中，有机物腐解产生沼气后的副产物，包括沼气液和残渣。

绿肥：利用栽培或野生的绿色植物体作肥料。如豆科的绿豆、蚕豆、草木樨、田菁、苜蓿、苕子等。非豆科绿肥有黑麦草、肥田萝卜、小葵子、满江红、水葫芦、水花生等。

泥肥：未经污染的河泥、塘泥、沟泥、港泥、湖泥等。

植物性海肥：海藻（干）、海草、海荞麦（干）等。

三、商品性有机肥生产方法

目前我国商品性有机肥生产主要有以下几种方法。

1. 以畜禽粪便为原料生产商品有机肥

高温快速烘干法：用高温气体对干燥滚筒中搅动、翻滚的湿鸡粪进行烘干造粒。此法的优点：降低了恶臭味，杀死了其中的有害病菌、虫卵，处理效率高，易于工厂化生产。缺点：腐熟度差、杀死了部分有益微生物菌群、处理过程能耗大。

氧化裂解法：用强氧化剂（如硫酸）把鸡粪进行氧化、裂解，使鸡粪中的大分子有机物氧化裂解为活性小分子有机物。该法的优点：产品的肥效高，对土壤的活化能力强。缺点：制作成本高、污染大。

塔式发酵加工法：畜禽粪便接种微生物发酵菌剂，搅拌均匀后经输送设备提升到塔式发酵仓内。在塔内翻动、通氧，快速发酵除臭、脱水通风干燥，用破碎机将大块破碎，再分筛包装。该工艺的主要设备有发酵塔、搅拌机、推动系统、热风炉、输送系统、圆筒筛、粉碎机、电控系统。该产品有机物含量高，有一定数量的有益微生物，有利于提高产品养分的利用率和促进土壤养分的释放。

移动翻抛发酵加工法：该工艺是在温室式发酵车间内，沿轨道连续翻动拌好菌剂的畜禽粪便，使其发酵、脱臭，牲畜禽粪便从发酵车间一端进入，出来时变为发酵好的有机肥，并直接进入干燥设备脱水，成为商品有机肥。该生产工艺充分利用光能、发酵热，设备简单，运转成本低。其主要设备有翻抛机、温室、干燥筒、翻斗车等。

连续池式发酵技术畜禽粪便法：以畜禽粪便为原料，以秸秆、谷糠等有机废弃物为辅料，配以多功能发酵菌种剂，通过连续池式好氧发酵，使之在 5～7d 内除臭、腐熟、脱水，最终成为高效活性生物有机肥。该法的技术要点：首先要结合畜禽养殖场或处理厂实际情况，因地制宜修建连续发酵池，发酵池必须具有耐腐蚀特性，并适应畜禽粪便处理集中、量大和连续的特点，其次在发酵过程添加有益微生物菌群发酵，有效消除畜禽粪便处理过程中的臭味和异味。

据有关部门统计，1 个千头奶牛场日产粪便 15t，1 个万只蛋鸡场日产粪便 2t，1 个万头猪场年产粪便 3 万吨。按一般施肥量计算，这些粪便可使 2～4 万亩农田土壤得到改善。连续池式发酵技术可使畜禽粪便等有机废弃物快速除臭、腐熟，达到无害化和资源化的目的。用该技术生产的产品符合国家发展高效农业、高科技和环保三大产业政策的发展方向，生产出的产品也是顺应农业产业结构调整和肥料发展方向的新型微生物有机肥。

2. 以农作物秸秆为原料生产商品有机肥的方法

微生物堆肥发酵法：将粉碎后的秸秆拌入促进秸秆腐熟的微生物，堆腐发酵制成。此法优点：工艺简单易行，质量稳定。缺点：生产周期长，占地面积大，不易形成规模生产。

微生物快速发酵法：用可控温度、湿度的发酵罐或发酵塔，通过控制微生物的群体数量和活度对秸秆进行快速发酵。此法的优点：产品生产效率高，易形成工厂化。缺点：发酵不充分，肥效不稳定。

3. 以风化煤为原料生产商品有机肥的方法

酸析氨化法：主要用于生产钙镁含量较高的以风化煤为原料的商品有机肥。生产方法：把干燥、粉碎后的风化煤经酸化、水洗、氨化等过程制成腐殖酸铵。该法的优点：产品质量较好，含氮量高。缺点：耗酸、费水、费工。

直接氨化法：主要用于生产腐殖酸含量较高的以风化煤为原料的商品有机肥。生产方法：把干燥、粉碎后的风化煤经氨化、熟化等过程制成腐殖酸铵。该法的优点：制作成本低。缺点：熟化过程耗时过长。

4. 以海藻为原料提炼商品有机肥的方法

为尽可能保留海藻天然的有机成分，同时便于运输和不受时间限制，用特定的方法将海藻提取液制成液体肥料。其生产过程大致为：筛选适宜的海藻品种，通过各种技术手段使细胞壁破碎，内容物释放，浓缩形成海藻精浓缩液。海藻肥中的有机活性因子对刺激植物生长起重要的作用，集营养成分、抗生物质、植物激素于一体。

5. 以糠醛为原料生产商品有机肥的方法

该技术的特点是利用微生物来进行高温堆肥发酵处理糠醛废渣，同时还利用微生物发酵后产生的热能来处理糠醛废水。废渣、废水经过生物菌群的降解后，成为优质环保有机肥。在生物堆肥过程中首先要选料配比合理，采用高温降解复合菌群、除臭增香菌群和生物固氮、解磷、解钾菌群分步发酵处理废渣，在高温快速降解糠醛废渣的同时，还能有效控制堆肥现场的臭味，使发酵的有机肥料没有臭味，并使肥料具有生物肥料的特性，品位得到极大的提高。

6. 以污泥为原料生产商品有机肥的方法

将含水率为80%的湿污泥，加工为含水率为13%的干污泥。加入有益微生物，经过圆盘造粒、低温烘干和冷却筛分，最后包装入库。

此外，还有利用沼气、酒糟、泥炭、蚕沙等为原料生产商品有机肥的相关报道。

四、传统有机肥积造技术

传统有机肥主要包括人畜粪尿肥、厩肥、土杂肥、草木灰肥、绿肥、饼肥、动物性杂肥、生物肥及沼肥等种类。

1. 秸秆沤制法

秸秆沤制法是指以晒干的麦秸、玉米秸等农作物秸秆，采用"三合一"方式，将秸秆、细干土、人畜粪尿按6∶3∶1的比例堆积沤制成有机肥的方法。沤制前一天，先将农作物秸秆用水泡透，紧接着将湿秸秆与细干土、人畜粪尿分别按35cm、6cm、10cm的厚度依次逐层向上堆积，直至高达1.5～1.6m为止。然后用烂泥封闭，沤制3～4周时翻堆1次再密封，再经2～3周沤制即可制成有机肥，达到黑、烂、臭的程度，便可施用。

除了以上传统的秸秆有机肥积造方法外，现在市场上还有出售的肥料发酵处理剂，在堆肥过程中添加这些处理剂缩短发酵时间，同时兼具除臭提高肥效等优点。该方法同样适用于畜禽粪便的快速腐熟发酵处理。

2. 杂草沤制法

杂草沤制法是指以半干的杂草与细干土、人畜粪便混合沤制成有机肥的方法。沤制前，将杂草晒至半干。沤制时，先在地面上铺一层6～10cm厚的污泥或细土，后铺一层杂草，泼洒少量人畜粪尿，再撒盖6～10cm厚的细干土，依次逐层堆积至高1.5m左右，最后用烂泥密封。沤制4～5周时，需翻堆一次再密封，以使杂草充分腐熟。再经2～3周沤制即可施用。

3. 高温沤制法

高温沤制法是以猪、牛、马、羊等粪尿与草皮或鲜嫩青草按2：1的比例，充分拌匀后加适量水堆成堆，最后用塑料薄膜密封提温沤制成有机肥的方法。沤制3周可充分腐熟，即可施用。

4. 化肥沤制法

化肥沤制法是指以化肥、粪尿肥、细干土按一定比例混合沤制成有机肥的方法。取过磷酸钙、硫酸铵各25kg，氯化钾7.5kg，硫酸锌1.25kg，人粪尿500kg或猪粪尿250kg，细干土1000kg，均匀混合后堆成塔形并拍实，最后用塑料薄膜密封。经3～4周沤制可充分腐熟，即可施用。

5. 沤粪池积造法

沤粪池积造法是指将畜禽粪便放入密闭的沤粪池内直接进行充分发酵形成有机肥的方法。沤粪池积造的有机肥，养分损失少，有利于植物吸收。

6. 厩肥

由猪、马、牛、羊等大家畜粪尿和各种垫圈材料混合堆制的肥料，统称厩肥。新鲜厩肥需经过一段时间堆积腐熟才能使用，适合各种土壤和作物，积制过程以保氮为中心。一是要定时垫圈，及时起圈，材料选择细土或碎柴草，用土垫圈时，粪土比例为1：(3～4)。二是已腐熟好的厩肥备用时，应压紧堆放，并用泥封好。三是忌用草木灰等碱性材料垫圈，防止氮素挥发。厩肥的腐熟采取早春选择背风向阳地点堆积腐熟，做到早倒粪、早送粪，为抢墒播种创造条件，避免生粪下地，防止"生粪咬苗"。腐熟后的厩肥可作种肥、追肥以及播前底肥；在沙质土壤上应选用腐熟程度较差的厩肥，每次不宜量多，要深施；在黏重土壤上应选用腐熟程度较好的厩肥，每次用量可多些，但要浅施。

为便于农民朋友计算有机肥使用量，特将每 100kg 有机肥所含氮、磷、钾（分别以相当质量的硫酸铵、过磷酸钙、硫酸钾为例）的数量列表（表 3-2）说明，仅供参考。

表 3-2   100kg 有机肥与化肥折算表

有机肥	硫酸铵/kg	过磷酸钙/kg	硫酸钾/kg
人粪尿	2.5~4.0	1.3~2.5	0.4~0.6
猪粪尿	1.7	2.1	1.0
鸡粪尿	5.5~8.2	8.9~9.6	1.2~1.7
马粪	2.8	1.9	0.5
牛粪	1.6	1.6	0.3
羊粪	3.3	3.1	0.5
兔粪	8.6	18.4	2.0
堆肥	2.0~2.5	1.1~1.6	0.9~1.4
猪厩肥	2~3	1.2	1.2
牛厩肥	1.7	1.0	0.8
草木灰	0	21.9	15.0
大豆饼	35.0	8.3	4~3
花生饼	31.6	7.3	2.7
棉籽饼	17.1	10.2	1.9

第二节　有机肥的作用

一、有机肥的特点与作用

有机肥的主要特点是养分全面，肥效稳而持久，具有养地、改善土壤的理化性等作用，是土壤微生物繁殖活动取得能量和养分的主要来源。另外，有机肥在分解过程中还能产生多种有机酸，使难溶性土壤养分转化为可溶性养分，从而提高土壤养分的有效性。

有机肥含有大量动植物残体、排泄物、生物废弃物等物质。施用有机肥料不仅能为农作物提供全面优质的养分和小分子有机质，而且肥效长，可增加和更新土壤有机质，促进土壤微生物繁殖、改善土壤的理化性质和提高生物活性，是绿色农业生产的养分来源。从农业生产角度上来讲，施用有机肥有以下几个方面的作用。

我国农民有使用有机肥的传统，十分重视有机肥的使用。美国、西欧、日本等发达国家和地区，正在兴起的生态农业、有机农业，都十分重视使用有机肥料，并把有机肥料规定为生产绿色食品的主要肥源。

第一，施用有机肥料最重要的一点就是增加了土壤的有机物质。有机质的含量虽然只占耕层土壤总量的百分之零点几至百分之几，但它是土壤的核心成分，是土壤肥力的主要物质基础。有机肥料对土壤的结构，土壤中的养分、能量、酶、水分、通气和微生物活性等有十分重要的影响。

第二，有机肥料含有植物需要的大量营养成分，对植物的养分供给比较平缓持久，有很长的后效。有机肥料还含有多种微量元素，由于有机肥料中各种营养元素比较完全，而且这些物质完全是无毒、无害、无污染的自然物质，这就为生产高产、优质、无污染的绿色食品提供了必要条件。有机肥料含有多种糖类，施用有机肥增加了土壤中各种糖类的含量。有了糖类，有了有机物在降解中释放的大量能量，土壤微生物的生长、发育、繁殖活动就有了能源。

第三，施用有机肥大大提高了土壤的酶活性。畜禽粪便中带有动物消化道分泌的各种活性酶，以及微生物产生的各种酶，这些酶有利于提高土壤的吸收性能、缓冲性能和抗逆性能。施用有机肥料增加了土壤中的有机胶体，把土壤颗粒胶结起来，变成稳定的团粒结构，改善了土壤的物理、化学和生物特性，提高了土壤保水、保肥和透气性能。为植物生长创造良好的土壤环境。

第四，有机肥在土壤中分解，转化形成各种腐殖酸物质。腐殖酸物质能促进植物体内的酶活性、物质的合成、运输和积累。腐殖酸是一种高分子物质，阳离子代换量高，具有很好的络合吸附性能，对重金属离子有很好的络合吸附作用，能有效地减轻重金属离子对作物的毒害，并阻止其进入植株中。这对生产无污染的安全、卫生的绿色食品十分有利。

二、有机肥施用注意事项

有机肥料是农业生产中的重要肥源，其养分全面，肥效均衡持久，既能改善土壤结构、培肥改土、促进土壤养分的释放，又能供应、改善作物营养，具有化学肥料不可替代的优越性，对发展有机农业、绿色农业和无公害农业有着重要意义。但是有机肥料由于原料种类很多、性质差异较大、功能不一，从而施用有机肥料也要根据施肥土壤、作物的特点，科学施用，切忌盲目施肥。在施用上应注意以下几点。

① 有机肥所含养分全面，但含量较低，施用量低时不能满足作物高产、优质、增收对养分的需要，所以实际生产中要有机无机配合施肥。有机肥料所含养分种类较多，与养分单一的化肥相比是优点，但是它所含养分含量低，也存在供应不平衡问题，不能满足作物高产、优质、增收的需要。在施用有机肥时应根据作物对养分的要求配施化肥，做到平衡施肥，并在作物生长期间根据实际情况喷施各种叶面肥，确保作物正常生长发育。另外有机肥肥效迟缓，有机肥经过微生物发酵作用后，尽管养分转化供应能力得到大大提高，但由于总养分含量较低，在有机肥施用量不是很大的情况下，很难满足农作物对营养元素的需要。因此，应利用化肥养分含量高，肥效迅速的优点，两者配合施用，缓急相济，取长补短，发挥混合优势，满足农作物生长发育过程中对各种营养元素在数量和时间上的需求，从而提高作物产量。

② 有机肥原料的性质特性不同。有机肥原料之间存在着组成、性质上的差异，从而施入土壤后，对土壤、作物的作用也存在差异。因此，应根据种植土壤的质地、气候以及种植作物的生长习性、需肥特性，选择合适的有机肥料进行合理施肥。例如：鸡粪、羊粪等热性肥料不能用于百合切花生产，以避免百合出现球茎灼伤、根系损害、"叶烧"等不良情况。

③ 严格控制施肥量。有机肥体积大、含养分低，需大量施用才能满足作物的生长需求，但并不是越多越好。因为有机肥料与化学肥

料一样，在农业生产中也存在适量施用的问题。如果有机肥的用量太多，不仅是一种浪费，而且也可造成土壤障碍，影响作物生长发育。比如在保护地栽培中，若长期大量施用有机肥，也可导致土壤营养元素过剩、土壤盐渍化，从而引起农产品生长不良、硝酸盐含量超标、品质下降等问题。因此，生产中有机肥的施用量应根据土壤中各种养分及有机质的消耗情况合理使用，做到配方施肥、科学施肥。

传统的有机肥的积制和使用也很不方便。人畜禽粪便、垃圾等有机废物又是一类脏、烂、臭物质，其中含有许多病原微生物，或混入某些毒物，是重要的污染源，尤其值得注意的是，随着现代畜牧业的发展，饲料添加剂应用越来越广泛，饲料添加剂往往含有一定量的重金属，这些重金属随畜粪便排出，会严重污染环境，影响人的身体健康。国外在绿色食品生产中，对有机肥的作用逐渐有了客观评价。20世纪70～80年代西方掀起的有机农业，排斥化肥，十分重视和强调有机肥料的作用和使用。但以后的研究发现，不合理过量使用有机肥，同样造成土壤硝酸盐积累和污染地下水，甚至污染食品。因此，欧洲国家从20世纪80年代以后，尤其是90年代以来，对有机肥在有机农业中的作用逐渐有了客观认识，以英国为代表的欧洲国家对有机肥的使用，从用量和使用时间上均做出了较为严格的规范。畜禽粪便的药物残留受到发达国家的普遍重视。

④ 施用方法。有机肥应采用开沟条施或挖坑穴施的方法，进行集中施肥，施后及时覆土；若采用撒施，施后应翻入土壤。一般，将有机肥与化肥混合施用，效果更佳。

⑤ 配合施用生物肥。配合生物肥施用效果好，有机肥无论是基施还是冲施，最好配合生物肥施用。因为有机肥在与生物肥配合施用后，生物肥中的生物菌能加速有机肥中有机质的分解，使其更有利于作物吸收，同时能将有机肥中的一些有害物质分解转化，避免其对蔬菜造成伤害。

⑥ 有机肥的使用禁忌。腐熟的有机肥不宜与碱性肥料混用，若与碱性肥料混合，会造成氨的挥发，降低有机肥肥效。

三、有机肥施用量与土壤培肥

有机肥养分完全，肥效稳而长，含有机质多，能提高土壤有机质含量，改善土壤的物理化学性质，因此必须定期向土壤中补充有机肥料。每年向土壤中施用有机肥的数量，南方和北方地区、水田和旱地、沙土地和黏土地，由于水分条件和有机质矿化、腐殖化程度不同，施用量也不同。

为维持土壤肥力或提高土壤肥力，每年必须向土壤中施入一定数量的有机质。土壤有机质的施入量一般可这样估算。如有一块面积为1亩的农田，土壤有机质含量为2%，耕作层土壤的总重量为15×10^4kg，土壤原有机质的矿化率为4%，这块农田每年有机质的分解量为：

$$150000 \times 2\% \times 4\% = 120\text{kg}$$

若要使这块农田土壤有机质保持在2%的水平，每年至少要补充土壤有机质120kg。但是施入土壤的有机质每年的矿化率为75%，剩下的只有25%，因此要使上述农田的有机质含量保持在2%左右，每年施入的有机质至少应为（120×4）kg，即480kg才行。

第三节　有机肥施用技术

由于农家肥品种较多，所以应根据肥料本身特性进行施肥。粪尿肥腐熟后宜做基肥、追肥。人尿呈酸性，含氮多，分解后能很快被根吸收，可作追肥。猪粪是暖性肥料，"劲大"，有机质和氮、磷、钾含量较多，腐熟后可施于各种土壤，尤其适用于排水良好的土壤。马粪是热性肥料，"劲短"，含有机质、氮素、粗纤维较多，并含有高温纤维分解细菌，在堆积中发酵快，热量高，适用于湿润黏重土壤和阴坡地及板结严重的土壤；用作堆肥材料可加速堆肥腐熟，并可作为果树育苗保温肥。牛粪是典型的冷性肥料，含水多，腐烂慢，养分含量较低，将其晒干，掺入3%~5%的草木灰或磷矿粉或马粪进行堆积，可加速牛粪分解，提高肥效，宜与热性肥料结合使用，或施在沙壤地和阳坡地。羊粪是热性肥料，分解快，养分浓厚，宜和猪粪混施，适用于凉性土壤和阴坡地。家禽粪迟效，养分含量高，不宜新鲜使用，腐熟后可作基肥和追肥。炉灰渣、垃圾宜用于黏土、洼地以改良土壤。草木灰肥速效，含钾多，还含有硼、钼、锰等元素，宜用于酸性土、黏质土，可作基肥和追肥，与其他有机肥混施效果更好。饼肥含有机质多，氮素较丰富，分解慢，肥效持久，须在施入前捣碎沤熟，宜做基肥和追肥。动物性杂肥宜与堆肥、厩肥一起堆积，腐熟后作基肥。沼渣肥效持久，可养护土地，增加有机质，宜作基肥。沼液含有氮、磷、钾等元素，还含有锌、硼等微量元素，能提高土壤潜在肥力，促进农作物新梢及叶片生长，改善果品品质，可作追肥、叶面肥或用于养畜禽等；也可用于浸种，以提高幼苗的抗病能力。

一、粪尿肥及其施用技术

粪尿肥包括人粪尿、猪粪尿、牛粪尿、羊粪尿、马粪尿、驴骡粪尿、兔粪、鸡粪、鸭粪、鹅粪、鸽粪、蚕沙、其他动物粪尿等。

人粪尿是人尿、人粪的总称。在人口较多的地区如四川、河南、山东、江苏、广东、河北等区域其资源相对较丰富。人粪尿养分含量高，氮素、磷素含量高，腐熟快，易被作物吸收利用。鲜人粪尿中养分平均含量为：全氮（N）6.4g/kg、全磷（P）1100mg/kg、全钾（K）1900mg/kg、水分 90.25%、粗有机质 48g/kg、C/N 3.43、pH7.79；各种量元素的平均含量为：铜 4.99mg/kg、锌 21.24mg/kg、铁 294.48mg/kg、锰 46.05mg/kg、硼 0.70% mg/kg、钼 0.33mg/kg；钙、镁、氯、钠、硫、硅含量平均分别 2.5g/kg、0.7g/kg、1.8g/kg、1.6g/kg、0.4g/kg、2.5g/kg。人粪尿是流质肥料，在积存过程中容易分解，气温越高，损失越多，同时还含有很多病菌和寄生虫卵，积存中既要讲究卫生又要便于积肥。由于各地气候不同，南方高温多雨一般采用粪尿混存，制成水粪，北方地区多采用拌土制成土粪或者堆肥。在存放过程中常见的有粪坑（最好加盖防止氮素挥发）、加土或草炭保存、沤制沼气发酵肥或建设"三格"化粪池等。人粪尿是速效肥料，可作基肥、追肥，一般作追肥。人粪尿、秸秆和土混合堆制的肥料作基肥；单独贮存的人粪尿可兑水 3～5 倍或加入适量的化肥作追肥。每公顷施入人粪尿 7500kg，可使稻、麦、玉米等粮食作物增产 750～1050kg。由于人粪尿中含有传染病菌和虫卵，所以需贮存发酵或加药剂后施用。人粪尿主要成分是氮，特别适合在保护地芹菜、莴苣、茼蒿、茴香、油菜等绿叶蔬菜上施用，同时含有氯离子，在忌氯作物如马铃薯等蔬菜上施用不宜过多，否则不仅块茎淀粉含量降低，而且不耐贮藏。生产上可作基肥、追肥用。作基肥时，每亩用量一般为 5000～6500kg，施用前必须进行腐熟处理。人粪尿中钠离子和氯离子含量较高，对忌氯植物最好不要施用，在盐碱地或排水不畅的旱地也不宜一次大量施用。切忌将人粪尿与草木灰等碱性物质混存或者晒制粪干。

猪粪尿是一种富含有机质和多种营养元素的完全肥料，适合各种植物和土壤，有良好的改良土壤和增产效果。腐熟的猪粪可作追肥和基肥，一般均作追肥。每公顷用量 (3.75×10^4)～(4.5×10^4)kg。猪粪在用干土垫圈时粪土比一般为 1：(3～4)，同时注意不要把草木灰倒入圈内导致氮肥流失。

牛粪分解慢，所以一般作基肥。牛粪尿最好经腐熟后施用，同时不能和碱性肥料混合施用。羊粪尿适合各类土壤和植物、可作基肥和追肥。牛粪含水较多，通气性差，分解腐熟缓慢，常被称为冷肥；而羊粪粪质细密干燥，发热量比牛粪高发酵速度快，被被称为热肥。同时牛羊粪中纤维素、半纤维素含量高，必须经过混合沤制才能加速其分解，成为较好的有机肥。蔬菜生产上牛羊粪施用主要以基肥为主，质地较黏重的地块最适合施用腐熟的牛羊粪。据调查发现，施用牛羊粪的大棚土壤通透性明显优于施用人粪尿、鸡粪的棚，并且根结线虫危害轻。另外，牛羊粪总肥效较低，因此使用时应适当增加施肥量，一般每亩施用量以 8000～10000kg 为宜。

马粪尿是热性肥料。发热量大，一般不单独施用，主要用于温床的发热材料，如甘薯和蔬菜育苗时作温床酿热物。驴骡粪的施用同马粪。

兔粪适合于各类作物和土壤，腐熟的兔粪可作追肥，也可垫圈作基肥用。也有将兔粪制成粪液作叶面喷施，喷施量根据作物种类而定。一般小麦孕穗期，每公顷用粪液 37.5kg，加水 112.5kg；扬花期用粪液 225kg，加水 3300kg；灌浆期用粪液 300kg，加水 4500kg。兔粪无论作基肥追肥或者叶面喷施都有显著的增产效果，而且地下害虫大大减少。

鸡粪在堆积腐熟过程中易发热引起氮素挥发，所以适合干燥存放。鸡粪适合各类土壤和作物，由于鸡粪分解快，宜作追肥，鸡粪不但能提高作物产量，同时还能提高作物品质。由于鸡粪中含有大量的养分，施用量每公顷不宜超过 3×10^4kg。

鸡粪是目前保护地蔬菜上应用最广泛的有机肥，可作基肥、追肥施用。作基肥时，为避免肥害，施用时必须注意以下几点：①杀虫灭菌。鸡粪中含有虫卵，还有大量腐生菌，施用前大部分菜农习惯先堆积高温腐熟，以杀灭虫卵，但鸡粪经过高温腐熟后肥效会降低，因此生产上不提倡使用该法。施用前 $1m^3$ 可加入阿维特线威颗粒 $50\sim70g$、多菌灵 $200\sim250g$，掺合均匀后再施用。②提前施用。保护地蔬菜田更应提前施，使鸡粪在蔬菜定植前就能在土壤中完成腐熟，切忌施用鲜鸡粪后立即覆盖塑料棚膜，否则高温会引起氨气大量挥发，极易对棚内蔬菜造成氨害。③适量施肥。施用鸡粪作基肥一般每亩用量以 $7000kg$ 为宜，施用过多常常引起土壤 pH 值升高，土壤碱化。鸡粪作追肥时，一般在晴天早晨施用，稀释时应加入 2% 阿维乳油等杀虫剂和 50% 多菌灵可湿性粉剂等杀菌剂，稀释 $4\sim5$ 倍后随水冲施，一般每亩一次施用量为 $500\sim750kg$。追肥原则是"少量多次"，一次施用不要过多，以免造成氨害。
　　鸭粪可采用草炭垫圈、定期清扫然后放置于荫凉处堆放积存。鸭粪养分含量较鸡粪低，施用量可高于鸡粪。
　　鹅粪的施用同鸡粪和鸭粪。鸽粪数量虽少但养分丰富，可与其他畜禽粪混合堆沤后作为基肥或堆肥。
　　蚕沙是一种优质肥料，也是池塘养鱼的好饲料。蚕沙可贮藏在容器里，数量多时可挖不渗漏的坑进行贮存，也可加入蚕沙数量 3% 的过磷酸钙一起混匀压实保存。蚕沙适合各类土壤和作物，作追肥和基肥效果均好。

二、堆沤肥类及施用技术

　　堆沤肥类包括厩肥、堆肥、沤肥、沼气肥。沼气肥将在后面单独阐述。
　　畜禽粪尿与各种垫圈材料混合堆沤后的肥料称厩肥，也有机械化养猪、养牛等所得的液体厩肥。包括猪圈肥、牛栏肥、羊圈肥、马（驴、骡）厩肥、兔窝肥、鸡窝粪和土粪等。施用方法参考分尿肥部分。
　　堆肥包括：小麦秸秆堆肥、玉米秸秆堆肥、水稻秸秆堆肥和杂草堆肥等。随着农业机械化程度的提高，秸秆机械化还田技术的推广，此类堆肥的数量逐渐减少。随着劳动力市场价值的提高，沤制肥料的数量在农村也逐渐减少。

堆肥类有机肥在大田作物生产中一般作为基肥一次性施入。施用量根据土壤肥力、质地、作物品种和目标产量等确定。

冬小麦一般要求高产田每亩施有机肥 3000～4000kg，中低产田 2500～3000kg，撒施后耕翻均匀，同时配合施用无机肥。高产田要控氮、稳磷、增钾、补中微，氮磷钾配比为 1：0.6：（0.5～0.7），并根据土壤养分状况，补充硫、硅、钙、锌、硼、锰等中微量元素。一般每亩施碳铵 80～90kg、过磷酸钙 50kg、氯化钾 17～20kg、微肥 0.5～1.5kg。有机肥、磷、钾肥和微肥全部底施，氮肥 40% 作基肥，60% 作追肥。中产田要稳氮、增磷，适当施钾，氮磷配比为 1：0.75。一般每亩施碳铵 60～80kg、过磷酸钙 40～50kg、氯化钾 10～15kg、微肥 0.5～1kg。氮肥 60%～70% 作基肥，其余追施。低产田要增氮增磷，氮磷比例为 1：1。每亩施碳铵 50～60kg、过磷酸钙 40～50kg，可采用"一炮轰"施肥法。

在我国北方部分地区，玉米作为小麦生产的后茬植物一般不施基肥，小麦收获后的秸秆直接还田可作为基肥。而南方和我国东北地区种植玉米，有机肥每亩施用量为 1000kg～1500kg。

水稻一般每亩施有机肥 1000～1500kg，作基肥一次性施入，同时配合施用速效性化肥和中微量元素肥料。

堆肥也大量应用于果树栽培，果园施肥应集中施在根系周围，以便最大限度地发挥肥效。秋季重施有机肥是增加果园有机质含量、增强树势、提升果品档次的有效途径。秋施有机肥应突出"早、杂、多、变"。在时间上力求"早"。一般在果实收货后进行，最适宜时间为 9 月中上旬至 10 月底。因为根据果树根系生长和需肥特点，此时正是根系年生长第 3 个高峰期。土温适宜，墒情较好，有利于根系吸收利用养分。实践证明，9～10 月份施肥时铲断的根到 11 月份土壤封冻前，伤口全部愈合并能长 1～2cm，肥效提高 1.5～2 倍。早施有机肥，速效养分被吸收，大大增强了果树秋叶的光合效能，有利于树体有机养分积累，使枝芽充实、花芽饱满，为翌春开花、发芽、生长发育奠定了基础。过晚施用有机肥（基肥），常造成铲断的根不能愈合，影响树体对土壤水分和养分的吸收，特别是 2～3 月才施入有机肥的果园，5～6 月才能发挥肥效，此时正值花芽分化期，过多的养分不利于花芽形成，从而扰乱树体正常生长发育，易引发树体徒长。在种类上力求"杂"。秋施有机肥时各类含有机质的物质都可使用，如各种家禽家畜的粪便、厩肥、堆肥、沼肥，各种秸秆、动物屠宰的下脚料、绿肥、土杂肥、饼肥、腐殖酸和农村、城镇的废弃有机物等，这些有机物一般要经过无害化处理或腐熟后再施入，切忌将有害有毒物质混入或将未经腐熟的有机肥直接施入土壤。在数量上力求"多"。坚持"斤果斤肥"的原则，一般每亩施农家肥 3000～4000kg 或精制商品有机肥 300～400kg。有条件的农户可按每年生产 1kg 苹果施 1.5～2 倍有机肥的标准进行。另外，秋施有机肥时，应配合一定量的氮磷钾化肥作基肥一次施入，幼树每株配施过磷酸钙 1～2kg；结果树按生产 1000kg 果实配施过磷酸 40kg、碳酸氢铵 30kg、氯化钾 10～12kg，或高浓度复合肥 30～50kg 的标准施用。在方法上采取"变"。各种施肥方法要交替使用。幼树或初果树可采用环状沟施或带状沟施，沟宽 40～50cm、深 60～70cm，逐年沿树冠向外延伸扩展，直至全部翻通。结果树采用放射沟或条沟，沟宽深各 50cm 左右，或全园撒施，深翻 30～50cm。

　　由于北方地区果树和南方果树在品种等方面的差异，根系的垂直分布则随树种、土质、栽培条件等不同而异。一般柑橘根系分布较浅，绝大部分吸收根分布在 25～35cm 的土层中。因而施肥时应根据上述情况掌握合适的施肥部位，深度应以 20～30cm 为宜，并注意根系分布深的果树要深施，根系分布浅的果树要浅施，黏土地要深施，砂土地要浅施，地下水位低的园地要深施，地下水位高的园地要浅施，成龄树要深施，幼龄树浅施。生产中往往有些水浇条件差的果园因浅施或地面撒施有机肥引起烧根、根系上返及养分损失；而部分果农开沟施有机肥时若深度至 60cm 以下，则会造成根系呼吸受阻，肥料不能被及时吸收，会降低肥料的利用率。

　　对于无法获得足够数量农家肥的蔬菜种植区域可选择商品性有机肥。商品有机肥一般作底肥施用，也可以用作追肥。在用法上，根据土壤肥力不同推荐量应有所不同，对高肥力新菜田（有机质＞2%），可以控制精制有机肥用量在 300～500kg/亩；中肥力新菜田（有机质 1.5%～2%）可每亩施用 1t 精制有机肥；低肥力新菜田（有机质＜1.5%）要强化培肥力度，每亩需要精制有机肥约 1～2t。有机肥作底肥时，配合施用少量的氮磷钾复混肥或磷钾肥，作底肥施入效果会更佳。

有机肥料包括绿肥、粪肥、厩肥、堆肥、某些工厂的废水和城市的生活污水等，是我国目前养鱼中用得最广、最多、效果又最好的一类肥料。有机肥成分全面，肥效较缓且持久，所以从长期效果看使用有机肥具有较好的生产效果。但有机肥也有一些共同的缺点，其中最严重的是由于要在池塘内进行分解，所以会增大池水中各种有机质的含量，并消耗掉大量的氧气，会造成池塘一定的污染。针对上述缺点，各种粪肥，特别是分解较快、耗氧剧烈的大粪，最好先经过初步的发酵腐熟后再使用，这样既可减轻对池塘的污染，又可以较快地发挥肥效。蚕粪分解很快，而且含尿酸盐较多，对鱼有剧毒，更需要经过发酵分解才能使用。厩肥和堆肥都已经过初步发酵，所以污染程度较轻，肥效也较快，可以直接使用。使用绿肥和没有发酵的粪肥时，一定要适当掌握每次的用量，既达到肥水的目的，又防止过分的污染。食品厂、奶牛场等单位的有机性废水，城市的生活污水都可用于养鱼，但这些污水或废水有的也含有少量的有毒物质，所以在使用前和使用中应进行调查了解或直接分析测定。

粪类、厩肥和堆肥作基肥时，用量一般为每亩水面 400～500kg（指一般的半干半湿的家畜粪肥和堆肥，人粪与鸡粪减半；以下均同），可视池塘的深浅、肥料的质量和原有的肥度而增减。如果刚进行了排干清塘，可将肥料（掺水或少注一点水）均匀撒布于塘底浅水中，使其在阳光曝晒下，水温升高，较快地分解矿化。3～4d 后即可加满水，再隔 7～8d 即可放鱼。如果是在池塘满水时施基肥，可在放鱼前 10～15d 将肥料分成小堆，分布于向阳浅水处，使其逐渐分解矿化，扩散水中。如果此时水温已较高，也可在 5～7d 前将肥料加水搅匀，均匀泼于塘面上。堆肥腐熟较好，一般采用泼撒法。追肥的用量应视养鱼的方式、肥料质量、池塘条件和水温的高低而不同。根据实践经验，追肥的用量一般是：4～6 月份，每月每亩水面 300～400kg；7～9 月份，由于投饵料量大，水质已很肥，一般不再追肥；9 月中旬以后，天气转凉，水质变淡，又可酌量追肥，一般每亩用量约 200～250kg。施追肥的方法，可以采取分小堆堆放的方法，每 7～

10d 堆放 1 次，每次用全月定额的 1/4～1/3；也可以用泼撒的办法，每 1～2d 泼撒 1 次，每次用量为全月定额的 1/30～1/15。对于面积很大的池塘，可以采用搭架或挂袋施肥的办法。

使用绿肥，要先将原料（青草、树叶、农作物的青绿茎叶等）晒至半干，然后掺合一定数量的粪肥，堆放于岸边浅水处或者池角上，上面压以石头或泥土使其沉入水下。此后，每隔 3～5d 翻动 1 次，使其腐败分解，液汁逐渐扩散到水池中。夏秋季一般 7～10d 即可分解完。将粗大、难烂的根茎等捞出池外，再追加一批新料。施基肥的用量大致每亩水面 200～250kg，以后每次施追肥 100～150kg。夏秋高温季节施用绿肥时，由于分解快，水质污染严重，如果一次用量较大，很容易造成泛池，一定要提高警惕。如果池塘较大，施绿肥时也可采用搭架和挂袋的方法。

废水和生活污水的用量，因废水或污水的浓度不同，而出入较大。使用生活污水时，基肥的用量占池水的 1/10～1/4。施肥后 7～8d 放鱼，隔 3～4d 即开始追肥。施追肥时，不投饵的池塘在鱼类生长旺季（7～9 月）每 3～4d 追 1 次，每次用量为池水的 1%～1.5%；春秋雨季大致每半月追肥 1 次，每次追加池水量的 3%～4%。

三、秸秆类有机肥源及施用技术

秸秆是农作物收货后的副产品，也是重要的有机肥源。秸秆直接还田能促进有机物就地转化，达到增值、增收、省工、节约成本的目的。

水稻是中国的主要粮食作物之一，是南方城乡的主要口粮，稻草是我国秸秆的主要来源。据全国 11 个省（自治区）稻草样本的养分测定，稻草平均含粗有机物 81.3%（烘干样品，以下同）、含有机碳 41.8%、氮 0.91%、磷 0.13%、钾 1.89%、钙 0.61%、镁 0.22%、硫 0.14%、硅 9.45%，此外还含有铜、锌、硼、钼等微量元素。目前稻草施用最简单的方法是直接还田，常见的有高留茬还田、覆盖还田、机械化还田等。高留茬还田是在水稻收割时，稻秆下部高留茬 20～30cm，耕时翻压还田。覆盖还田是将稻秆直接覆盖在农田，以不影响作物生长为宜。早期的机械化还田是将稻草铡成三段或四段然后还田，但这个方法费工费时不适宜大面积推广。现在一般是大型联合收割机和旋耕机联机操作，能做到 100% 的稻草还田。为保障土壤有机质平衡，需不断为土壤补充新的有机质，另外稻草中的钾大部分可用水浸提出来，所以稻草还田不但可为土壤补充新的有机质，同时还可缓解南方稻区钾素营养亏缺问题。稻草还田量根据当地当年农业生产的实际情况，以还田 1/3～1/2 稻草为宜，也可全部还田。为防止稻草还田引起后作禾苗的氮饥饿，应适当补充化学氮肥。在南方红壤地区稻草还田配施适量石灰。对于有白叶枯病、条斑病的稻草不能还田并加强病害防治工作。

麦秸是我国的大宗秸秆资源。中国 11 个省（自治区）大样本养分测定，含粗有机物 83%（烘干）、有机碳 39.9%、氮 0.65%、磷 0.080%、钾 1.05%、钙 0.52%、镁 0.17%、硫 0.10%、硅 3.15% 和微量元素。麦秸还田的方式有高留茬还田、麦秸铺田、联合收割机还田。现在联合收割机直接还田的面积逐年增加。

玉米秸秆也是我国的大宗有机肥源，中国玉米秸秆平均含粗有机物 87.1%（烘干）、有机碳 44.4%、氮 0.92%、磷 0.152%、钾 1.18%、钙 0.54%、镁 0.22%、硫 0.094%、硅 2.98%，同时还含有微量元素等。玉米秸秆还田最有效的途径是机械化还田。

四、绿肥种植技术

绿肥指的是可以用作肥料的栽培作物。近 20 多年来，随着化肥工业的快速发展，我国的化肥使用量不断增长，有机肥料越来越不被重视，绿肥相关研究大大萎缩，品种更新严重落后，绿肥作物的生产迅速滑坡。近年来，现代农业呼唤传统农业精华回归，绿肥作物得到越来越多有识之士的关注。有关专家呼吁，应加大对绿肥的重视力度，及时更新品种，恢复和发展绿肥生产。

中国农业科学院曹卫东博士表示，几十年前，中国基本没有化肥工业，施肥依靠的主要是绿肥和农家肥。以紫云英为例，1hm² 绿肥可固氮 153kg，活化、吸收钾 126kg，替代化肥的效果明显。

绿肥可以弥补这些不足。绿肥能提供大量的有机质，改善土壤微生物性状，从而改善土壤质量。发展绿肥是实现有机无机肥料配合的重要措施。

除此之外绿肥是最清洁的有机肥源，没有重金属、抗生素、激素等残留威胁，完全满足现代社会对于农产品品质的要求。在连作制度中插入一茬绿肥可以大幅度减少一些作物的连作障碍，减少病虫害的发生。

我国有大量的冬闲田、可利用的作物茬口间隙、果桑茶烟等经济作物行间空地，同时有大量可以利用间、套、混作发展绿肥的中低产耕地。仅从农区和经济园林方面考虑，南方稻田约有 0.2 亿公顷面积冬季闲置，华北也有大量的冬闲土地，西南旱地非常适宜粮肥轮作形式；中低产田通过间、套、轮作等方式，可插入 30% 左右的绿肥；经济园林行间空地约占 30%～50%，可以种植覆盖性绿肥。我国潜在农区、经济园林约 0.5 亿公顷甚至更多，假如能实现 30% 左右的种植目标，就可以将全国绿肥种植面积恢复到 0.15 亿公顷，每年估计可减少流入水体的氮肥相当于 67.5 万吨尿素，是每年流入太湖水域氮素的 8.7 倍。

绿肥能固氮、吸碳，节能减耗作用显著。据专家测算，0.15 亿公顷的绿肥每年的养分生产能力相当于 500 万吨尿素、410 万吨硫酸钾，可节约大量煤炭和电能。绿肥体内含大量碳素，据推算，0.15 亿公顷绿肥可以固定 1.13 亿吨二氧化碳，同时放出 0.97 亿吨氧气，对于我国履行减排二氧化碳等国际公约具有重大意义。

我国发展绿肥潜力巨大，除耕地外，我国还有大量的无林地、荒漠化土地和沙化土地。绿肥多数是豆科作物，具有固氮特性，在一些土质较差的地区，比其他作物生长好，在这些地区发展绿肥生产同样大有可为。理论上，若将我国无林地全部绿化，30% 左右的荒漠化土地和沙化土地种植豆科绿肥，再加上农区和经济园林的潜力，绿肥总面积可达 2.1 亿公顷。达到这个目标，每年可以增加净生物量 9.5 亿吨，年吸收 16.7 亿吨二氧化碳（约相当于我国二氧化碳总排放量的 27%）；并可以固定相当于数千万吨尿素的氮，十分可观。

我国发展绿肥首要问题是对其认识不足。因此绿肥种植利用长时间处于自生自灭状态，而国家政策性投入和引导的缺失，也使农民种植利用绿肥的积极性不高。据了解，我国绿肥种植面积最高峰曾经达到约 0.10 亿～0.15 亿公顷，并持续稳定多年，而当前乐观估计只有 0.03 亿公顷。由中国农业科学院农业资源与农业区划研究所组织实施的公益性行业（农业）科研专项——"绿肥作物生产与利用技术集成研究及示范"项目 2008 年在北京启动。3 年内国家将投入 2690 万元支持该项目的研究与实施。

绿肥有改土培肥增产的显著效果，应根据各地的气候、土壤、种植制度，选择适宜的绿肥品种。栽培绿肥最好在盛花期翻压，此时产量高，养分含量也高，组织幼嫩易分解，翻埋绿肥深度为 6～10cm，盖土要严，翻后耙地整压，压青后 15～20d 才能进行播种或移苗。翻压绿肥用量通常为 22～38t/hm²，适当配合使用磷肥。

1. 绿肥种类与资源

由于各地的自然条件和耕作制度不同，绿肥的种植时期和方式也不一样，这里主要根据绿肥的植物学特性区分为两类：豆科绿肥和非豆科绿肥。

我国 20 世纪 80 年代栽培面积较大的绿肥有 7 科 20 属 32 种。试种示范取得一定成功的、在一定范围内可以应用的绿肥有 5 科 28 属 38 种。

2. 绿肥种植模式

(1) 粮肥轮作　在同一块田地根据土壤肥力种植一年或几年绿肥，然后再种植几年粮食作物，这种方式适合土壤瘠薄或畜牧业比重大的区域。

(2) 粮肥复种　在同块田地一个年度或一个年周期内，种植一茬粮食然后种植一茬以上的绿肥。

例如水稻-水稻-绿肥复种主要分布在长江以南，早稻收割后，栽晚稻，晚稻收割前在稻行内撒播紫云英、苕子、金菜花、肥田萝卜或草木樨绿肥，也可利用集中绿肥混播。割稻后绿肥在冬前和越冬后生长，第二年早稻栽秧前翻压，在绿肥高产的田块还可以刈出一部分做饲料或异地压青、沤制泥肥。

在淮河以南地区可以用采取小麦-绿肥-水稻复种模式、小麦-水稻-绿肥复种、油菜-水稻-绿肥复种，北方一季稻区可采取绿肥-水稻复种，一年一麦区可采取小麦-绿肥复种，绿肥-经济作物（烟草、西瓜、蔬菜等）复种模式。

(3) 粮肥间作套种　包括一熟制地区粮肥间作套种、二年三熟以上的多熟制区粮肥间作套种。

在一熟制地区，主要是利用玉米、高粱、棉花春季播种晚、前期生长慢的特点，在其预留行间，早春播种草木樨、香豆子、油菜、箭筈豌豆、蚕豆等绿肥，绿肥出苗后，按适宜的播期和原定行距播种玉米、高粱、棉花等。也可以采取玉米绿肥带状间作的模式。

在多熟制地区粮肥间作方法较多。小麦-玉米-绿肥间作，秋季播种小麦时留埂，春季套种玉米，夏季小麦收获后种植田菁、杠麻、绿豆、草木樨等绿肥，玉米和绿肥共生，秋季收获玉米后，绿肥连同玉米残茬耕翻入麦田。

小麦-绿肥-水稻间作套种，秋季麦类与绿肥同时间种，冬春季小麦与绿肥共生，小麦收获后绿肥生长一段时间后压青栽晚稻。

另外还有小麦-绿肥-棉花-绿肥套种模式、水稻-绿肥-油菜-水稻套种模式、水稻-田菁间作套种、稻田套养满江红等。

（4）果、茶、桑园及幼林地间作套种绿肥　果、茶、桑园及幼林地，可以间种一年生绿肥，也可以种植多年生绿肥、一般要求绿肥品种植株不高，耐阴性强，耐践踏和再生能力强。如苹果园多用毛叶苕子、绿豆、箭筈豌豆、草木樨、黑麦草等；柑橘园多用蚕豆、光叶苕子、紫云英、肥田萝卜、印度豇豆、乌豇豆、三叶草等；葡萄园多用铺地木蓝、黄花耳草、大叶猪屎豆、紫云英、豌豆、肥田萝卜等；幼林地多用草木樨、小冠花、山毛豆、杠麻、田菁、毛叶苕子等；热带经济林多用蝴蝶豆、毛豌豆、无刺含羞草、银合欢、柱花草、象草、爪畦葛藤等；园隙空地多用紫穗槐、小冠花、紫花苜蓿、杠麻、草木樨、黑麦草、山毛豆、三叶草等。生长的绿肥可以翻压，也可以刈草施用或者生草覆盖。

3. 如何确定绿肥种植方式

第一，要因地制宜：一个地区的绿肥种植方式，要依据自然条件和社会经济条件因地制宜地确定。例如在人少地多、土壤瘠薄的地区，绿肥的种植就可以较多地占用土地的时间和空间；而在人多地少、土壤肥沃的地区，绿肥种植就不能过多地占用土地时间和空间；有机肥源广、秸秆还田量多、土壤中有机质含量高、化肥用量大的地区，绿肥就可以少种甚至不种；有机肥源缺、秸秆还田量少、土壤中有机质含量低的地区，即使化肥施用量大，也要积极地扩种绿肥。在作物生育期有余、复种指数低的地区，绿肥可以采用粮肥复种方式；

而在作物生育期很紧或复种指数较高的地区，绿肥的种植方式则以间作套种为宜。

第二，要全面衡量经济效益：对绿肥的种植方式和布局，要全面衡量其经济效益，不仅要看当季，更重要的是看周期。作物的上一茬与下一茬、上一年与下一年、上一个周期与下一个周期，存在着相互制约、相互联系的关系，人们从事农业生产，要在立足于搞好当季的前提下，尽量为下一茬、下一年、下一个周期做好准备，只有这样才能实现持续增产。绿肥的种植，实际上是一种农业基本建设，投资所带来的经济效益要大于投资的几倍、十几倍，甚至几十倍，这种效益要在比较长远的周期才能发挥的充分和明显。

第三，要肥田和养畜相结合，绝大多数的绿肥是良好的牲畜饲草，不仅有丰富的蛋白质、脂肪等营养物质，同时富含大量的多种维生素，并且通过粮肥轮作、复种、间种等途径，可以达到周年供应青鲜饲草的作用。绿肥被牲畜取食后，其化学潜能大约有16％～29％转化到牲畜躯体，33％用于维持生命活动，49％～51％随粪便排出，成为良好的肥料，绿肥的根茬仍有很强的肥田改土作用。

第四，要充分利用可以利用的空间、时间和作物生物特性。栽培绿肥需要一定的土壤、时间、光照、温度等条件，而我国地少人多，绿肥与粮食作物的生产从时间和空间上产生矛盾，所以协调好这个矛盾是种植绿肥的先决条件和依据。要充分利用粮食作物生长期以外的可以利用的时间和空间，充分发挥不同绿肥、不同粮食作物的生物学特性，经济利用温度和光照等资源，见缝插针地种植绿肥。例如粮食作物生产过程中，可以考虑改换品种，生育期长的换成短的，株型散遮阴大的换成株型紧凑遮阴小的。在作物群体结构布局上，可以改窄行大株距为宽行小株距，改早播为迟播，改晚收为早收等，如果改得合理，可以做到当季不减产甚至增产，周期产量则大幅提高。

4. 绿肥高产栽培主要措施

第一，要选择适宜本地的绿肥种类和品种。不同绿肥种类都有特定的适应性，它所能忍受与生长的环境条件和范围是有限度的，所以因地制宜选择绿肥品种比较利于高产。

第二，要做好种子处理，保证全苗。在播种前要检查种子的发芽率，有硬籽率的绿肥种子要经过处理再进行发芽试验。对于有硬籽率的种子可以采用热水浸种的方式打破种皮的角质层，例如田菁种子用90℃热水浸种 5min，再转移到 15℃的水中浸泡 10min，硬籽率由原来的 30％下降到 5％。或者用冬前寄籽播种，在冬前夜冻昼化时、种子播下不能吸水的时间播种，利用昼夜温差打破硬籽，而且可提前生育期，能充分地利用光热资源。

第三，豆科绿肥种子接种根瘤菌。豆科种子接种根瘤菌可大幅度地提高鲜草产量，据湖南省农业厅统计，全省 47 个种植紫云英老区的根瘤菌接菌试验，平均不接种增产 22.6％。

第四，增施磷肥。豆科绿肥施用磷肥，可经济有效地取得氮素肥源，起到以磷增氮的效果。

第五，混播。将豆科绿肥与非豆科绿肥或同科不同类的绿肥混播，可充分利用地上地下空间，发挥不同绿肥的生物优势。

各种绿肥种子的硬籽率见表 3-3。

表 3-3　各种绿肥种子的硬籽率　　　　　　　　　％

绿肥种类	紫云英	金花菜	毛叶苕子	光叶苕子	蓝苕花子	紫花花子	箭筈豌豆	白花草木樨	田菁	杠麻	饭豆	香豆子	绛三叶	白三叶	红豆草	紫穗槐	沙打旺	石麦根
硬籽率	10~15	8~30	5~15	5~20	8~15	10~30	5~15	30~60	15~50	5~10	2~4	3~25	5~15	20~40	10~15	40~80	5~15	40~70

5. 果园绿肥种植技术

果园选用绿肥作物要根据气候、土壤、果树等因地制宜。常用的果园绿肥有以下几种。

紫穗槐，春季播种，每亩用种量 1~2kg，也可春季压条。两年以上的每年收割 2~3 次，每亩可收获鲜料 1000~2000kg。紫穗槐适应性强，耐旱、耐涝、耐盐碱，山坡、堰地、沟壑均可种植。1 次种植多年收获，枝叶易腐烂，肥效高。

绿豆，春、夏季播种，每亩用种量 2kg。播后 60d 长至盛花期收割，每亩可收鲜料 1000~1500kg。1 次播种，当年 1 次收获，生长快，产量高，易腐烂。喜高温、耐旱、耐瘠薄、不耐涝。酸性土或盐碱土均可种植。

田菁，春、夏季播种，每亩用种 3～4kg。初花期刈割，每亩收鲜料 1500kg。耐涝、耐盐碱、耐瘠薄，有养地改碱功能。

柽麻，春、夏播种，每亩用种量 2～3kg。播后 50d 可收割，每亩可收鲜料 2000～3000kg。柽麻生迅速，当年可刈割 2～3 次。

苕子，秋季播种，每亩用种量 2～3kg。初夏收割，每亩可收割鲜料 2000～2500kg。苕子植株矮，枝叶茂密柔嫩，易腐烂、肥效高。根系发达，改良沙地效果好。

豌豆，秋季播种，每亩用种 7～10kg。晚春、初夏压青，每亩可收获鲜料 1000～1500kg。

苜蓿，春、秋、夏三季均可播种，当年收割一次，第 2 年后每年收割 3～4 次。

果园绿肥的用法：第一种方法是翻压，当年在果树行株间种植生长期短的绿肥作物，可于初花期至花荚期直接翻入土中，使其腐烂作肥，此法适用于成龄果园；第二种方法为刈青沟埋，在树冠外围挖沟，沟宽和沟深均为 30～40cm，沟长与树冠一侧相同，将刈割的绿肥与土分层埋入沟中，覆土后灌 1 次水，此法适用于幼龄或行距较大的果园；第三种方法是覆盖树盘，利用刈割的鲜料覆盖树盘或放在树行间作肥料；第四种方法是沤制，将刈割的鲜料集中于坑中堆沤，然后施入果园。

另外在绿肥生长期要施适量的氮、磷、钾肥，以缓解绿肥作物与果树争肥的矛盾，压青后适当灌水，以加速绿肥腐烂分解，尽量选用矮生或半匍匐生长的绿肥作物，高秆绿肥作物要及时刈割，播种多年生绿肥作物，4～5 年需翻耕重新播种。

6. 茶园绿肥

在选择适宜茶园种植的绿肥品种时应优先考虑下列原则：第一，要尽量避免与茶树争肥、争水、争光，要求耐旱、耐瘠、需肥和吸水能力不大，适宜在酸性土壤生长和生长期较短的矮秆直立型品种；第二，病虫发生较少，特别是与茶树无共同病虫害的品种；第三，要求绿肥的生物量较大，最好是固氮能力较强的品种；第四，还可考虑有一定的经济价值，以尽可能提高茶园的经济效益。同时，参考茶园类型、种植季节、当地茶园土壤性质、气候特点和种植习惯等因素，因地制宜地选择绿肥品种。

对一二年生幼龄茶园要选用矮生或匍匐型绿肥，如伏花生、绿豆等，既不妨碍茶树生长，又有利于水土保持；对于三四年生茶园，可选用早熟、矮生的绿肥，如乌豇豆、黑毛豆、小绿豆等。对于华南茶区，要选用秆高、叶疏、枝干呈伞状的山毛豆、木豆等，既作肥料又作茶树苗遮阳物；在长江以北的茶区可选用苕子等，能提高冬季土壤的温度。坎边绿肥要以多年生绿肥为主，长江以北的茶区可选种紫穗槐、草木樨；华南茶区可选择种爬地木兰、无刺含羞草；长江中下游广大茶区选种紫穗槐、知风草、霜落、大叶胡枝子等绿肥品种。

目前，生产上栽培较多的夏季绿肥有豇豆、大叶猪屎豆、柽麻、绿豆、花生和大豆等；冬季绿肥有紫云英、黄花苜蓿、苕子、蚕豆、豌豆、肥田萝卜和箭舌豌豆等；多年生坎边绿肥有爬地兰、紫穗槐和木豆等。

特别需要指出的是茶园种植绿肥的主要目的是为了提高土壤肥力、保持水土、促进茶树生长。因此，尽量不要用幼龄茶园种植其他农作物。在选择绿肥品种时，不要选择需肥吸水能力强、高秆、蔓藤的粮食作物，如大麦、小麦、甘薯和玉米等品种；在确定种植规格时，也不要种得太密，特别是不要和茶树靠得太近，以免影响茶树的生长。

五、沼肥施用技术

1. 沼渣

常作底肥施用，每亩用量 1000～1500kg，配施适当的磷、钾化肥，可提高肥效。施用于旱地时，最好是集中施用，如穴施、沟施，以减少养分挥发。底施沼肥可明显改善土壤生态环境和物理性状，对提高作物抗病性有良好的效果。沼渣作追肥，可穴施或沟施，深施 6～10cm 效果较好。

2. 沼液

沼液不仅含有植物生长所必需的氮、磷、钾 3 种基本营养元素，动植物所需的氨基酸和微量元素，大量腐殖酸和维生素，还含有数十种防治作物病虫害的活性物质、植物生长刺激物质、抗生素等。

厌氧发酵液的抗病虫功效已经被大量实践所证明，厌氧发酵液通过直接喷施到作物的茎、秆、叶，起到防治病虫害的作用，还可以作为浸种液，从而达到防治病虫害的作用。

在沼液施用过程中需注意以下事项：沼气池要正常运转 2 个月以上，并且正在产气；使用前不可在出料间倒入生的人粪尿、牲畜粪便等；起白色膜状的沼液不能用；发酵充分的沼液为无恶臭气味、深褐色明亮的液体，pH 值为 7.5～8.0；根据不同目的采用纯沼液、稀释沼液进行喷施；喷施量应根据作物品种、生长阶段、环境等不同因素决定，具体喷施程度为湿而不滴，每亩用量为 50～70kg；沼液在喷施前需用细纱过滤，除去固形物，避免堵塞喷雾器。

沼液作追肥时，为防止作物烧苗和氮素挥发，不宜直接施用，应提前稀释或随浇水冲施，每亩用量 1000kg 左右。沼液用作蔬菜追肥效果非常好，不仅可以补充营养，而且抗虫抗病。作物生长前期，10d 施用 1 次；作物生长旺期 7d 施用 1 次，配合少量的氮、磷、钾化肥，以充分满足作物生长对养分的需求。沼液还可作为叶面肥喷施，既可补充养分，又能防治病虫害。施用时，取上层清液，过滤、澄清，即可施用。叶面喷施一定要掌握好各种作物不同生长发育期施用的适宜浓度，以防烧坏叶面。一般作物在幼苗期加水稀释 1～1.5 倍，瓜菜类作物幼苗期要稀释 1.5～2 倍，作物生长的中后期以及在果树上施用时加水稀释 0.5～1 倍较为合适。

参 考 文 献

[1] 全国农业技术推广服务中心编著 . 中国有机肥料养分志 . 北京：中国农业出版社，1999.

[2] NY 525—2002.

[3] 贾小红，王克武等 . 有机肥加工使用新技术 . 中国农技推广，2001 (1)：35.

[4] 刘慧颖，柳云波，徐冰 . 几种商品有机肥生产技术和发展趋势 . 杂粮作物，2004，24 (3)：171-173.

[5] 刘汝杰，姚景树，李晓辉等 . 生物有机肥生产工艺及配套设备的研究 . 林业机械与木工设备，1998，26 (11)：12-14.

[6] 韩树民，李瑛 . 利用葡萄酒糟生产生物有机肥及其工艺研究 . 农业环境保护，2002，1 (3)：245-247.

[7] 王冬梅，郭书贤 . 利用沼气废渣发酵生物有机肥 . 中国资源综合利用，2003 (6)：

9-12.

[8] 吕玉宪，彭晓红，张建华．蚕沙堆肥化处理生产有机肥研究．中国蚕业，2003，24（3）：32-33.

[9] 有机肥的科学积造与使用技术，[2009-06-17] http：//www.gxny.gov.cn/web/2009-06/246224.htm.

[10] 有机肥施用时的几个注意事项．[2008-08-31] 云南有机肥网．http：//www.peoplexz.com/3217/3288/3674/20080831140636.htm.

[11] 张夫道．无公害农产品市场准入及相关对策．植物营养与肥料学报，2002（1）：3-7.

[12] 张琼．有机肥施用注意事项．[2009-12-2] http：//www.farmers.org.cn/Article/ShowArticle.asp？ArticleID＝29638.

[13] 王振学，赵申洋．保护地蔬菜常用有机肥使用技术．西北园艺，2007，07：41.

[14] 殷振江，赵世民，张芳琴．果园秋施有机肥技术要点．西北园艺，2006，10：35.

[15] 陈永兴．柑桔园有机肥施用技术．果农之友，2007，06：39-40.

[16] 商品有机肥特点与施用．[2009-12-15]. http：//www.ynyjf.cn/NewsView.aspx？newsId＝200912151315555800.7055475.

[17] 韩红艳．淡水养鱼中有机肥的施用技术．齐鲁渔业，2004，21（9）：20.

[18] 重拾绿肥必须更新品种．http：//www.ampcn.com/news/detail/46021.asp.

[19] 我国投入2690万元支持绿肥科技研究．http：//www.fert.cn/news/2008/11/21/200811219172085114.shtml.

[20] 焦彬．绿肥．北京：农业出版社，1985.

[21] 果园绿肥利用法．[2008-11-5]. http：//www.fert.cn/news/2008/11/5/200811515463398681.shtml.

[22] 适宜茶园种植的绿肥品种有哪些？[2008-09-25] http：//cms.xxty.cn/article/show.php？itemid＝70710.

[23] 张全国．沼气技术及其应用．北京：化学工业出版社，2008.

第四章
氮素化肥

第一节 概　　述

一、作物体内氮的含量和分布

作物体内的含氮量约为作物干物质质量的 $0.3\% \sim 5\%$，含量的高低因作物种类、器官类型、生育时期的不同而异。豆科作物含氮量往往远高于禾本科作物，作物幼嫩器官和种子中含氮量较高，而茎秆尤其是衰老的茎秆含氮量较低。在一定的施氮水平下，稻谷中的含氮量、可溶性氮的含量，均随氮肥用量的增加而提高。

氮在作物体内具有较大的移动性，其在作物体内的分布情况，随作物不同生育期及体内的碳、氮代谢而有规律地变化。在作物生育期中，约有 70% 的氮可以从较老的叶片转移到正在生长的幼嫩器官中被利用；到成熟期，叶片和其他营养器官中的蛋白质等含氮有机物可水解为氨基酸、酰胺并转移到贮藏器官，如种子、果实、块根、块茎等，重新形成蛋白质。

二、氮的生理功能

氮是蛋白质的重要组成，蛋白质中约含有 $16\% \sim 18\%$ 的氮。蛋白质是构成细胞原生质的基本物质，而原生质是作物体内新陈代谢的中心。

氮是核酸和核蛋白的成分。核酸存在于所有作物体内的活细胞中。核酸与蛋白质结合而成核蛋白，核酸与蛋白质的合成以及作物的生长发育和遗传变异有着密切的关系。

氮是叶绿素的组成成分。高等作物叶片中约含有 $20\%\sim30\%$ 的叶绿体，而叶绿体中含有 $40\%\sim60\%$ 的蛋白质，叶绿体中的叶绿素 a（$C_{55}H_{72}O_5N_4Mg$）和叶绿素 b（$C_{55}H_{70}O_6N_4Mg$）的分子中均含有氮，叶绿体是作物进行光合作用的场所。环境中氮素供应水平的高低与叶片中叶绿素的含量呈正相关，叶绿素含量的多少直接影响着光合作用产物的形成。

氮是作物体内许多酶的成分。在细胞的可溶性蛋白质中，酶蛋白占相当大的比例，例如 RuBP 羧化酶约占叶细胞可溶性蛋白的 50%。氮与酶蛋白的形成及其酶促反应紧密联系在一起，从而深刻地影响着作物体内的多种新陈代谢过程，影响着作物体内一系列生物化学反应的进行速度，从而控制作物体内许多重要物质的转化过程。

氮是作物体内多种维生素的成分。维生素 B_1（$C_{12}H_{17}ClN_4OS$）、维生素 B_2（$C_{17}H_{20}N_4O_6$）和维生素 B_6（$C_8H_{11}NO_3$）等分子中均含有氮，它们是辅酶的成分，参与作物的新陈代谢。

氮也是一些植物激素的成分。植物生长素和细胞分裂素中都含有氮。

氮还是 ATP、NAD、NADP、FAD、磷脂和各种生物碱等重要化合物的组成成分。

三、作物氮素营养失调的形态表现

氮在作物生长发育过程中是一个最活跃的元素，在体内的移动性大且再利用率高，并在体内随着作物生长中心的更替而转移。因此，作物对氮素营养的丰歉状况极为敏感，氮的营养失调对作物的生长发育、产量与品质有着深刻的影响。

作物缺氮时，蛋白质、叶绿素的形成受阻，细胞分裂减少。因此，作物在不同生育时期表现出不同的缺氮症状，在营养生长期，作物以根、茎、叶生长为中心，因此作物苗期缺氮时，出叶速度慢，叶片小而少，呈浅绿或淡黄色，分蘖、分枝少，根系少而长。当作物进入生殖生长期，以开花结实为中心，因此缺氮时，下部老叶提早枯落，上部叶片生长缓慢，植株矮小，茎秆纤细，纤维素增多，组织老化。缺氮易导致成熟期作物早衰或过早成熟，结实率降低，籽实少、产量低、品质差。

当氮素供应过多时，往往导致作物氮素的奢侈吸收。体内过量的氮用于叶绿素、氨基酸及蛋白质的形成，过多地消耗体内的光合产物，减少构成细胞壁所需的原料，如纤维素、果胶等物质形成受阻，细胞壁变薄，机械支持力减弱；体内过多的氮主要以非蛋白质态氮的增加为主，植物组织柔软多汁，使作物容易倒伏和发生病虫危害；体内过多的氮增加细胞内氨基酸的积累，促进细胞分裂素形成，作物长期保持嫩绿，延迟成熟。如禾谷类作物苗期氮营养过剩，出叶迅速，叶色浓绿、多汁，分蘖期长，分蘖多；拔节、孕穗期氮营养过剩，节间拉长，植株徒长，叶片软披，分蘖继续发生，颖花稀疏；氮营养过剩，还会导致作物成熟期灌浆慢，贪青晚熟，成穗率低，结实性差，空秕率增加，千粒重下降，经济产量降低。

第二节　主要氮肥品种

一、尿素

尿素是人工合成的第一个有机物，但它广泛存在于自然界中，如新鲜人粪中含尿素 0.4%。尿素作为氮肥始于 20 世纪初，20 世纪 50 年代以后，由于尿素含氮量高、用途广和工业生产流程的不断改进，尿素生产在世界各国发展很快。我国于 20 世纪 60 年代开始建立中型尿素厂。1973 年后，随着年产 30 万吨合成氨的大型尿素厂陆续兴建，我国成为世界上重要的尿素生产国。尿素已成为我国氮肥生产中最重要的品种之一。尿素肥料的有效成分分子式为 $CO(NH_2)_2$，化学上又称之为脲。

尿素肥料的含氮率为 45%～46%，普通尿素为白色结晶，呈针状或棱柱状晶体，吸湿性强，目前生产的尿素肥料多为颗粒状，并加用防湿剂制成一种半透明颗粒。在气温为 20℃ 以下时，吸湿性较弱。

随着气温升高，其吸湿性明显增强。尿素 20℃时临界吸湿点为相对湿度的 80%，但至 30℃时，临界吸湿点降至 72.5%，因此，要避免在盛夏潮湿气候下敞开存放。此外，尿素与其他肥料混合时会明显降低吸湿点。30℃时与硫铵混合，可降至相对湿度的 56.4%，与氯化钾混合可降至 60.3%，与硝铵混合可降至 18.1%，尿素肥料与其他肥料掺混时应特别注意这一问题。大粒尿素的生产与试用实践表明，这种尿素能较好地防止吸湿和延长肥效。

尿素易溶于水，20℃时的溶解度为105g/100g 水，比硫铵高出一倍。尿素为中性有机分子，在水解转化前不带电荷，不易被土粒吸附，故很易随水移动和流失。

尿素一经施入土壤，在脲酶催化作用下即开始水解。脲酶由多种土壤微生物所分泌，也广泛存在于多种植物体内。脲酶数量及其活性常与土壤有机质含量高低有密切关系。表土中脲酶比心土和底土中多。尿素水解的反应式为：

$$CO(NH_2)_2 + 2H_2O \longrightarrow (NH_4)_2CO_3$$
$$(NH_4)_2CO_3 \longrightarrow 2NH_3\uparrow + H_2O + CO_2$$

尿素水解速度与土壤酸度、温度、湿度以及土壤类型、熟化程度及施肥方式等有关。湿度适宜时，气温越高水解速率越大。一般来说，当气温为 10℃左右时，全部水解需 1~2 周，20℃时 4~5d，30℃时 1~3d。

作物根系可以直接吸收尿素分子，但数量不大。施入土壤的尿素主要以水解后形成的铵和硝化后的硝态氮形态被吸收。因而，尿素施入土壤后表现出的许多农化性质与碳铵相类似。

尿素水解后由于生成了氨气，氨挥发损失成为氮素损失的重要途径。国内外的研究结果表明，若将尿素撒施于水田表面，由于水解后产生氨，稻田水层的 pH 值明显上升（有时可达到 9.0 以上），加上水层中藻类快速生长大量利用二氧化碳，使水中的氢氧根难以与二氧化碳结合，氨挥发可能会进一步加剧。因此，尿素即便是用于酸性土壤水田，同样也存在着氨挥发问题。尿素用于水田后的氨挥发损失可占施入氮量的百分之几到 50% 以上，大都在 10%~30%，占水田氮损失总量的 50%~80%。尿素用于旱地的氨挥发损失主要发生于pH>7.5 的石灰性或碱性土壤上，损失量可占施入氮量的 12%~60%。

尿素可用作基肥和追肥。因其供应养分快、养分含量高、物理性状好，尤其适合于作追肥施用，有条件时，追肥同样要强调深施，至少要保证能以水带肥，以减少肥料损失数量。

　　尿素以中性反应的分子态溶于水，水溶液离子强度较小，直接接触作物茎叶不易发生危害；尿素分子体积小，易透过细胞膜进入细胞，有利于作物吸收、运输；尿素进入叶内，引起细胞质壁分离的情况很少，即使发生，也容易恢复。由于尿素的这些特点，使其作为根外追肥特别合适。尿素作根外追肥时的浓度一般为 $0.5\% \sim 2.0\%$，因不同作物而异。

　　根外追施尿素肥料宜在早晨或傍晚，喷施液量取决于植株大小、叶片状况等。一般隔 $7 \sim 10d$ 喷一次，共喷 $2 \sim 3$ 次。作根外追施的尿素肥料的缩二脲含量一般不得超过 0.5%，尤其是幼苗期作物对其较敏感，受缩二脲危害的叶片叶绿素合成障碍，叶片上出现失绿、黄化甚至白化的斑块或条纹。

二、碳酸氢铵

　　碳酸氢铵简称碳铵。自 1958 年我国第一套小型生产装置试产以来，已生产了近半个世纪，一直是我国主要的氮肥品种。到 1995 年，年产量达 $899.7 \times 10^4 t$，占氮肥总产量的 48.4%，仍居各氮肥品种之首。其主要成分的分子式为 NH_4HCO_3，含氮 17% 左右。碳铵是一种无色或白色化合物，呈粒状、板状、粉状或柱状细结晶，相对密度 1.57，容重 0.75，易溶于水，0℃时的溶解度为 11%，20℃时为 21%，40℃时为 35%。

　　碳铵是酸式碳酸盐。由于碳酸是一种极弱的酸，常温下氨是活泼的气体分子。二者结合生成的碳铵分子极不稳定，即使在常温（20℃）条件下，也很易分解为氨、二氧化碳和水。其反应式为：

$$NH_4HCO_3 \longrightarrow H_2O + NH_3 \uparrow + CO_2 \uparrow$$

　　由该反应式可见，碳铵分解的过程是一个损失氮素和加速潮解的过程，是造成贮藏期间碳铵结块和施用后可能灼伤作物的基本原因。影响碳铵分解的因素主要是温度和肥料本身的含水量。随着温度的升高，由碳铵分解的三个组分，将迅速提高其蒸气分压，10℃时的碳铵蒸气分压仅为 0.171kPa，占正常大气压 101kPa 的 0.17%，此时碳铵分解很慢。20℃时，碳铵蒸气分压上升到 0.597kPa，虽比 10℃时增加近 3.5 倍，但碳铵分解仍较慢，30℃时，碳铵蒸气分压达到 10℃时的 11.3 倍。碳铵开始大量分解。随着温度的进一步提高，碳铵蒸气分压迅速增加，碳铵剧烈分解。

由于碳铵生产过程中不能用常法加热干燥，故碳铵产品常含有吸湿水约 3.5%，高的可达 5.0%。较高的水分含量导致碳铵潮解、结块，敞开时加速其挥发。一般来说，碳铵水分含量＜0.5% 称干燥碳铵，常温下不易分解；含水量＜2.5% 时分解较慢；若含水量＞3.5%，分解明显加快。农用碳铵的含水量一般控制在 3.5% 以下。

虽然碳铵的化学性质不稳定，但其农化性质较好。碳铵是无酸根残留的氮肥，其分解产物氨、水、二氧化碳都是作物生长所需要的，不产生有害的中间产物和终产物，长期施用不影响土质，是较安全的氮肥品种之一。

碳铵施入土壤后很快电离成铵离子和碳酸氢根离子，铵离子很容易被土粒吸附，不易随水移动。因此，只要碳铵能较完全地接触土壤，被土粒充分吸附，则施用后的挥发并不比其他氮肥明显的高。有些条件下，如在石灰性土壤上，深施后还可能比其他氮肥具有更好的作用效果。

碳铵的合理施用原则和方法一直在不断发展。施用时应注意掌握不离土、不离水的施肥原则。把碳铵深施覆土，使其不离开水土，这样有利于土粒对肥料铵的吸附保持，持久不断地对作物供肥。深施的方法包括作基肥铺底深施、全层深施、分层深施，也可作追肥沟施和穴施。其中，结合耕耙作业将碳铵作基肥深施，较方便而省工，肥效较高而稳定，推广应用面积最大。

三、硫酸铵

硫酸铵肥料主要成分的分子式为 $(NH_4)_2SO_4$，简称硫铵，俗称肥田粉。硫铵是我国使用和生产最早的氮肥品种。1906 年，上海进口的第一批化肥就是硫铵。

硫酸铵肥料为白色结晶，若为工业副产品或产品中混有杂质时常呈微黄、青绿、棕红、灰色等杂色为含氮率为 20%～21%。硫酸铵肥料较为稳定，分解温度高达 280℃。不易吸湿，20℃时的临界吸湿点在相对湿度为 81%。易溶于水，0℃时溶解度达 70g/100g 水，肥效较快，且稳定。硫铵在世界氮素化肥发展初期增长很快，应用广泛，在氮肥中所占比例高。我国长期将硫铵作为标准氮肥品种，商业上所谓的"标氮"，即以硫铵的含氮量 20%作为统计氮肥商品数量的单位。

目前，硫铵在我国氮肥总量中所占比重已很小，多数是炼焦等工业的副产品。我国现行硫铵产品标准的主要内容包括：含氮20.5%~21.0%、含水分 0.1%~0.5%、含游离酸<0.3%。硫酸铵肥料中除含有氮之外，还含硫 25.6%左右，也是一种重要的硫肥。硫铵与普通过磷酸钙肥料一样，是补充土壤硫素营养的重要物质来源。

硫酸铵肥料施入土壤以后，很快地溶于土壤溶液并电离成铵离子和硫酸根离子。由于作物对营养元素吸收的选择性，吸收铵离子的数量多于硫酸根离子的数量，在土壤中残留较多的硫酸根离子，与氢离子（来自土壤或根表面铵的交换或吸收）结合，使土壤变酸。肥料中离子态养分经植物吸收利用后，其残留部分导致介质酸度提高的肥料称之为生理酸性肥料。

硫酸铵肥料中的硫酸根在还原性较强的土壤上可通过生物化学过程还原为硫化氢，硫化氢可侵入作物根细胞，使根变黑，部分乃至全部丧失吸收功能。当土壤中有较多的亚铁离子存在时，由于亚铁离子可与硫化氢形成硫化亚铁沉淀，而作为硫化氢的解毒剂。当然，如果在根内输导组织中形成硫化亚铁沉淀则同样会阻碍作物根系的吸收。

除还原性很强的土壤外，硫酸铵适用于在各种土壤和各类作物上施用。可作基肥、追肥、种肥。作基肥时，不论旱地或水田宜结合耕作进行深施，以利保肥和作物吸收利用，在旱地或雨水较少的地区，基肥效果更好。作追肥时，旱地可在作物根系附近开沟条施或穴施，干、湿施均可，施后覆土。硫酸铵较宜于作种肥，注意控制用量，以防止对种子萌发或幼苗生长产生不良影响。

四、氯化铵

氯化铵肥料主要成分的分子式为 NH_4Cl，简称氯铵。氯化铵肥料可以直接由盐酸吸收氨制造，但其主要来源则是作为联碱工业的联产品。氯铵中的氯离子来自食盐，铵离子来自碳酸氢铵。生产过程的总反应式为：

$$NaCl+NH_4HCO_3 \longrightarrow NaHCO_3+NH_4Cl$$

每生产 1t 纯碱，可联产约 1t 氯铵，随着我国联碱工业的发展，联产氯铵的数量将会不断增加。

氯铵肥料为白色结晶，含杂质时常呈黄色，含氮量为 24%～25%。氯铵临界吸湿点较高，20℃时为相对湿度 79.3%，接近硫铵，但肥料产品中由于混有食盐、游离碳酸氢铵等，有氨味，吸湿性比硫铵稍大，易结块，甚至潮解，生产上有时将之精制并粒状化来降低其吸湿性。氯铵的溶解度比硫铵低，20℃时，100g 水中可溶解 37g。氯铵肥效迅速，与硫铵一样，也属于生理酸性肥料。作为联碱工业的联产品，其质量标准为：含 NH_4Cl 90%～95%，含 N_2 4%～25%，$NaCl$ 0.6%～1.0%，碳铵等其他杂质<3.0%，水分 1.5%～3.0%。

氯铵施入土壤后，遇水很快电离成铵离子和氯离子，铵离子被土壤胶体吸附，氯离子则与被交换出来的阳离子生成水溶性化合物。在酸性土壤中，氯离子与被交换下来的氢离子结合生成盐酸，使土壤溶液酸性加强。在中性或石灰性土壤中，氯铵与土壤胶体作用的结果生成氯化钙。氯化钙易溶于水，在雨季及排水良好的地区可被淋洗流失，可能造成土壤胶体品质下降。而在干旱地区或排水不良的盐渍土壤中，氯化钙在土壤溶液中积累，造成溶液盐浓度增高，也不利于作物生长。

氯铵在土壤中的硝化作用比硫铵慢，这是由于氯铵肥料中含有的大量氯离子对硝化作用具有明显的抑制作用，这就使得氯铵中的铵态氮的硝化流失减少。氯铵不像硫铵那样在强还原性土壤上会还原生成有害物质，因而施用于水田的效果往往比硫铵更好、更安全。但由于其副成分氯离子比硫酸根具有更高的活性，能与土壤中二价、三价阳离子形成可溶性物质，增加土壤中盐基离子的淋洗或积聚，长期施用或造成土壤板结，或造成更强盐渍化。因此，在酸性土壤上施用应适当配施石灰，在盐渍土上应尽可能避免大量施用，氯铵不宜作种肥，以免影响种子发芽及幼苗生长。

此外，诸如马铃薯、亚麻、烟草、甘薯、茶等作物为明显的"忌氯"作物。施用氯铵肥料能降低作物块根、块茎的淀粉含量，影响烟草的燃烧性与气味，降低亚麻、茶叶产品品质等。

五、硝酸铵

硝酸铵肥料简称为硝铵，其有效成分分子式为 NH_4NO_3，硝铵是当前世界上的一个主要氮肥品种。第二次世界大战后硝铵在前苏联和欧美各国发展较快，在氮肥中所占比例较高。我国从 20 世纪 50 年代起在东北、华北和西北地区先后建立了几十个硝铵厂。工业上生产硝铵是将合成氨在高温、高压及铂催化条件下生成硝酸，再由硝酸吸收铵生成硝铵。

硝铵肥料含氮率为 33％～35％。目前生产的硝铵主要有两种：一种是结晶的白色细粒，另一种是白色或浅黄色颗粒。细粒状的硝铵吸湿性很强，徐徐干燥时，容易结成硬块，空气湿度大的季节会潮解变成液体，湿度变化剧烈和无遮盖贮存时，硝铵体积可以增大，以致使包装破裂，贮存时应注意防潮。颗粒硝铵如表面附有诸如矿质油、石蜡、磷灰土粉等防湿剂，吸湿性较小，可以在纸袋中保存，但也应注意防潮。

硝铵肥料施入土壤后，很快溶解于土壤溶液中，并电离为移动性较小的铵离子和移动性很大的硝酸根离子。由于二者均能被作物较好地吸收利用，因此硝铵是一种在土壤中不残留任何成分的氮肥，属于生理中性肥料。由于硝酸根具有较大的移动性，除特殊情况外，一般不将硝铵作基肥和雨季追肥施用。硝酸铵作旱地追肥效果较好。硝酸铵适用于各类土壤和各种作物，但不宜于水田。

硝铵不宜作种肥，因为其吸湿溶解后盐渍危害严重，影响种子发芽及幼苗生长。

出于贮运与施用安全的考虑，以及硝态氮的水解及食物污染问题，有些国家明确控制硝态氮肥的施用范围与数量。

硝铵的改性是改善其吸湿性和防止燃爆危险的重要途径。最重要的硝铵改性氮肥是硝酸铵钙和硫硝酸铵。硝酸铵钙又名石灰硝铵，其主要成分是 NH_4NO_3、$CaCO_3$，含氮率约 20％，其加工方法是将硝铵与碳酸钙混合共熔而成。硫硝酸铵则由硝铵（74％左右）与硫铵（26％左右）混合共熔而成；或由硝酸、硫酸混合后吸收氨，结晶、干燥成粒而成。

六、硝酸钠

硝酸钠又名智利硝石，因盛产于智利而闻名。除天然矿藏外，硝酸钠也可利用硝酸进行加工生产。其有效成分分子式为 $NaNO_3$。

硝酸钠含氮量为 $15\% \sim 16\%$，商品呈白色或浅色结晶，易溶于水，$10℃$ 时溶解度为 $96g/100g$ 水，$20℃$ 临界吸湿点为相对湿度 74.7%，比硝铵稳定。国外长期将硝酸钠施用于烟草、棉花等旱作物上，肥效较好。对一些喜钠作物，如甜菜、菠菜等肥效常高于其他氮肥。

七、硝酸钙

硝酸钙常由碳酸钙与硝酸反应生成，也是某些工业流程（如冷冻法生产硝酸磷肥）的副产品。其有效成分分子式为 $Ca(NO_3)_2$。

硝酸钙纯品为白色细结晶，肥料级硝酸钙为灰色或淡黄色颗粒。其含氮率为 $13\% \sim 15\%$。硝酸钙肥料极易吸湿，$20℃$ 时临界吸湿点为相对湿度的 54.8%，很容易在空气中潮解自溶，贮运中应注意密封。硝酸钙易溶于水，水溶液呈酸性。硝酸钙在作物吸收过程中表现出较弱的碱性，但由于含有充足的钙离子并不致引起副作用，故适用于多种土壤和作物。含有 19% 的水溶性钙对蔬菜、果树、花生、烟草等作物尤其适宜。

第三节　氮肥的高效施用技术

氮肥在作物生产过程上由于对作物产量的调控能力最强，因此使用量最大、使用最频繁。氮肥施入土壤后的转化比较复杂，涉及化学、生物化学等许多过程。不同形态氮素的相互转化造成了肥料氮在土壤中较易发生挥发、逸散、流失，不仅造成经济上的损失，而且还可能污染大气和水体。因此，氮肥的合理高效施用就愈显重要。

一、氮肥的合理分配

氮肥的合理分配主要依据土壤条件、作物氮素营养特性及氮肥本

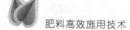

身的特性来确定。

1. 土壤条件

土壤酸、碱性是选用氮肥的重要依据。碱性土壤应选用酸性和生理酸性肥料。这样有利于通过施肥改善作物生长的土壤环境，也有利于土壤中多种营养元素对作物有效性的提高。盐碱土上应注意避免施用能大量增加土壤盐分的肥料，以免对作物生长造成不良影响。在低洼、淹水等易出现强还原性的土壤上，不应分配硫酸铵等含硫肥料，以防止硫化氢等有害物质的生成，在水田中也不宜分配硝态氮肥，以防止氮随水流失或反硝化脱氮损失。

2. 作物营养特性

不同作物种类对氮肥的需要数量是大不相同的。一般来说，叶菜类尤其是绿叶菜类、桑、茶、水稻、小麦、高粱、玉米等作物需氮较多，应多分配氮肥。而大豆、花生等豆科作物，由于有根瘤，可以进行共生固氮，只需在生长初期施用少量氮肥。甘薯、马铃薯、甜菜、甘蔗等淀粉和糖类作物一般只在生长初期需要充足的氮素供应，形成适当大小的营养体，以增强光合作用，而在生长发育后期，氮素供应过多则会影响淀粉和糖分的积累，反而降低产量和品质。同种作物的不同品种之间也存在着类似的差异。耐肥品种，一般产量较高，需氮量也较大；耐瘠品种，需氮量较小，产量往往也较低。

二、氮肥施用量的确定

生产、科研实践证明：随着氮肥施用量的增加，氮肥的利用率和增产效果逐渐下降。据统计，1993～1994 年度我国平均每公顷农田消耗氮肥（以 N 计）高达 188kg，比同期世界平均消耗 50.3kg 的水平高出 3.7 倍。在一些经济发达的地区，由于过量施用氮肥而造成的经济损失和环境质量破坏，已达到非常严重的地步，恢复和重建其良好生态系统将要付出极其沉重的代价。

从国外在一些地区主要粮食作物上进行的肥料田间试验结果来看，在配合磷、钾等其他元素肥料的基础上，每季作物的施氮量（以 N 计）大约在 $150kg/hm^2$，当然，具体施氮量应视各地具体情况而定。

三、提高氮肥利用率

氮素损失直接减少了土壤中作物可利用态氮量，降低氮肥的增产作用。离开土壤中作物根系密集层的氮素以不同形态进入水体或大气，造成环境污染。因此采用各种技术措施减少氮素损失，是农业氮素管理的中心任务之一。为了减少氮素损失，应根据氮素在土壤中的主要理化、生化、农化行为，遵循如下原则。

严格控制氮肥的主要损失途径。除少数渗漏性较强的砂性水田土壤外，一般在水稻生长期间化肥氮的淋洗损失并不多，田面水的径流损失也较易得到控制，减少氨挥发和硝化-反硝化损失应作为重点。针对氨挥发，可采取各种措施降低施肥后田面水的 pH 及铵的浓度。为了降低田面水的 pH，可以采用添加杀藻剂的方法，以抑制日间田面水 pH 的上升。减少田面水中铵的浓度最有效的措施是深施、分次施、选用缓释肥料，也可以采用无水层混施、"以水带氮"等。除了这些措施之外，为了减少田面水氨的挥发，有人尝试在水表面进行覆膜处理。由于铵态氮是氨挥发和硝化-反硝化作用的共同源，因此这两种损失机制之间有一定的内在联系。在采取措施时，应考虑到能使氮素的总损失量降至最低。由于铵态氮肥的深施还可以减缓土壤中硝化作用速率，也为减少硝态氮的淋洗损失以及反硝化脱氮损失创造了条件。同样，在旱地上也应将氮肥分次施用，添加硝化抑制剂，采取适宜的水肥综合管理措施等来减少氮素的损失。

提高氮肥利用率的措施，除了平衡施肥、正确推荐氮肥施用量和施肥时期之外，还可以包括两类，一是采用更适宜的田间管理技术，二是在化学氮肥中添加特殊化学物质。

田间水肥综合管理也能起到类似于深施的作用，达到提高氮肥利用率的目的。比较简单而有效方法是利用施肥后的上水或灌溉将肥料带入土层至一定深度，使土壤表层所残留氮的浓度较低，从而减少氮素损失。

使用脲酶抑制剂是提高尿素肥料利用率的一个便捷措施。脲酶抑制剂可以使尿素的水解速率有所减缓，使较多的尿素能以分子态扩散移动到土壤一定深度，从而减少表层土壤或田面水中铵态氮及氨态氮的浓度，减少氨挥发损失。Bremner 等（1971）研究了 100 多种可作

63

为脲酶抑制剂的化合物，认为氢醌类化合物是比较有效和实用的。生产上试用较多的有 O-苯基磷酰二胺（PPD）、N-丁基硫代磷酰三胺（NBPT）、氢醌和硫脲等。国内外有关脲酶抑制剂的研究证明，脲酶抑制剂在延缓尿素水解、减少氨挥发损失中的作用基本上是肯定的。然而，对它们在减少氮素总损失方面的作用机理尚未被广泛证明，田间应用是否能增产，尚无定论。分析一下不难看出，影响脲酶抑制剂增产作用的因素很多。从脲酶抑制剂本身作用特性来看，一是其抑制效果短暂；二是不一定能减少氮素的总损失；三是可能对作物生长有不良的影响。尤其是在土壤中氨挥发并不重要、氮素营养并不是作物生长的限制因子，以及土壤中尚存在脲酶之外的其他尿素水解机制等条件下，更加能削弱脲酶抑制剂对作物的增产作用。国内对氢醌作为尿素的添加剂制成的"长效尿素"进行了研究和推广，结果表明施用氢醌对土壤和作物无毒害作用，并在小麦、玉米和水稻等作物上获得增产。

使用硝化抑制剂（又称氮肥增效剂）可以在一定程度上抑制硝化速率，减缓铵态氮向硝态氮的转化，从而减少氮素的反硝化损失和硝酸盐的淋溶损失，并可能减少果蔬等作物中硝酸盐的积累。常见的硝化抑制剂有 2-氯-6-三氯甲基吡啶（CP）、脒基硫脲（ASU）、1,2,4-三唑盐酸盐（ATC）和双氰胺（DCD）等。近年来，国际上还发展了蜡包膜碳化钙（CCC）。我国试验比较多的种类是 CP 与 DCD，CP 对减缓硝化作用有明显的效果，在非石灰性土壤上施用 CP，其减少肥料氮损失的效果明显优于石灰性土壤。这可能是由于施用硝化抑制剂后土壤中存留较多的铵而引起了氨挥发损失加重所致。硝化抑制剂在提高氮肥增产效果中的作用也不够稳定，其原因与脲酶抑制剂有类似之处。国内生产的长效碳铵，即是在碳铵中添加了 DCD，加上肥料理化性状的改善，在农业生产中获得了较好的增产效果。

缓释肥料的使用在多数情况下也可以提高肥料中氮的利用率，这是由于缓释肥料的溶解速率较慢，不会引起强烈的挥发和流失作用，从而保证肥料中的氮被作物充分吸收利用。国际网络试验研究了硫黄包膜尿素在水稻上的增产效果，在 217 个试验中，硫黄包膜尿素优于分次施用尿素的占 39%，效果相当的占 56%。发展喷灌、微灌、滴灌施肥（主要是氮肥）是提高氮肥利用率的最有效的方法，也是现代

第四章
氮素化肥

化农业中发展的方向。

参 考 文 献

[1] 朱兆良，张福锁．主要农田生态系统氮素行为与氮肥高效利用的基础研究．北京：科学出版社，2010.
[2] 焦晓光．尿素氮在土壤与作物中的转化与利用．哈尔滨：黑龙江科学技术出版社，2006.
[3] 巨晓棠，张福锁．氮肥利用率的要义及其提高的技术措施．科技导报，2003（3）：51-54.
[4] 路文静，张树华，郭程瑾．不同氮素利用效率小麦品种的氮效率相关生理参数的研究．植物营养与肥料学报，2009，15（5）：985-991.

第五章
磷素化肥

第一节 概　述

一、植物体内磷的含量与分布

植物体内磷的含量一般为植物干重的 $0.1\%\sim0.5\%$。其中有机态磷约占全磷的 85%，无机态磷仅占 15% 左右。有机态磷以核酸、植素和磷脂等形态为主，它们在植物磷营养中起着重要作用；无机态磷主要以钙、镁、钾的正磷酸盐形态存在，其消长过程与介质中磷素供应状况密切相关，植物体内磷的含量因其种类、品种、生育阶段及器官等不同而有较大差异。作物的种子中一般含磷量最高，仅次于氮。如油料作物种子中含磷量可达到 0.5% 左右，禾谷类作物种子中可达到 0.3% 左右。在作物生长发育过程中，凡是富有生命力的幼嫩组织和繁殖器官中磷的含量都比较高。在同一作物的不同生育阶段，其含磷量也明显不同，幼苗期植株体内含磷量远高于成熟期植株。磷在植物体内移动性很大，再利用能力很强。

二、磷的生理功能

磷在植物体内的营养功能主要表现在：①磷参与植物体内许多重

要化合物的结构；②磷参与植物体内许多代谢过程；③磷增强植物抗逆性。

1. 磷是植物体内许多重要化合物的结构组成成分

磷是核酸和核蛋白的结构元素。核酸和核蛋白是保持细胞结构稳定、进行正常分裂、能量代谢和遗传所必需的物质。磷是生物膜主要成分磷脂类化合物中的必需元素。生物膜是保证和调节细胞与外界进行物质、能量、信息交流的具有高度选择性的通道。常积累于种子中的植素是环己六醇磷酸酯的钙镁盐，在种子萌发或幼苗生长初期，植素在植素酶的作用下被水解成为无机磷供作物吸收利用。植素的形成能降低植物体内无机磷酸盐的浓度，促使淀粉合成的顺利进行。磷是植物体内高能化合物 ATP 的组成成分，ATP 水解时可释放出大量的能量，供植物生长发育、物质合成以及代谢等方面的需要。当植物在光合作用中有剩余能量时，也可以通过 ATP 贮存起来。在各种脱氢酶、氨基转移酶以及辅酶中都含有磷，而这些酶在光合作用、呼吸作用和体内物质代谢中具有重要意义。

2. 磷参与植物体内许多代谢过程

磷参与体内碳水化合物代谢，磷酸从光合作用一开始就参与 CO_2 的固定和光能转变为化学能的作用。在叶绿素中，靠光的作用使二磷酸腺苷与磷酸结合形成贮存高能量的三磷酸腺苷，即光合磷酸化作用。在光合磷酸化过程中，使日光能转化为化学能，合成光合作用的最初产物——糖。这些糖在体内运输和进一步合成蔗糖、淀粉、纤维素等，这些过程都需要磷的参与。磷对氮的代谢也有十分重要的影响，这是由于磷是氮素代谢过程中一些酶的组分，如氨基转移酶的辅酶磷酸吡哆醛就含有磷。磷影响着呼吸作用，进而影响到呼吸作用产生的有机酸和能量，而部分有机酸与能量供应是作物合成氨基酸、蛋白质所需要的。施用适量磷肥可以提高豆科等作物的固氮能力，改善作物氮素营养。磷在脂肪代谢过程中同样具有重要意义。脂肪是由糖转化而来的，糖的合成并转化为甘油及脂肪酸都需要有磷参与，所以脂肪的合成也受磷供应水平的影响。实践证明，施用磷肥对提高油料作物产量和种子的含油量均有明显的效果。此外，磷还能促进植物体内多种代谢过程的顺利进行，有利于植物生育期相对提前，使茬口

宽松，有利于精耕细作。

3. 磷能增强植物的抗逆性

磷在增强植物抗逆性方面具有明显的作用。首先表现在磷能增强植物的抗旱和抗寒性，磷能提高细胞中原生质胶体的水合程度和细胞结构的充水度，提高原生质胶体保持水分的能力，减少细胞水分的损失。磷具有促进根系发育，使根伸入较深土层吸收水分，增强植物抗旱能力的作用。磷能促进体内碳水化合物代谢，使细胞中可溶性糖和磷脂的含量有所增加，因而能在较低的温度下保持原生质处于正常状态，增强其抗寒能力，有利于植物安全越冬。其次，磷可以增强植物抵御环境中 pH 变化的缓冲能力。因为施用磷肥后，植物体内无机态磷酸盐的含量明显提高，有时甚至可达到含磷总量的一半。

三、植物对磷素营养失调的反应

由于磷是植物体内重要化合物的组成成分，并广泛参与各种重要的代谢活动，因此缺磷时的症状相当复杂。从植物长相上看，常表现为生长迟缓，植株矮小，结实状况差。缺磷妨碍叶绿素能量输出，直接或间接地影响体内许多依赖能量供应的代谢过程，包括蛋白质和核酸的合成，严重缺磷时，植株几乎停止生长。植物种类不同，缺磷的症状也有差异。禾谷类作物缺磷时表现为分蘖小或不分蘖，分蘖和抽穗均延迟，甚至整个生育期都会推迟，株型瘦小直立，出现生长停滞现象，叶片灰绿并可能出现紫红色，尤其是背面，抽穗后则表现为穗小、粒少、籽瘪，根系发育不良，次生根少。

磷肥施用过量时由于植物呼吸作用增强，消耗大量糖分和能量，产生的不良影响包括作物的无效分蘖和瘪籽增加，叶片肥厚而密集，叶色浓绿，植株矮小，节间过短，生长明显受抑制。磷肥施用过多，造成植物繁殖器官成熟进程加快，并由此而导致营养体小，茎叶生长受到抑制，反而降低产量。磷肥供应过多，地上部生长受抑制的同时，根系十分发达，表现为数量多但短粗。

第二节　主要磷肥品种

把骨粉作为肥料施用是磷素资源开发利用最早的方法之一，但现在已经很少用了。自从发现磷矿床以来，天然的矿石就成了加工、生产磷肥的主要原料之一。从世界范围看，磷矿蕴藏量丰富，其中以突尼斯和摩洛哥的磷矿品位较高。我国的磷矿资源分布范围较广，主要分布在贵州、云南、四川、湖南、湖北等省。

一般根据磷矿石中全磷含量的多少，将其划分为不同的品位。全磷（以 P_2O_5 计）含量>28%的为高品位磷矿；含量在18%～28%之间的称为中品位磷矿；含量<18%的为低品位磷矿（见表5-1）。高品位的磷矿适宜于磷肥工业或制造高质量的磷肥用，主要是单元肥料中普通过磷酸钙和重过磷酸钙，以及复合肥中磷酸铵等肥料，而中品位磷矿多用热制法生产弱酸溶性磷肥，低品位的磷矿一般只适宜于就地开采、就地加工成磷矿粉，就近利用。我国磷矿资源丰富，但其中有90%属于中、低品位磷矿。

表5-1　磷矿分级与磷肥的制造方法

P_2O_5 含量	磷矿品位	制造方法	磷肥种类及品种
>28%	高	酸制法	水溶性磷肥
18%～28%	中	热制法	枸溶性磷肥
<18%	低	机械法	难溶性磷肥

磷矿石可通过不同的加工过程制成多种磷肥品种。加工磷矿的方法主要包括机械法、酸制法和热制法几种。机械法就是将磷矿石用机械粉碎、磨细制成磷矿粉肥料的方法，加工简单，成本最低。制造的磷肥特别适合于酸性土壤上施用，磷矿粉的细度与其有效性密切相关，一般要求90%以上的颗粒能通过0.149mm孔径筛。酸制法就是用硫酸、硝酸、盐酸或磷酸处理磷矿粉，制得过磷酸钙、重过磷酸钙、磷酸铵、硝酸磷肥、沉淀磷肥等品种的磷肥生产方法。热制法则是磷矿石与含镁、硅的矿石，在高炉或电炉中经过高温熔融、水淬、干燥和磨细而成。品种有钙镁磷肥、脱氟磷肥、钢渣磷肥和偏磷酸钙等。

磷矿石加工方法不同，制造出的磷肥品种各异，主要反映在肥料中所含磷酸盐的形态和性质上。按磷酸盐的溶解性质，一般将磷肥分为三种类型：水溶性、弱酸溶性和难溶性三种形态的磷肥。水溶性磷肥包括普通过磷酸钙、重过磷酸，还有磷酸二氢钾、磷酸铵、硝酸磷肥，这三种属于含磷复合肥。水溶性磷肥能溶于水，易被作物吸收利用，其主要成分是磷酸二氢根。水溶性磷肥肥效快、肥效较好，适合各种土壤和植物，但溶解态的磷在土壤中易受各种因素的影响而退化为弱酸溶性或难溶性状，当季利用率偏低。弱酸溶性磷肥，包括钙镁磷肥、脱氟磷肥、钢渣磷肥、沉淀磷肥等。这类磷肥不溶于水，但能被弱酸所溶解。作物根系溢泌的多种有机酸，酸性土壤中的活性酸等化合物能较好地溶解这种形态的磷肥，因此能在被逐步溶解的过程中供作物吸收利用。弱酸溶性磷肥的主要成分是磷酸氢根，以及钙镁磷肥当中所含的 $\alpha\text{-}Ca_3(PO_4)_2$ 中的磷酸根。多数弱酸溶性磷肥具有良好的物理性状，不吸湿、不结块，更适合在酸性土壤上施用。难溶性磷肥主要指磷矿粉和骨粉。它们既不溶于水，也不溶于弱酸，故称之为难溶性磷肥（或微溶性磷肥）。对于大多数作物来讲并不能直接利用其中的磷。这类肥料中的磷酸盐成分复杂，其中只有少数可被磷吸收能力强的作物吸收利用。磷肥的当季利用率较低，一般 20% 左右，磷矿粉 10% 左右，但后效较长。

一、普通过磷酸钙

（一）成分与性质

普通过磷酸钙是我国曾经使用量最大的一种水溶性磷肥。1993年普通过磷酸钙占我国磷肥产量的 73.8%。1955 年以前，过磷酸钙也是世界磷肥的主要品种，占世界磷肥用量的 60% 以上。以后，其比例不断下降，1994 年在美国磷肥总产量中过磷酸钙只占 0.5%。我国的比例也在下降，近几年比例已降到 10% 以下，磷肥的主要品种已经变成了磷酸一铵与磷酸二铵。过磷酸钙中有效磷含量低，因而包装、贮运等成本较大。过磷酸钙中磷的形态是 $Ca(H_2PO_4)_2 \cdot H_2O$，含 P_2O_5 12%~20%，过磷酸钙是用硫酸溶解磷矿粉生产的，其主要反应式为：

$$Ca_{10}(PO_4)_6F_2 + 7H_2SO_4 + 3H_2O \longrightarrow$$
$$3Ca(H_2PO_4)_2 \cdot H_2O + 7CaSO_4 + 2HF\uparrow$$

可见其主要成分是水溶性的磷酸一钙和难溶于水的硫酸钙，两者分别占 30%~50% 和 40%，还有少量的硫酸铁、硫酸铝和游离酸。它是一种含钙、含硫的磷肥，过磷酸钙为深灰色、灰白色或淡黄色等粉状物，因为有残余酸，所以呈酸性反应，具有腐蚀性。

过磷酸钙的质量标准见表 5-2。

表 5-2　过磷酸钙的质量标准

指标名称		指标				
		特级品	一级品	二级品	三级品	四级品
有效 P_2O_5 质量分数/%	≥	20	18	16	14	12
游离酸含量/%	≤	3.5	4.0	4.5	5.0	5.0
水分/%	≤	8	10	12	14	14

（二）土壤中的转化与施用

过磷酸钙施入土壤后，最主要的反应是异成分溶解。即在施肥以后，水分向施肥点汇集，使磷酸一钙溶解和水解，形成一种磷酸一钙、磷酸和含水磷酸二钙的饱和溶液，其反应如下：

$$Ca(H_2PO_4)_2 \cdot H_2O + H_2O \longrightarrow CaHPO_4 \cdot 2H_2O + H_3PO_4$$

这时施肥点周围土壤溶液中磷的浓度可高达 $10 \sim 20 mg/kg$，使磷酸不断向外扩散。在施肥点，其微域土壤范围内饱和溶液的 pH 可达 $1 \sim 1.5$。在向外扩散的过程中能把土壤中的铁、铝、钙、镁等溶解出来，与磷酸根离子作用，形成不同溶解度的磷酸盐。在石灰性土壤中，磷与钙作用，生成磷酸二钙和磷酸八钙，最后大部分形成稳定的羟基磷灰石。在酸性土壤中，磷酸一钙通常与铁、铝作用形成磷酸铁、磷酸铝沉淀，而后进一步水解为盐基性磷酸铁铝。只有在 pH5.5 ~ 7.0 时，有效性才相对最高。过磷酸钙在土壤中移动性很小，水平范围 0.5cm，纵深不超过 5cm，其当年利用率也很低。

过磷酸钙容易被土壤固定，施用时尽量减少与土壤的接触面积，比如采用穴施、沟施，不宜采用撒施，磷在土壤中移动性很弱，所以肥料应施在根系密集层，才能保证作物对磷的吸收。过磷酸钙适合与有机肥混施，一是可以减少肥料与土壤的接触面积；二是有机质，包括分解产生的有机酸，能络合铁、铝、钙等离子，有机阴离子也可以与磷发生竞争吸附，这些都可以减少磷的固定，从而提高磷的利用率。

严重缺磷的土壤，当磷肥用量较多时，可以采用分层施，2/3 作基肥，犁入根系密集层，以满足作物中后期的需要，1/3 施在表层或作种肥，以满足幼苗期对磷的需求。过磷酸钙也可以进行根外追肥，喷施时与一般的化肥不一样，要先浸泡过夜，取上清液喷，喷施因作物种类、生育期、气候条件不同而不同，一般单子叶作物、果树1%左右，双子叶作物用0.5%～1%，保护地低于露地，一般为0.5%。

普钙也具有一些特有的性质，在某些情况下仍不失为一种有价值的磷肥。比如：①其加工技术简单，适合于中、小型生产，就地销售；②在多数土壤、多数作物上，肥效较好；③除含磷外，还同时含有硫、钙等其他多种营养元素，尤其是世界范围内土壤缺硫趋势正在发展，因而其仍具有一定地位；④可以利用工业副产品硫酸进行生产。

二、重过磷酸钙

重过磷酸钙是由硫酸处理磷矿粉制得磷酸，再以磷酸和磷矿粉作用后制得的。反应方程式如下：

$$Ca_5(PO_4)_3 \cdot F + 5H_2SO_4 + 10H_2O \longrightarrow$$
$$3H_3PO_4 + 5CaSO_4 \cdot 2H_2O + HF\uparrow$$
$$Ca_5(PO_4)_3 \cdot F + 7H_3PO_4 + 5H_2O \longrightarrow 5Ca(H_2PO_4)_2 \cdot H_2O + HF\uparrow$$

从方程式可以看出，重过磷酸钙与普钙一样，有效成分都是水溶性的磷酸一钙 $[Ca(H_2PO_4)_2 \cdot H_2O]$，但不含有石膏这种副成分，重过磷酸钙是一种高浓度的磷肥，含 P_2O_5 40%～50%，含有少量游离的磷酸，肥料呈酸性。外观为灰色或灰白色粉料，有吸湿性，受潮后易结块，肥料贮存应注意防潮。

重过磷酸钙（重钙），成分 $Ca(H_2PO_4)_2$，能溶于水，肥效比过磷酸钙（普钙）高，最好跟农家肥料混合施用，但不能与碱性物质混用，会发生如下反应 $H_2PO_4^- + 2OH^- \Longrightarrow 2H_2O + PO_4^{3-}$ 生成难溶性磷酸钙而降低肥效。

小粒状固体，微酸性，外观呈灰色或暗褐色，适宜长途运输和贮存。易溶于盐酸、硝酸，溶于水中，几乎不溶于乙醇。受潮后易结块。加热失水（100℃）。腐蚀性和吸湿性比过磷酸钙更强。因不含硫酸铁、硫酸铝，不易发生磷酸盐的退化。

重过磷酸钙适用于肥料，用于各种土壤和作物，可作为基肥、追肥和复合（混）肥原料。广泛适用于水稻、小麦、玉米、高粱、棉花、瓜果、蔬菜等各种粮食作物和经济作物。肥效高，适应性强，具有改良碱性土壤作用。主要供给植物磷元素和钙元素等，促进植物发芽、根系生长、植株发育、分枝、结实及成熟。可用作基肥、种肥、根外追肥、叶面喷洒及生产复混肥的原料。既可以单独施用也可与其他养分混合使用，若和氮肥混合使用，具有一定的固氮作用。

三、富过磷酸钙

与普钙生产方法相似，但其有效成分含量比普钙高，普钙有效含量通常在 12％～20％ 之间，而富过磷酸钙一般为 20％～30％，有效 P_2O_5 含量介于普钙与重钙之间。由于富过磷酸钙无效物质含量较低，可降低单位有效物质的贮存和运输费用，减少包装和施用费用。用它代替普钙作复混肥，可提高复混肥中有效成分，且能在复混肥生产中替代价格昂贵的磷铵或重钙生产中等浓度肥料，大大降低生产成本。富过磷酸钙还可作为中间产品进行深加工生产饲料磷酸氢钙等磷酸盐产品，从而扩大工厂产品使用范围，提高经济效益，更能适应市场竞争。我国磷矿资源丰富，但杂质含量低、反应活性好的高品位矿少，主要是矿质较差、杂质含量较高的中品位磷矿，以这种磷矿来生产磷铵和重钙是不现实的，用来生产普钙又不经济，因此，用这种矿来生产富过磷酸钙是适合我国磷矿资源特点和中国国情的最佳工艺路线。在国外，俄罗斯、法国和墨西哥等国家均已有富过磷酸钙产品，而我国磷肥生产能力居世界第二位，但磷肥品种结构较单调，没有中浓度的富过磷酸钙磷肥品种，因此生产富过磷酸钙产品可以填补我国品种结构中无中浓度磷肥产品的空白。

四、钙镁磷肥

（一）成分与性质

钙镁磷肥又称熔融含镁磷肥，是一种含有磷酸根的硅铝酸盐玻璃体，无明确的分子式与分子量。它是磷矿石与含镁、硅的矿石在高炉或电炉中经过高温熔融、水淬、干燥和磨细而成的，主要成分包括 $\alpha\text{-}Ca_3(PO_4)_2$、$CaSiO_3$、$MgSiO_3$，钙镁磷肥不仅提供 12％～18％ 的低浓度磷（见表 5-3），其中磷能溶于柠檬酸但不溶于水，同时还能提供大量的硅、钙、镁，对南方容易缺钙镁的土壤更加有利。在我国单元磷肥生产中，钙镁磷肥占第二位。过去曾经占有很高的比例，现在和普通过磷酸钙类似，比例大幅下降。在世界范围内，我国是钙镁磷肥最大的生产国，日本也有少量生产。钙镁磷肥含柠檬酸溶性（枸溶性）磷，其主要优点是可以利用中品位磷矿，如全磷（以元素磷计）含量>10.5%，即可用作钙镁磷肥生产，钙镁磷肥中较多的镁、钙、硅等对作物生长均有良好作用。我国磷矿储量较大，又以中低品位矿为多，尤其适合于发展钙镁磷肥生产。

表 5-3　钙镁磷肥技术指标

项　目	指标		
	优等品	一等品	合格品
有效五氧化二磷（P_2O_5）的质量分数/% ≥	18	15	12
水分（H_2O）的质量分数/% ≤	0.5	0.5	0.5
细度（通过 0.25mm 试验筛）/% ≥	80	80	80

（二）施用

钙镁磷肥不溶于水，无毒，无腐蚀性，不吸湿，不结块，为碱性肥料。它广泛地适用于各种作物和缺磷的酸性土壤，特别适用于南方钙镁淋溶较严重的酸性土壤。最适合于作基肥深施。钙镁磷肥施入土壤后，其中磷只能被弱酸溶解，要经过一定的转化过程，才能被作物利用，所以肥效较慢，属缓效肥料。一般要结合深耕，将肥料均匀施入土壤，使它与土层混合，以利于土壤酸对它的溶解，并利于作物对它的吸收，研究证明钙镁磷肥的肥效在酸性土壤上常优于普通过磷酸钙。我国不少地方把钙镁磷肥用于中性或石灰性土壤中，钙镁磷肥在土壤微生物和作物根系分泌的酸、包括碳酸的作用下，可以逐渐溶解而释放出磷酸，但其释放速度较酸性土壤慢，肥效较差，相当于水溶性磷肥的 70%～80%，严格地说是不太合适的，如果选用，最好只应用于严重缺磷的土壤。钙镁磷肥呈碱性反应，可改良酸性土，忌与铵（氨）态氮肥直接混合。

五、钢渣磷肥

钢渣磷肥是利用含磷生铁炼钢时产生的废渣直接加工而成的副产品。钢铁废渣中以 CaO、SiO_2 为主，同时含 Fe、Mg、Zn、B、P 等元素，这些成分除个别元素外，均有利于农作物的生长。由于钢渣在冶炼过程中须经高温煅烧，其溶解度已大大改变，所含各元素成分易溶量达全量的 $1/3 \sim 1/2$，有的甚至更高，易被植物吸收。很适宜于作肥料。根据钢渣中 P_2O_5 含量不同，钢渣的用途不同。P_2O_5 含量较高（>10%）的钢渣可作磷肥；P_2O_5 含量较低（4%～7%）的钢渣可作土壤改良剂。钢渣磷肥的含磷量在 7%～17% 之间。

钢渣磷肥与钙镁磷肥相似，也是一种多营养成分的化学肥料，也属枸溶性磷肥。在这种磷肥中，P_2O_5 能在 2% 柠檬酸（或柠檬酸铵）溶液中溶解的称为有效 P_2O_5。有效 P_2O_5 与全部 P_2O_5 的百分比称为"枸溶率"。在全 P_2O_5 一定的情况下，希望枸溶率越高越好。据资料报道，炼钢时不加萤石造渣，枸溶率一般较高，可达到 85%～100%，一般要求磷肥中的 P_2O_5 的枸溶率在 75% 以上。

钢渣磷肥应磨碎到 0.16mm 以下使用，以利农作物吸收，对于小麦、水稻、玉米、高粱、土豆、油菜和牧草等多种农作物均有明显的增产效果。施用上可参考钙镁磷肥，但不同的是，钢渣磷肥是强碱性，只适合酸性土壤，在供磷的同时，还具有改性土壤酸性、防止土壤板结等作用。

六、磷矿粉

（一）成分与性质

磷矿粉肥料由磷矿石直接磨碎而成，是最主要的一种难溶性磷肥。磷矿粉加工简单，可以充分利用我国丰富的中低位磷矿资源就地加工，就近施用，我国磷矿主要集中在云南、贵州、湖南、湖北和四川五省，占我国总磷矿资源的 70% 以上，所以南方施用磷矿粉较多。

磷矿粉大多数呈灰褐色，主要成分是原生矿物氟磷灰石，其次还有羟基磷灰石、氯磷灰石和碳酸磷灰石，其含磷量因产地不同差异很大，高的可达 30% 以上，低的只有 10% 左右。一般呈灰褐色粉状，中性反应，由于各种磷灰石都是难溶的矿物，所以磷矿粉以难溶性磷为主，但含有一定的枸溶性磷，一般含量不高。磷矿来源不同枸溶性磷含量有区别，公认最好的磷矿粉是来自北非突尼斯的加夫萨磷矿粉，它的枸溶率达到 60% 以上，所以肥效特别好。我国磷矿粉大多数具有中等以上的枸溶率（10%～20%），枸溶率较低的磷矿一般不

宜作磷矿粉直接施用。

（二）施用

磷矿粉的肥效决定于磷粉的活性、土壤性质和作物特点。磷矿粉适宜在酸性土壤上作基肥施用，不宜作追肥。磷矿粉作基肥的施用量应视其有效磷含量而定，一般每亩为 50kg 左右。宜结合耕翻土地时均匀撒施，然后翻入根层深度。由于磷矿粉有效期长，施后可隔 1～2 年再施。磷矿粉应尽量先安排在酸性较大和缺磷的土壤中施用。为了扩大磷矿粉的施用范围，在我国已有部分节酸磷肥的生产。节酸磷肥又称部分酸化磷肥，它是只用全部酸化磷肥所需酸量的一部分酸来分解磷矿。其产品中的磷部分水溶性，部分难溶性，植物根系不发达的苗期主要利用其水溶性部分，植物根系发达之后利用其余部分磷。

影响磷矿粉肥效的因素如下。

（1）土壤条件 土壤 pH 是影响磷矿粉施用效果的重要条件。土壤酸度越强，溶解磷矿粉的能力越大，肥效就越高。

（2）作物种类 作物种类不同，对吸收利用磷矿粉中磷的能力不同，因而施用磷矿粉的肥效也不同。

（3）肥料细度和用量 磷矿粉的粒径大小是影响其肥效的重要因素，粒径越小颗粒越细，磷矿粉与土壤以及作物根系的接触机会越多，肥效越高。要求矿粉细度达到 90％以上通过 100 目，磷矿粉的当季利用率为 10％左右。

（4）与其他肥料配合施用 与有机肥料混合堆沤后施用以提高磷矿粉的当季肥效。

（5）施用方法 磷矿粉宜作基肥，不宜作追肥和种肥。

第三节　磷肥的高效施用技术

肥料的合理施用至少应包括两层含义，一是充分发挥肥料的增产增收作用；二是尽可能不对环境产生污染。

一、土壤肥力与磷肥施用

要充分发挥肥料的增产增收作用，就必须考虑以下几方面。首先，应考虑磷肥施用的必要性。在我国的具体生产条件下，则应充分考虑磷肥对当季作物的增产、增收效果。当然在一些施磷历史很久的国家，它们的土壤中已积累了大量的磷，施用磷肥对当季作物的增产作用不大，但为了维持较高的土壤磷素水平，仍需不断向土壤中补充被作物吸收带走的磷。土壤磷素丰缺状况常采用经过校正的土壤有效磷测定方法，如 Olsen 法（0.5mol/L NaHCO$_3$ 法），Bray-1 法（0.03mol/L NH$_4$F＋0.025mol/L HCl），测定结果分为几个等级。在低水平时，施磷都能获得增产；在中等水平时，施磷有可能增产；在高水平时，施磷一般不增产。

表 5-4　土壤有效磷（以 P 计）水平分级

单位：mg/kg

分级	Olsen 法	Bray-1 法
低	＜5	0～34
中	5～10	35～67
高	10～15	＞68
丰富	＞15	

　　表 5-4 中所列指标可供参考。测磷最常用的方法是 Olsen 法，但 Olsen 法指标比较老，和现在土壤和作物品种相比已经显得不适合了，但并没有新的标准。一般认为速效磷在 10～20mg/kg（Olsen法）范围为中等含量，施磷肥增产；速效磷＞25mg/kg，施磷肥无效；速效磷＜10mg/kg 时，施磷肥增产显著。蔬菜地磷的临界范围比较高，速效磷达 57mg/kg 时，施磷肥仍有效。

　　土壤有机质的含量与土壤有效磷含量以及磷肥的肥效密切相关。土壤有机质含量高（如＞25g/kg），有效磷含量也高，磷肥应首先分配在有机质含量低的土壤上。

　　土壤酸碱度与磷肥肥效：土壤酸碱度对不同品种磷肥的作用不同，通常弱酸溶性磷肥和难溶性磷肥应分配在酸性土壤上，而水溶性磷肥则应分配在中性及石灰性土壤上。

二、作物的需磷特性

　　作物种类不同，对磷的吸收能力和吸收数量也不同。同一土壤上,凡对磷反应敏感的喜磷作物,如豆科作物、甘蔗、甜菜、油菜、萝卜、荞麦、玉米、番茄、甘薯、马铃薯和果树等,应优先分配磷肥。其中豆科作物、油菜、荞麦和果树,吸磷能力强,可施一些难溶性磷肥。而薯类虽对磷反应敏感,但吸收能力差,以施水溶性磷为好。某些对磷反应较差的作物如冬小麦等,由于冬季土温低,供磷能力差,分蘖阶段又需磷较多,所以也要施磷肥。有轮作制度的地区,施用磷肥时,还应考虑到轮作特点。在水旱轮作中应掌握"旱重水轻"的原则,即在同一轮作周期中把磷肥重点施于旱作上;在旱地轮作中,磷肥应优先施于需磷多、吸磷能力强的豆科作物上;轮作中作物对磷具有相似的营养特性时,磷肥应重点分配在越冬作物上。

作物主要吸收以 $H_2PO_4^-$ 和 HPO_4^{2-} 形态存在的磷酸根离子。大多数作物吸收 H_2PO_4 的速度比吸收 HPO_4^{2-} 的速度快。作物还能吸收有机磷,但数量很少。作物在整个生长期内都可吸收磷,但以生长早期吸收为快。当作物干物质积累到全生育期最大积累量的 25% 时,磷的吸收就达到其整个生育总吸收量的 50%,甚至 80%。因而苗期磷营养效果异常明显,甚至在土壤有效磷含量较高时仍会出现缺磷症状,生产上应强调磷肥及早施用。

以种肥、基肥为主,根外追肥为辅。从作物不同生育期来看,作物磷素营养临界期一般都在早期,如水稻、小麦在三叶期,棉花在二~三叶期,玉米在五叶期,都是作物生长前期,如施足种肥,就可以满足这一时期对磷的需求,否则,磷素营养在磷素营养临界期供应不足,至少减产 15%。在作物生长旺期,对磷的需要量很大,但此时根系发达,吸磷能力强,一般可利用基肥中的磷。因此,在条件允许时,1/3 作种肥,2/3 作基肥,是最适宜的磷肥分配方案。如磷肥不足,则首先做种肥,既可在苗期利用,又可在生长旺期利用。生长后期,作物主要通过体内磷的再分配和再利用来满足后期各器官的需要,因此,多数作物只要在前期能充分满足其磷素营养的需要,在后期对磷的反应就差一些。但有些作物如棉花在结铃开花期、大豆在结荚开花期、甘薯在块根膨大期均需较多的磷,这时我们就以根外追肥的方式来满足它们的需要,根外追肥的浓度,单子叶植物如水稻和小麦以及果树的喷施浓度为 1%~3%。

双子叶植物如棉花、油菜、番茄、黄瓜等则以 0.5%～1% 为宜（以过磷酸钙计算）。

磷肥的当季利用率低，但磷肥的残效比较强，叠加利用率很高，比氮、钾利用率都高。在一个轮作周期中，应该统筹施用磷肥，应尽可能地发挥磷肥后效的作用。如在水旱轮作中，把磷肥重点分配在旱作上，因为淹水条件下，磷的溶解度增加，利用旱作残效更好；在旱旱轮作中，将磷肥重点施在对磷敏感的作物上，比如小麦-棉花轮作，重施在棉花上；在连续旱作中，将磷肥重点施在冬季作物上，因为一是磷的有效性与温度关系密切，低温磷的有效性低；二是磷能够提高作物的抗寒能力，有利于作物越冬。在禾本科-豆科轮作中，磷肥应重点施在豆科作物上，从而增加豆科作物的固氮能力，这叫以磷增氮。

三、磷肥品种与合理施用

水溶性磷肥适于大多数作物和土壤，但以中性和石灰性土壤更为适宜。一般可作基肥、追肥和种肥集中施用。弱酸溶性磷肥和难溶性磷肥最好分配在酸性土壤上，作基肥施用，施在吸磷能力强的喜磷作物上效果更好。同时弱酸溶性磷肥和难溶性磷肥的粉碎细度也与其肥效密切相关，磷矿粉细度以 90% 通过 100 目筛孔，即最大粒径为 0.149mm 为宜。钙镁磷肥的粒径在 40～100 目范围内，其枸溶性磷的含量随粒径变细而增加，超过 100 目时其枸溶率变化不大，不同土壤对钙镁磷肥的溶解能力不同及不同种类的作物利用枸溶性磷的能力不同，所以对细度要求也不同。在种植旱作物的酸性土壤上施用，不宜小于 40 目；在中性缺磷土壤以及种植水稻时，不应小于 60 目；在缺磷的石灰性土壤上，以 100 目左右为宜。

四、氮、磷肥配合施用

作物生长需要多种养分，而从我国的农田养分情况来看，缺磷的土壤往往也缺氮，对这类土壤，单施磷肥增产效果并不明显。而氮磷配合使用，对提高作物产量，提高磷利用率是十分必要的。一般在氮、磷供应水平都很高的土壤上，施用磷肥增产不稳定。而在氮、磷供应水平均低的土壤上，只施磷肥增产不明显，只有氮磷配合，才能

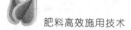

够明显增产，才有利于发挥磷肥的肥效。

N、P 配合施用，能显著地提高作物产量和磷肥的利用率。在一般不缺钾的情况下，作物对 N 和 P 的需求有一定的比例。如禾本科作物比较喜氮，适合的氮磷比例为（2～3）：1，苹果的氮磷比为 2∶1，豆科作物的氮、磷配合要以磷为主，充分发挥豆科作物的固氮作物。

在肥力较低的土壤上，磷还应该注意与钾肥和有机质配合。特别是水溶性磷肥与有机肥配合施用也是提高磷肥利用率的重要途径。土壤中加入有机肥后可以显著降低土壤、特别是酸性土壤的磷固定量。其可能机制是：①有机肥分解产生有机酸，螯合、溶解或解吸土壤中的 Fe-P、Al-P 和 Ca-P 等；②有机肥料中糖类对土壤中磷吸附位的掩蔽作用；③在低 pH 条件下，有机质通过与 Al^{3+} 形成络合物，阻碍溶液中 Al^{3+} 的水解，并与磷酸根竞争羟基铝化合物表面的吸附位，从而降低酸性土壤对磷的吸附量。强调磷肥与其他营养元素肥料的配合施用，促进作物营养平衡，也是提高磷肥利用率的重要途径，但应注意配合施用中适宜和不宜混合施用的情况。

在酸性土壤上，注意增施石灰，防止土壤酸化，而且一般磷肥不能与石灰直接混合施用，那样会降低磷的有效性。在缺乏微量元素的土壤上，还要注意和微量元素配合。

五、掌握磷肥施用的基本技术

（一）合理确定磷肥的施用时间

一般来说，水溶性磷肥不宜提早施用，以缩短磷肥与土壤的接触时间，减少磷肥被固定的数量，而弱酸溶性和难溶性磷肥往往应适当提前施用。磷肥以在播种或移栽时一次性基肥施入较好。多数情况下，磷肥不作追肥撒施，因为磷在土壤中移动性很小，不易到达根系密集层。不得已需要追施时，应强调早追。

（二）正确选用磷肥的施用方式

磷肥的施用，以全层撒施和集中施用为主要方式，集中施用又可分为条施和穴施等方式。全层撒施即是将肥料均匀撒在土表，然后耕翻入土。这种施用方式会增强磷肥与土壤的接触反应，尤其是酸性土壤上可使水溶性磷肥有效性大大降低，但有利于提高酸性土壤上的弱酸溶性和难溶性磷肥的肥效。集中施用是指将肥料施入到土壤的特殊层次或部位，以尽可能减少与土壤接触的施肥方式。这一方式尤其适合于在固磷能力强的土壤上施用水溶性或水溶率高的磷肥，从某种意义上说，施用颗粒磷肥也是一种集中施用的方式。

（三）注重磷肥的残效

要最大限度地减轻施用磷肥对环境的污染，就必须加强磷肥的合理施用，包括合理用量、合理施用方式和合理施肥时间的确定。磷肥不同于氮、钾肥，它的当季利用率较低，长期施用较易于在土壤中积累。磷在土壤中异常积累虽然不致直接因淋溶而进入水体，但是在水土保持较差的生态系统中则可能因表土冲刷流失而引起水体污染。在高磷供应水平下，作物可能出现磷的奢侈吸收，导致体内铁、钙、镁、锌等元素的生理性缺乏。其次，作物吸收过多的磷还会妨碍淀粉的合成，也不利于淀粉在体内的转运，造成作物成熟不良，瘪粒增加。

磷肥的当季利用率大体在 $10\%\sim25\%$，低于氮肥、钾肥的利用率。磷肥当季利用率低与作物种类有一定关系。一般来说，谷类和棉花的利用率较低，而豆科、绿肥和油菜等作物的利用率高。磷肥利用率低，更主要的是受土壤条件的影响，在部分固定磷能力特别强的土壤上，在用量不高时，磷肥甚至不能表现出增产效果。只有在用量达到相当大之后才显著增加作物产量。虽然说磷肥的当季利用率不高，但叠加利用率却不低。所谓叠加利用率是指在一次施肥之后，连续种植各季作物总吸磷量占施磷量的百分率。磷肥的后效一般可达 $5\sim10$ 年，甚至更长时间。也就是说，被土壤固定的磷并不是无效，而是可以逐渐被作物吸收利用的。磷肥的叠加利用率从 26% 到近 100%。提高磷肥利用率必须从当季表现利用率上升到叠加利用率来考虑，这样也符合磷肥后效长的实际情况，此外还应积极采取各种措施，减少土壤对磷的固定作用，充分发挥磷肥后效、提高磷在土壤中的移动性、选育磷利用效率高的作用优良品种、增强作物根系的吸收能力，以提高磷肥的当季利用率和积累利用率。

参 考 文 献

[1] 李庆逵，蒋柏藩，鲁如坤. 中国磷矿的农业利用. 南京：江苏科学技术出版社，1992.
[2] 马斯纳 H. 高等植物的矿质营养. 曹一平，陆景陵等译. 北京：农业大学出版社，1991.
[3] 胡霭堂，周立祥. 植物营养学. 北京：中国农业大学出版社，2003.
[4] 陆欣，谢英荷. 土壤肥料学. 北京：中国农业大学出版社，2011.
[5] 土壤学名词审定委员会. 土壤学名词. 北京：科学出版社，1999.

第六章
钾素化肥

第一节 概 述

　　钾是植物生活必需的营养元素，为植物营养三要素之一，它对作物产量和品质影响很大。也被称之为"品质元素"。我国土壤全钾（以 K_2O 计）含量在 0.6g/kg～56g/kg，变幅很大，平均值 14.4g/kg。北方高于南方，南方的砖红壤和赤红壤是我国土壤中含钾量最低的土类。东北黑土含钾丰富；特别是质地黏重的土壤含量更多，但这一地区的腐殖土含钾量低；西北地区的黄土含钾比较丰富；华北地区的石灰性土壤含钾也较高，但砂质土含钾较低；风化程度低的幼年土和富含云母和长石类岩石风化母质形成的土壤含钾丰富；四川紫色土含钾量也较高。在农业生产水平一般条件下，施用有机肥和草木灰可以使土壤钾素得以补充。但随着生产水平的提高，大量引种高产、优质的品种，再加上氮磷肥大量施用和提高复种指数等因素，不少地区出现缺钾现象，有些地方缺钾比较严重，成为提高作物产量和改善品质的限制因素。我国缺钾面积达到 2267 万公顷，主要分布在长江以南地区。近年来土壤分析和田间试验结果证明，土壤缺钾地域正由南方向北方延伸，缺钾面积进一步增加。由此可见，增施钾肥已成为我国提高作物产量和品质的重要措施。由于我国钾肥资源匮乏，影响钾肥肥效的因素比较多。因此，合理有效地施用钾肥在农业生产中越来越显示其重要性。

一、植物体内钾素含量与分布

植物体中钾含量较高，一般都超过磷，与氮相近。喜钾植物或高产条件下植物中钾的含量甚至超过氮。钾离子是细胞中最丰富的阳离子，例如在细胞质中，钾的浓度常大于 100mmol/L，比硝酸根或磷酸根离子浓度高几十倍至百余倍，且高于外界环境中有效钾几倍至数十倍。钾在植物体内无固定的有机化合物形态，虽然在某些螯合物中会有共价特征出现，但钾主要以离子态为主。

植物体内钾的含量因植物种类不同而异，喜钾植物如烟草、马铃薯、甘蔗和西瓜等含钾量比较高；同一植物不同器官含钾量亦不同，一般禾谷类植物种子含钾量较低，而茎秆中含钾量较高，薯类作物的块根块茎含钾量高，植物幼嫩部分高于老化组织；同一器官不同组织钾的含量也不一样，如玉米叶片吐丝期不同组织含钾量的高低顺序是叶脉＞叶身＞叶边缘。

钾和氮、磷一样，在植物体内有较大的移动性。随着植物的生长，它不断地由老组织向新生幼嫩部位转移，即再利用程度高。所以，钾比较集中地分布在代谢最活跃的器官和组织中，如生长点、芽、幼叶等部位，这与钾在植物体内的生理代谢过程中起积极作用有关。

二、钾的生理功能

促进酶的活化。生物体中约有 60 多种酶需要钾离子作为活化剂。钾所能活化的酶分别属于合成酶类、氧化还原酶类和转移酶类。它们参与糖代谢、蛋白质代谢与核酸代谢等生物化学过程，从而对植物生长发育起着独特的生理功效。

增强光合作用。钾离子能提高光合作用中许多酶的活性，使植物能更有效地进行碳素同化作用。钾离子对光合产物的运转也起着重要作用。施用钾肥能明显地提高植物产量，改善产品品质。

促进糖代谢。钾离子可以活化多种植物体内淀粉合成酶的活性，促进单糖合成蔗糖和淀粉。当钾供应不足时，植株内糖、淀粉水解成单糖。所以在生产实践中，凡收获是以碳水化合物为主的植物，如薯类、纤维类、糖用植物等，施用钾肥后，不但产量增加，而且品质也明显提高。油脂是甘油和脂肪酸合成的酯，而甘油和脂肪酸是由糖转化而成的，钾促进了糖的代谢，相应也促进了油脂的形成。所以油料植物如花生、大豆、油菜等施钾肥能增加油脂含量。

促进蛋白质合成。蛋白质合成的具体步骤是氨基酸的活化、转移和多肽在核蛋白体上的合成。研究证明，活化氨基酸的转移和多肽在核蛋白体上的合成均需要 K^+ 作活化剂。试验还证明，钾能提高植物对氮的吸收利用，并能很快地转化成蛋白质。所以当钾供应充足时，进入植株内的氮比较多，形成的蛋白质也比较多。如果植物缺钾，植株内不仅蛋白质合成受到影响，而且原有的蛋白质产生水解，使非蛋白质态氮含量相对增多。同时还影响植物对氮的利用，造成氨的积累，易引起植物氨中毒。此外，钾还能促进豆科植物根瘤菌的固氮作用。试验表明，供钾情况良好的豆科植物与低钾情况相比，可提高固氮能力 $2 \sim 3$ 倍。在温室用蚕豆进行研究，发现在钾供应良好时，豆科植物具有较多的根瘤，每个根瘤也较大，固氮作用也较强。

增强植物的抗逆性。钾是对植物健康影响最大的元素，因为钾参与了植物生长发育中几乎所有的生物物理和生物化学过程，钾营养元素供应充足通常可使植物在胁迫条件下具有较强的抵抗力，钾在增强植物抗寒、抗旱、抗盐碱、抗病虫害能力方面都起着重要的作用。由于钾能增强植物的抗寒、抗旱、抗盐碱性能，所以在不正常的气候条件下，钾肥的效果往往比正常气候条件下更好。

三、植物钾素营养失调症状

缺钾时，植物外形也有明显的症状。由于钾在植物体内流动大，且可再利用，故在缺钾时老叶上先出现缺钾症状，再逐渐向新叶扩展，如新叶出现缺钾症状，则表明严重缺钾。缺钾的主要特征，通常是老叶的叶缘先发黄，进而变褐，焦枯似灼烧状。叶片上出现褐色斑点或斑块，但叶中部、叶脉处仍保持绿色。随着缺钾程度的加剧，整个叶片变为红棕色或干枯状，坏死脱落。有的植物叶片呈青铜色，向下卷曲，叶表面叶肉组织凸起，叶脉下陷。

但不同植物上缺钾症状也有特殊性。禾谷类植物缺钾时下部叶片出现褐色斑点，严重时新叶也出现同样的斑状。叶片柔软下坡，茎细弱，节间短，虽能正常分蘖，但成穗率低，抽穗不整齐，田间景观出现杂色散乱不整齐生长，结实率差，籽粒不饱满。其中大麦对缺钾敏感，其症状为叶片黄化，严重时出现白色斑块。十字花科和豆科以及棉花等叶片首先出现脉间失绿，进而转黄，呈花斑叶，严重时出现叶缘焦枯向下卷曲，褐斑沿脉间向内发展。叶表皮组织失水皱缩，叶面拱起或凹下，逐渐焦枯脱落，植株早衰。果树缺钾时叶缘变黄，逐渐发展而出现坏死组织，果实小，着色不良，酸味和甜味都不足。烟草缺钾时还影响烟叶的燃烧性。

然而，植物对钾的吸收具有奢侈性吸收的特性，过量钾的供应，虽不易直接表现出中毒症状，但可能影响各种离子间的平衡，还要浪费化肥用量，降低施肥的经济效益。偏施钾肥，引起土壤中钾的过剩，还会抑制植物对镁、钙的吸收，促使出现镁、钙的缺乏症，影响产量和品质。因此，合理施用钾肥必须根据植株及土壤中钾的丰缺状况而定。

第二节　主要钾肥品种

一、氯化钾

制造氯化钾的原料是光卤石（$KCl \cdot MgCl_2 \cdot 6H_2O$，含 K_2O 11%），钾石盐（$KCl \cdot NaCl$，含 K_2O 12%）和苦卤（$KCl \cdot NaCl \cdot MgCl_2 \cdot MgSO_4$）。工业上利用氯化钾、氯化钠在不同温度下溶解度有差异的原理来分离制造氯化钾。具体生产方法是将上述原料溶解于热水中，使之成为饱和状态，然后冷却。由于氯化钾的溶解度随温度下降而减少，冷却时便从溶液中先结晶出来。此外，还可以利用氯化钾、氯化钠密度不同的原理，采用浮选方法分离钾石盐中的钾盐和钠盐，浮选法所得钾肥为红色。

氯化钾呈白色或淡黄色或紫红色结晶，分子式为 KCl，氯化钾一般含 K_2O 60%左右，易溶于水，肥效迅速，有一定吸湿性，久贮会结块，属化学中性、生理酸性肥料。

氯化钾施入土壤后的变化情况大体上和硫酸钾相同，只是生成物不同。在中性和石灰性土壤中生成氯化钙，在酸性土壤中生成盐酸。所生成的氯化钙溶解度大，在多雨地区、多雨季节或在灌溉条件下，能随水淋洗至下层，一般对植物无毒害，在中性土壤中，会造成土壤钙的淋失，使土壤板结；在石灰性土壤中，有大量碳酸钙存在，因施用氯化钾所造成的酸度，可被中和并释放出有效钙，不会引起土壤酸化；而在酸性土壤中生成的盐酸，能增强土壤酸性。

氯化钾可作基肥、追肥，但不宜作种肥。但由于含有氯离子，对忌氯作物不宜使用，使用会对产量和品质有不良影响。忌氯作物有：甘薯、马铃薯、甘蔗、甜菜、烟草、柑橘、葡萄、茶树等。氯化钾特别适宜于麻类、棉花等纤维类植物，氯离子对提高纤维含量和品质有良好的影响。此外，氯化钾不宜在盐碱地施用。旱地应注意施到湿润土层，因湿润土层干湿度变化小，可减少钾的固定。在中性、酸性土壤上施用氯化钾时要配合施用石灰和有机肥料，以防止土壤酸化和损失。

二、硫酸钾

我国制造硫酸钾是以明矾石为主要原料，其方法是将明矾石与氯化物（用食盐或苦卤均可）混合，放入高温炉煅烧，并通入水蒸气，使之发生分解而生成硫酸钾，其化学反应如下：

$$K_2SO_4 \cdot Al_2(SO_4)_3 \cdot 4Al(OH)_3 + 6NaCl \xrightarrow{600\sim700℃}$$
$$K_2SO_4 + 3Na_2SO_4 + 3Al_2O_3 + 6HCl + 3H_2O$$

此外，也可以用明矾石直接煅烧，使之分解，或用焦炭与钾镁矾（$K_2SO_4 \cdot MgSO_4$）加热，制成硫酸钾。

硫酸钾为白色或淡黄色结晶，含 K_2O 50%～52%，易溶于水，吸湿性小，贮存运输方便，也是化学中性、生理酸性肥料。

硫酸钾在土壤中的转化与氯化钾类似。所不同的是在中性和石灰性土壤上，代换产物是 $CaSO_4$，溶解度比 $CaCl_2$ 小，对土壤的不良影响不及氯化钾。但长期大量使用也会使土壤板结。在酸性土壤上，长期大量使用硫酸钾也会使土壤变得更酸。

硫酸钾适宜用于一般作物，特别是对于十字花科等需硫作物，以及喜钾忌氯作物，效果更好。可用于基肥、追肥和种肥，还可用于根外追肥。旱地应深施到湿润的土层，以减少钾的品格固定。硫酸钾含钾量低于氯化钾，价格却比氯化钾昂贵。因此，在一般情况下，应尽可能选用氯化钾，以提高肥料的经济效益。对于喜钾忌氯作物，若要用部分氯化钾代替硫酸钾，应通过试验，严格控制用量，并在播种前施下，使氯离子被雨水或灌溉水淋洗至土壤深层。硫酸钾用于种肥，一般每亩用量 1.5～2.5kg，根外追肥的浓度为 2%～3%。

三、草木灰

作物秸秆、柴草、枯枝落叶等燃烧后剩下的灰烬，统称草木灰。我国农村使用草木灰历史悠久，它至今仍是农村一项重要的钾肥肥源。

草木灰成分极为复杂，凡是植物体所含有的灰分元素均有。有机质及氮素在燃烧过程中大多数被烧失，剩下的灰分中，含钾、钙最高，磷次之，还含有镁、硫、硅及各种微量元素等。从肥料的角度常将草木灰看作是一种钾肥肥源。但从营养角度看，它不仅含有钾素，还含有磷、钙和其他营养元素。

草木灰的成分因烧制材料而异。一般木灰含钙、钾、磷多，草灰含硅较多，磷、钾、钙较少，稻壳灰养分含量最少。植物幼嫩器官含钾、磷较多，衰老器官含钙、硅较多。关于草木灰的成分见表 6-1。草木灰因烧制方法不同，其颜色和肥效也不一样。通气不良、低温焖烧而成的草木灰，呈灰黑色，其中的钾主要以碳酸钾形态存在，其次是硫酸钾和氯化钾，均为水溶性；磷以磷酸二钙的形态存在，属枸溶性，因此肥效高。但在高温燃烧的情况下，灰呈灰白色，钾与硅酸共熔形成难溶性的硅酸钾复盐，并使磷与钙结合形成难溶性的磷酸三钙，因此肥效较差。

草木灰含有碳酸钾和氧化钙，水溶液呈碱性，在酸性土壤上施用，不仅能降低酸度，并可补充钙、镁。同时，草木灰疏松多孔，颜色深，有良好的吸热性能，能提高土温；增强作物抗寒力。

草木灰适用于除盐碱地以外的所有土壤，施用于酸性土壤和山区冷浸田效果尤好，作基肥、追肥、种肥均可，常用来拌种、盖种、壅兜和作苗床基肥。水稻秧田施用草木灰，既可提供养分，还可增加地温，促苗早发，防止水稻烂秧。另外，还可清除秧田的青苔。在我国

表 6-1　草木灰与煤灰的成分　　　　　单位：%

灰　类	K$_2$O	P$_2$O$_5$	CaO
一般针叶树灰	6.00	2.90	35.00
一般阔叶树灰	10.00	3.50	30.00
小灌木灰	5.92	3.14	25.09
稻草灰	8.09	0.59	5.90
小麦秆灰	13.80	0.40	5.90
棉籽壳灰	5.80	1.20	5.90
糠壳灰	0.67	0.62	0.89
花生壳灰	6.45	1.23	—
向日葵秆灰	36.40	2.55	18.50
烟煤灰	0.70	0.60	26.00

许多地区，常用少量草木灰拌棉花种子，既有利于种子分散、便于播种，又有营养作用。用 1% 的草木灰浸出液作根外追肥，除供给作物养分外，还有防治蚜虫的效果。

草木灰是零星积存的一种农家肥料，要注意妥善保存，不能任其风吹雨淋。由于它是一种碱性肥料，不要与腐熟的有机肥、铵态氮肥和人粪尿混合贮存和施用，以免引起氨的挥发损失。

我国西北和内蒙古某些盐碱土和滨海盐碱土上生长的植物含有大量氯化钠，而钾含量不高。由这些植物残体煅烧的草木灰不适宜作肥料。向日葵秆富含钾，葵秆灰是农村中很好的钾源。

四、窑灰钾肥

窑灰钾肥是水泥工业的副产品。制造水泥时原料中的铝硅酸钾矿经高温（约 1100℃ 以上）煅烧，产生氧化钾气体，当其进入烟道时和煤燃烧产生的 SO$_2$、CO$_2$ 化合生成硫酸钾和碳酸钾。如果在配料中加氯化物（如 CaCl$_2$），则可生成氯化钾。所生成的上述钾盐，在随气流从高温区向低温区流动中，因温度下降而凝结成极细的晶体被吸附在粉尘上。粉尘回收后，再经风选就得到窑灰钾肥。

窑灰钾肥是一种黄色或灰褐色的粉末状肥料。含 K$_2$O 8%～12%，高的可达 20% 以上，还含有 CaO 35%～40%，以及镁、硅、硫和多种微量元素。由于含有 30% 左右的氧化钙和 1% 左右的氧化镁，呈强碱性反应（水溶液 pH 值 9～11），吸湿性很强，易结块。

窑灰钾肥中的钾素包括水溶性钾、枸溶性钾和难溶性钾。其中水溶性钾占 35%～45%，主要成分是碳酸钾和硫酸钾；枸溶性钾 50% 左右，主要成分是硅酸钾和铝酸钾；难溶性钾占 5%～10%，主要成分是钾长石、黑云母等含钾矿物。除难溶性钾外，均能被作物吸收利用。

窑灰钾肥适用于酸性土壤和喜钙作物，可做基肥和追肥，但由于碱性大，易发热，不能作种肥和用于蘸秧根。由于肥料含硅较多，施用于水稻效果较好。窑灰钾肥施用前最好用湿土拌和，以免粉尘飞扬。水田一般作基肥，撒施后耕地。旱地作基肥可在耕地前撒施，或穴施、沟施；作追肥一般采用沟施和穴施，但要防止与茎叶和根系直接接触，以免烧苗和伤根。窑灰钾肥碱性强，不能与铵态氮肥、腐熟的有机肥料或过磷酸钙混合，以免造成氨的挥发，降低磷肥肥效。

第三节　钾肥的高效施用技术

随着农业生产的发展，我国农田缺钾面积日益扩大，增施钾肥已成为夺取农作物高产、优质的重要措施。研究表明，钾肥的肥效受到土壤条件、作物特性、与其他肥料配合施用，以及施用技术等多种因素的影响。只有明确和掌握钾肥的有效施用条件，合理分配和施用，才能使目前有限的钾肥资源充分发挥其增产效果，取得较好的经济效益。

一、土壤条件与施钾技术

土壤许多性质都会影响钾肥施用效果，其中土壤供钾水平和质地的影响较大。

（一）土壤的供钾能力

影响钾肥肥效的诸因素中，土壤的供钾能力是最重要的。目前，国内评价土壤供钾能力主要是根据土壤速效性钾的含量，同时也考虑到土壤缓效性钾的储量。

各地大量钾肥试验和土壤分析结果表明，土壤速效性钾的水平是决定当季作物钾肥肥效的重要因素，钾肥肥效的高低主要取决于土壤速效性钾含量的多少。土壤速效性钾的丰缺指标，因各地气候、土壤、作物等条件不同而略有差异。中国科学院南京土壤研究所综合各地试验结果,提出了以水稻、小麦为对象的土壤速效性钾水平与钾肥肥效的划分标准(表6-2),可供参考。

表6-2　土壤速效性钾水平与当季作物钾肥肥效的关系

速效性钾(K_2O)/(mg/kg)	等级	对钾肥的反应
<40	极低	钾肥反应极明显
40~83	低	施用钾肥一般有效
83~150	中	在一定条件下钾肥有效
150~200	高	施用钾肥一般无效
>200	极高	不需要施用钾肥

土壤缓效性钾是土壤速效性钾的补充来源,它的储量和释放速率,影响到土壤速效性钾的含量,与当季作物钾肥的肥效也有较好的相关性。因此,对于速效性钾含量较低,而缓效性钾储量不同的土壤,仅根据速效性钾的含量来评价土壤供钾能力是不够全面的,还必须同时考虑缓效性钾的储量,这样才能较准确地估计土壤的供钾水平。

(二)土壤质地

缓效性钾多存在于黏土矿物晶格中,交换性钾则被黏土矿物表面吸附。因此,土壤质地不同,钾的含量就有差异。含黏粒多的黏土或黏壤土含钾量较高,砂土含钾量低。各地试验证明,砂性土壤施用钾肥的效果比黏性土壤好(见表6-3)。

表6-3　不同土壤质地对钾素含量和钾肥肥效的影响

土壤名称	机械组成/%			钾含量			施钾效果
	砂料	粉粒	黏粒	全钾/(g/kg)	缓效性钾/(mg/kg)	速效性钾/(mg/kg)	增产/%
砂质土	76	14	9.2	11.1	71	50	53.0	22.7
沙泥田	56	28.8	13.2	14.1	159	79	37.0	12.9
泥田	30	39.2	30.4	19.1	198	84	27.3	7.7
咸田	26	32.6	41.4	9.6	398	133	1.2	0.5

（三）土壤氧化原状

在成土母质、土壤质地和土壤供钾状况基本相同的水稻土上，水稻施钾效果与土壤氧化还原状况呈负相关，即氧化还原电位越低的水稻土施钾效果越明显。

湖北省农业科学院土壤肥料研究所的试验结果表明：不同类型水稻土的氧化还原电位依次为：淹育型水稻土＞潴育型水稻土＞潜育型水稻土，但施钾的效果则是潜育型水稻土＞潴育型水稻土＞淹育型水稻土，施钾（N、P、K）比对照（N、P）稻谷依次平均增产26.4％、11％和6.1％。潜育型、潴育型、淹育型三类水稻土壤速效性钾含量的临界值分别为 141mg/kg，82mg/kg 和 54mg/kg。

土壤条件，尤其是土壤供钾能力是决定钾肥肥效的先决条件。从以上分析可知，在当前钾肥紧缺情况下，应首先把钾肥施用在土壤速效性钾含量低，缓效性钾储量小，释放速率慢的土壤上，使钾肥获得较大的增产效果和经济效益。对于通气不良，氧化还原电位低的潜育性水稻土及其他低湿土壤，即使土壤速效性钾含量较高，也要注意施用钾肥。

二、作物特性与施钾技术

（一）作物种类

不同种类作物，钾肥的肥效差异很大。根据全国肥料试验网对南方892个试验统计，在施用氮、磷化肥或有机肥条件下，豆科绿肥增产幅度为 44.3％～135.1％；薯类、棉花、烟草及油料作物增产幅度为 11.7％～43.3％；禾谷类作物，除大麦增产 32.9％外，水稻、小麦、玉米只增产 9.4％～16.0％。不同作物对钾肥肥效表现的差异是由于它们的需钾量和吸钾能力不同。

1. 作物需钾量

作物种类不同，一生中需钾量也不同。油料作物、薯类作物、棉麻作物、豆科作物以及烟草、茶、桑等叶用作物需钾量都较大，称为"喜钾作物"。果树需钾量也较多，其中，香蕉吸钾量最多。禾谷类作物或禾本科牧草需钾量都较小。在供钾能力为同一水平的土壤上，需钾量大的所谓"喜钾作物"的施钾效果一般要高于需钾量小的作物。

2. 根系吸钾能力

研究表明，根系吸钾能力与根系特性有关。禾谷类作物是须根系，根系总表面积大，扩散到根系表面的钾离子数量多。由于阳离子交换量小，吸收一价阳离子也相对较多。所以它们吸收土壤钾的能力强。豆科作物则是直根系，与土壤接触面较小，根系阳离子交换量比禾谷类作物相对要大，吸收一价离子相对也较少，因此，吸收土壤钾的能力也较弱。对于吸钾能力弱的作物，土壤中的钾素常常不能满足需要，施用钾肥有较好的效果。在同样的土壤上，吸钾能力强的作物则可能不缺钾。

（二）作物品种

同一作物的不同品种对钾肥的效应也不一样。据广东、广西、江西等省试验，杂交稻、矮秆高产良种和粳稻对钾肥反应较为敏感，增产幅度比高秆品种、籼稻和常规稻要大（见表6-4）。

表 6-4　水稻不同品种施钾增产效果

品　　种	平均产量/(kg/亩)		施钾增产	
	对照	施钾	(kg/亩)	(%)
广秋(矮秆)	191.5	226.5	35.0	18.3
广均矮(籼稻)	169.8	202.3	32.5	19.1
早广2号(常规稻)	264.0	315.0	51.0	19.3
沪秋4号(常规稻)	293.5	347.5	54.0	18.4
汕优2号(杂交稻)	340.5	449.0	108.5	31.9
矮优2号(杂交稻)	325.2	440.0	114.8	35.3

（三）作物生育阶段

作物不同生育期对钾的需要差异同样是显著的。一般禾谷类作物在分蘖-拔节期需钾量较多，其吸取量为总需钾量的 60%～70%，开花后明显下降。棉花需钾量最大在现蕾至成铃阶段，其吸取量也约占总量的 60%。蔬菜作物如茄果类在花蕾期，萝卜在肉质根膨大期都是需钾量最大的时期。梨树在梨果发育期，葡萄在浆果着色初期也是需钾量最大的时期。而对一般作物来说，苗期缺钾最为敏感。但与

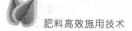

磷、氮相比较，其临界期的出现要晚些。

由上述可知，在钾肥有限的情况下，应优先用于需钾量多、吸钾能力弱、效应显著的作物（或品种），并在作物需钾最迫切的时期施用，才能取得较好的增产效果和经济效益。

三、与其他肥料配合

（一）与氮、磷肥配合

钾肥的肥效与氮、磷的供应水平有关。当土壤氮、磷供应水平低时，单施钾肥增产效果不显著。单施氮肥或仅施磷肥而不施钾肥，氮、磷肥的增产效益也得不到充分发挥。因此，必须注意氮、磷、钾的配合。

据广东省农业科学院蚕业研究所在桑树上进行的试验结果表明，按七次采摘桑叶平均产量计算，与不施肥比较，单施氮肥每亩增产桑叶 109.5kg，增产 36.13%；施氮、磷、钾肥每亩增产桑叶 111.5kg，增产 36.79%。

许多试验还表明，在充分满足作物生长所需氮、磷范围内，钾肥效应随着氮、磷水平的提高而上升。在当前农村偏施氮肥的情况下，氮、钾配施尤为重要。

（二）与有机肥料配合

有机肥的种类和施用水平也影响钾肥的肥效，由于有机肥料中含有较多的钾素，且有效性高，因此，当有机肥用量高时，配施钾肥的增产效果小。尤其是秸秆直接还田，可使作物吸收的大部分钾素（如水稻吸收的钾素总量中秸秆部分占 70%左右）参与生物再循环，减少了作物对钾肥的依赖程度，钾肥肥效就差。在施用含钾较多的厩肥时，可视厩肥用量减施或不施钾肥。

总之，土壤供钾水平是指土壤溶液中速效钾的含量和土壤缓效钾释放的数量和速率。在一个生长季节中，对大多数作物来讲，速效钾含量是决定钾肥肥效的重要因素。土壤质地是影响钾肥肥效的另一因素。同等量速效钾在黏质土壤上的肥效比砂质土差。

不同作物的需钾量和吸钾能力不同，施用钾肥的效应各异。油料作物，薯类与糖用作物、棉麻作物，豆科作物以及烟草、茶、桑等叶用作物等需钾量都较多。果树需钾亦较多。同种作物，品种不同对钾的需要也有所不同，作物不同生育期对钾的需要差异显著。一般禾谷类作物在分蘖-拔节期需钾较多。肥料配合与钾肥肥效，氮、磷、钾三要素是相互促进、相互制约的，因此作物对氮、磷、钾的需要有一定比例。

当土壤中氮磷含量低，氮磷肥用量少时，配施钾肥的效果往往不明显。当氮磷用量增加到一定程度后，而土壤的供钾水平较低时，施用钾肥常可获得增产。氮肥用量较高，土壤又严重缺钾时，钾氮配施的效果好。氮肥用量很高，但土壤钾丰富时，两者配合的效果不显著。

四、施肥技术

（一）施用时期

许多试验证明，钾肥无论水田或旱地，作基肥效果比追肥好，如作追肥也是在早期施用比中、后期追施效果好。一般情况下，钾肥宜作基肥。生育期长的作物可采用基肥、追肥搭配施用，以基肥为主，看苗早施追肥。但在固钾能力强的黏重土壤上，钾肥作基肥不宜过早地一次大量施用，而应在临近播种时施用，数量也不宜过多，以减少固定。在砂质土壤上钾肥宜作基肥、追肥分施，并加大追肥比例，分次施用，以减少淋失。

研究资料表明，在果树任何一个生育时期施用磷、钾肥都会取得一定的增产效果，但以秋季与有机肥料混合作基肥施用效果最好。

（二）施用量

钾肥用量与土壤供钾水平和作物种类等有关。在一定用量范围内，作物产量随钾肥用量的增加而增加，但单位肥料用量的经济效益则逐渐下降。根据我国目前钾肥供应情况，在一般土壤上大田作物每亩施用 K_2O 4～5kg 较为经济，喜钾作物可适量增加。

果树钾肥用量因种类、树龄大小及土壤条件不同差异较大。据报道，红土地区保持柑橘产量 2500kg，每亩施钾量（K_2O，下同）需25～30kg；梨树每亩产 3000～5000kg，每亩施钾量为 12～15kg；苹果成年果园每亩施钾量一般 20kg。

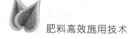

（三）施用方法

宽行作物（如玉米、棉花），不论作基肥或追肥，采用沟施、穴施比撒施效果好；而密植作物如小麦、水稻可以采取撒施。钾肥应适当深施在根系密集的土层内，既有利于作物吸收，又可减少因表土干湿交替引起钾的固定，提高钾肥利用率。

果树钾肥施用位置应放在树冠外围滴水线下的土壤。施用方法，幼年果树采用环状沟施入；成年果树采用条状沟施入；梯地台面窄，可挖放射状沟施入。沟的深度视根系分布情况而定，基肥宜深，追肥宜浅。

（四）在轮作周期中的分配

在钾肥充足时，每季施用适量钾肥较好。若钾肥数量有限，在南方三熟制地区，可将钾肥集中施于冬季作物。对于绿肥-稻-稻轮作制，可以将钾肥施于绿肥，能较大幅度提高绿肥产量，再以绿肥作水稻基肥。对于麦-稻-稻轮作制，也认为把钾肥施在冬作大麦上较为有利，一方面冬作大麦增产幅度较大，同时也能发挥钾肥的后效。各地试验认为晚稻钾肥增产效果比早稻好，在双季稻地区应重视晚稻施用钾肥。

五、钾肥的高效施用方法

（一）合理分配钾肥

根据不同地区土壤的供钾能力，作物需钾程度和钾肥肥效分配钾肥。在省、市、县、乡范围内应优先用于土壤缺钾的钾肥高效区、丰产区（丰产带、丰产方）和经济作物集中区，保证重点，以发挥钾肥的最大增产效果和经济效益。

土壤速效钾测定值小于作物临界值的土壤，以及丰产田、低湿、糊烂、紧实田为优先施用钾肥的土壤。

（二）确定优先施钾作物

根据不同作物增产效果和经济利益大小，选择优先施用的作物。如优先用于对土壤速效钾丰缺反应敏感的作物：马铃薯、甘薯、甜菜、果树、烟草、棉花、麻类、油料、豆类、豆科绿肥等。稻类中，矮秆高产良种水稻、杂交稻、杂交水稻及粳稻施用钾肥应优先于高秆

品种及籼稻；麦类中，大麦施钾应优于小麦。

（三）确定适宜的钾肥品种

根据作物和土壤特性，选用适宜的钾肥品种，以发挥更大的效益。一般稻麦类作物可施用氯化钾，而忌氯作物，特别是烟草施用硫酸钾。除盐碱土外，各类土壤都适合施用草木灰。

（四）确定适宜用量

根据土壤速效钾测定值和钾肥肥效相关性，以及作物目标产量，可采用地力分区（级）分配方法、目标产量分配方法和肥效效应函数法或通过电子计算机咨询施肥，因土因作物确定钾肥适宜用量。

含钾高的有机肥用量较大时，可相应地减少钾肥用量。钾肥有一定后效，前季施用过钾肥时，后季可少用。

（五）确定和其他肥料的适宜配比

钾肥不能代替氮肥和磷肥，只有在氮、磷肥充分供应的情况下，氮磷钾肥平衡协调，发挥正交互作用，才能获得较大的增产效果。

（六）确定合理的施用方法

保肥性较强的土壤，宜作基肥，只有在作物生育前期缺钾或氮素穗肥较多的情况下，可以氮钾配施作穗肥，以调节钾氮比，协调氮素代谢，促进作物高产；保肥性较弱的土壤，可分基肥和苗肥两次施用。作物生长遇到恶劣气候，需及时补充钾肥。

参 考 文 献

[1] 周健民，Magan H. 土壤钾素动态与钾肥管理. 南京：河海大学出版社，2008.
[2] 谢建昌. 钾与中国农业. 南京：河海大学出版社，2008.
[3] 涂书新，郭智芬，张平. 植物吸收利用钾素研究的某些进展. 土壤，2000（5）：248-252.
[4] 宗大辉，徐辉，李晓翠. 钾肥的作用及施用方法. 吉林农业，2007（5）：32-33.

第七章
中量元素肥料

钙、镁、硫是植物必需的营养元素，由于在植物体中含量低于碳、氢、氧、氮、磷、钾，而又高于微量元素，故常称为中量元素。植物生长过程中需要吸收相当数量的钙、镁、硫才能维持正常的生长发育。如果土壤中的钙、镁、硫供给不足，会引起植物代谢失调，最终影响其产量和品质。

第一节　土壤中的钙、镁、硫

一、土壤中的钙和镁

土壤中的钙，主要来自于辉石、角闪石、钙长石、磷灰石、方解石、白云石和石膏等含钙矿物。土壤中的镁，除了和钙共存于辉石、角闪石、白云石等矿物中外，还以橄榄石、黑云母、蛇纹石、绿泥石、蛭石等形式存在。土壤中的钙、镁含量主要取决于成土母质的矿物组成及土壤质地。在我国南方地区，由于高温多雨，风化作用强烈，矿物分解较为彻底，造成钙、镁元素的大量流失，除了石灰性土壤外，大多数土壤含钙量小于 $5g/kg$，含镁量为 $2\sim25g/kg$。而在我国西北和华北干旱或半干旱地区，风化与淋溶作用较弱，土壤中钙、镁含量很高，石灰性土壤中含钙量超过 200g/kg。

土壤中的钙和镁除了以矿物形态存在外，矿物风化作用释放出来的钙、镁离子，通过阳离子交换作用大部分被土壤胶体所吸附，成为交换性钙和镁。两种离子的饱和度达 90%～95%，其中交换性钙和镁离子的比值约为 (5:1)～(10:1)。交换态的钙、镁与土壤溶液中的钙、镁离子保持着动态平衡，对作物营养和土壤结构改良起着重要作用。

土壤溶液中钙、镁离子的浓度，一般变化于 2×10^{-4}～1.4×10^{-2} mol/L 之间。钙离子比镁离子含量高，一般情况下足以满足植物生长发育的需要。砂土地上种植的需镁较多的植物，则容易出现缺镁症状。南方酸性较高的土壤往往缺乏钙、镁，需要施用钙、镁肥料。

二、土壤中的硫

土壤中的全硫含量约 0.1～1.5g/kg，它主要来源于含硫矿物和施用含硫化学肥料，如硫酸铵、硫酸钾、过磷酸钙等。土壤中硫的存在形态有四种：①矿物中的硫，如黄铁矿、石膏等；②溶液中的硫酸根（SO_4^{2-}）及硫化物（S^{2-}）；③土壤胶体上吸附的 SO_4^{2-}；④有机质中所含的有机硫。在排水良好的旱地土壤中，一般不含硫化物，而且无机硫含量较高，占全硫量的 39%～62%。在高温多雨的南方地区，土壤中的无机硫分解淋失较多，而以有机态为主，有机硫占全硫量的 85%～94%。各种形态的硫在土壤中可以相互转化。植物能够吸收利用硫的形态为 SO_4^{2-}。土壤中有效硫的含量小于 16mg/kg 时，作物即不同程度地表现出缺硫的症状。一般来说，由花岗岩、砂岩发育而成的土壤，质地较轻，有效硫含量较低。长期淹水的土壤，当氧化还原电位小于零时，硫酸盐被还原成 H_2S 或 S^{2-} 会对植物产生一定的毒害作用。而在含铁丰富的土壤中，Fe^{2+} 和 H_2S 结合，生成 FeS，可减轻 H_2S 的毒害作用。

第二节　中量元素肥料（钙、镁、硫肥）种类及施用

钙、镁、硫肥可以为植物直接提供钙、镁、硫营养元素，还能调

节土壤酸碱度，改善土壤的理化性状。

一、钙肥

（一）钙的营养作用与缺钙症状

1. 植物体内钙的含量与分布

作物体内钙的含量一般占作物干重的 0.5%～3%。不同种类的作物之间，吸钙量存在着明显的差异。双子叶植物的吸钙量高于单子叶植物，如豆科作物、甜菜、油菜等吸收钙较多，而禾本科作物吸钙量较少。作物对钙的吸收，主要以离子（Ca^{2+}）的形态进入植物体内。根系从土壤中吸收后运输到地上器官，大部分积累在茎叶和树皮中，果实、籽粒中较少。

2. 钙的生理功能

钙在作物体内的生理功能主要有：

（1）钙是植物细胞壁的结构成分　钙与果胶酸结合形成果胶酸钙而被固定于中胶层中，可增强细胞之间的黏结作用。果胶酸钙又是细胞板的组成成分，缺钙时，细胞有丝分裂过程中不能正常地形成细胞板，子细胞无法分解成两个，就会影响细胞分裂，妨碍新细胞的形成。而导致生长点的死亡。

（2）维持和稳定细胞膜的结构　钙离子能降低原生质胶体的分散度，促使原生质浓缩，增加原生质的黏滞性，从而减少原生质膜的渗透性。钙与钾离子配合，能使原生质胶体保持正常状态，有利于细胞正常生命活动的进行。

（3）钙是许多酶的活化剂　钙是 α-淀粉酶的组成成分，直接影响植物体内糖类的代谢平衡。钙是硝酸还原酶的活化剂，缺钙时，硝酸还原成氨的过程受阻，从而影响植物的生长发育。还有 ATP 水解酶、脂肪水解酶、磷脂酶、精氨酸激酶等都以钙作为活化剂。

（4）钙能消除其他离子的毒害作用　Ca^{2+} 与 NH_4^+ 可以产生拮抗作用，消除土壤溶液中铵离子过多所造成的危害。Ca^{2+} 与 H^+、Al^{3+}、Na^+ 等也可产生拮抗作用，从而避免酸性土壤中的铝、氢离子和碱土中钠离子过多的危害。

3. 植株缺钙症状

钙在植物体内是一个不易移动的元素，不能从较老的组织中向幼嫩部位转移。所以缺钙时，幼叶、顶芽和根尖首先出现症状，主要表现为生长停止，植株矮小，未老先衰，幼叶卷曲而脆弱，叶缘发黄逐渐坏死，茎和根尖分生组织逐渐腐烂而死亡，不结实或结实很少。甘蓝、白菜、莴苣等还会因缺钙而导致硝酸在嫩叶内积累，使生长点萎缩，嫩叶边缘呈灼烧状，称叶焦病。番茄、西瓜、辣椒缺钙时，可发生脐腐病，幼果顶部出现圆形腐斑。芹菜缺钙易患黑心病和茎裂病，苹果缺钙则易患苦痘病。

（二）钙肥的种类、性质和施用

1. 钙肥的种类和性质

石灰是最主要的钙肥，包括生石灰、熟石灰、碳酸石灰三种。某些含有石灰质的肥料、工业废渣等，也可作钙肥使用。

（1）**生石灰**　又称烧石灰，主要成分为氧化钙（CaO），它是由石灰或含碳酸钙的物质（如贝壳）烧制而成，一般含 CaO 90%～96%。若用白云石烧制而成，则称为镁灰石，除含 CaO 55%～85% 外，还含有 MgO 10%～40%，兼有镁的营养功效。石灰石和白云石煅烧时的反应如下：

$$CaCO_3 \xrightarrow{\triangle} CaO + CO_2 \uparrow$$

$$CaMg(CO_3)_2 \xrightarrow{\triangle} CaO + MgO + 2CO_2 \uparrow$$

生石灰易溶于水，是石灰肥料中碱性最强的一种，中和土壤酸性的能力很强，可以在短期内调节土壤酸度。此外，生石灰还有杀虫、灭草和土壤消毒的功效。

（2）**熟石灰**　又称消石灰，其主要成分是氢氧化钙 [$Ca(OH)_2$]，含 CaO 70%左右，是由生石灰加水或吸湿而成。其反应如下：

$$CaO + H_2O \longrightarrow Ca(OH)_2 + 热能$$

熟石灰呈强碱性，较易溶解，是我国普遍使用的一种石灰肥料。它中和土壤酸度的能力也很强，但比生石灰弱，而比石灰石粉强。

（3）**碳酸石灰**　由石灰石、白云石或贝壳类经机械粉碎而成，主要成分为碳酸钙（$CaCO_3$），一般含 $CaCO_3$ 92%～98%。碳酸石灰的溶解度较小，中和土壤酸度的能力较弱但持久。目前我国有部分地区应用贝壳粉，而直接用石灰粉的还不多。

以上三种石灰肥料都属于碱性肥料，对土壤酸度中和能力的强弱，可用中和值来表示。如以纯 CaO 的中和效果为基准，按 $CaCO_3$ 的摩尔质量为 $100g/mol$，则 CaO 为 $56g/mol$，即 100kg $CaCO_3$ 中和酸的能力相当于 56kg CaO，或者说 100kg CaO 相当于 $\frac{100}{56} \times 100 = 179kg$ $CaCO_3$，按此类推，常见石灰肥料的中和值见表 7-1。

表 7-1 石灰肥料的中和值

石灰物质	中和值/%
CaO	179
$Ca(OH)_2$	136
$CaCO_3$	100
$CaMg(CO_3)_2$	109
$CaSiO_3$	86

除以上几种石灰肥料外，硝酸钙、氯化钙、磷酸一钙等也可用于根外追肥和营养液钙源。钙镁磷肥、钢渣磷肥、窑灰钾肥、草木灰以及一些含钙的工业废弃物等都可视具体情况作为钙肥施用。

2. 钙肥的有效施用

适量地施用石灰肥料可以起到中和土壤酸度、增加钙素营养、减少病虫危害和杂草等作用，但是，如果施用量过多，也会带来不良后果，造成土壤结构破坏、有机质迅速分解、地力下降，影响作物正常的生长发育。影响石灰肥料用量的因素主要有以下几个方面：

（1）**作物种类** 各种作物生长与土壤反应有密切的关系，pH 值过高或过低都会影响作物的产量和品质。主要作物生长最适 pH 值见表 7-2。

因此，石灰用量的多少应根据作物的耐酸性来确定。有些作物，如菠菜、番茄和梨树、杏树，对土壤酸性反应比较敏感，可多施石灰，而甘蔗、甜菜、油菜、水稻等中等耐酸的作物，则应少施，对耐酸性较强的作物，如茶树、马铃薯、柑橘等，一般不施。尤其是茶树，

表 7-2　作物生长最适 pH 值范围

对酸性反应敏感的作物 （pH 6～8）		适应中性反应的作物 （pH 6～7）		适宜酸性反应的作物 （pH 5～6）	
番茄	6.0～8.0	甜菜	6.5～7.5	菠萝	5.0～6.0
菠菜	6.0～8.0	油菜	5.8～6.7	柑橘	5.5～6.5
苹果	6.0～8.0	桑	6.0～7.0	西瓜	5.0～6.0
梨树	7.0～8.0	豌豆	6.0～7.0	肥田萝卜	4.8～7.5
核桃	6.0～8.0	水稻	5.5～6.5	马铃薯	4.8～5.5
桃树	6.0～8.0	甘蔗	6.2～7.0	茶树	4.0～5.5
李树	6.0～8.0	葡萄	5.5～7.0	亚麻	5.0～6.0
杏树	6.0～8.0	甘薯	6.0～7.0	花生	5.6～6.0

其根系能分泌较多的苹果酸、柠檬酸、草酸、琥珀酸等有机酸盐类，对土壤酸性有较强的缓冲能力，是典型的耐酸作物，如果施石灰，反而会影响它的生长。

（2）土壤条件　一般红壤、黄壤和锈水田酸性强，铁铝含量高，固磷能力强，施用石灰可降低酸度，消除铁、铝危害，效果较好，应多施。若土壤 pH 值为 6 左右，每亩施石灰 50kg；pH 值为 5 左右时，可每亩施石灰 75kg，如果土壤呈微酸性或中性，可不施石灰。土壤质地黏重、耕层深厚时应多施，每亩用量 75～100kg，而耕层浅薄的砂质土壤则应少施，每亩用量 50～75kg。旱地或干旱季节土壤水分含量低，石灰不易溶解，与土壤反应较慢，所以，旱地要比水田多施，旱季要比雨季多施。

（3）肥料性质　熟石灰质地较细，含钙量较高，中和土壤酸度能力较强，见效较快，用量可适当少些。石灰石粉颗粒较粗，含钙量较低，中和土壤酸度的效果比熟石灰慢，且不易与土壤混合均匀，用量应适当多些。

（4）施用方法　中和整个耕层的土壤酸度时，可撒施，且用量应适当多些；如果仅仅为了供给土壤的钙素营养，则宜条施或穴施，用量应适当少些。如果和其他生理酸性肥料或有机肥料配合施用，其用量应适当多些；而与钙镁磷肥、草木灰等碱性肥料混施时，其用量则应适当少些。

石灰的施用方法和施用时期，应根据不同的情况而定。由于作物的钙素营养较早，所以应早施为宜。石灰碱性强，施用时应尽量均匀一致，防止局部土壤碱性过强，影响作物生长。石灰既可作基肥，也可作追肥施用。作基肥时应结合施用有机肥料及绿肥压青进行，撒施均匀，翻耕，使之与土壤混匀。作追肥施用时，应结合中耕进行。

为了更好地发挥石灰的增产作用，施用时最好配合其他肥料，如磷、钾、硼、镁肥料等。施用石灰时要切忌与铵态氮肥或腐熟的有机肥料混合施用，以免引起氨的挥发。

二、镁肥

（一）镁的营养作用与缺镁症状

1. 植物体内镁的含量与分布

作物体内镁（Mg^{2+}）的含量约占干物重的 $0.05\% \sim 0.7\%$。通常豆科作物比油料作物含镁量多，而禾本科作物含量较少。同一作物不同器官镁的含量也不同。种子中含镁量最多，茎叶次之，而根中较少。在作物营养生长期，镁大部分存在于叶片中，且幼嫩叶片比成熟叶片含量高，到结实期镁则逐渐转移到种子中。

2. 镁的生理功能

（1）镁是叶绿素、植素的组成成分　镁是叶绿素分子的组成成分，存在于叶绿素分子结构的卟啉环中间，叶绿素 a 和叶绿素 b 含镁量约 2.7%，约占叶片重的 10%，供镁不足，叶绿素含量减少，叶片发黄，直接影响光合作用的效率。植素含镁量约 7.5%，可促进作物早熟，直接影响种子的发育。

（2）镁是许多酶的活化剂　镁可以活化植物体内的几十种酶，如磷酸化酶、磷酸激酶、果糖激酶、某些脱氢酶和烯醇酶等都要由 Mg^{2+} 来活化。因此，镁能促进糖酵解、三羧酸循环、磷酸化、脱羧化作用，有利于作物体内的糖类转化和磷素的吸收、运转、同化，提高磷肥的使用效果。

（3）镁参与蛋白质和核酸的合成　镁通过活化谷氨酰胺合成酶参与了谷氨酸和谷氨酰胺的合成过程。在氨基酸活化、转移、合成为多肽的过程中，镁也是不可缺少的。因为镁能够活化 RNA 聚合酶，而参与 RNA 的合成过程。

（4）镁参与脂肪的合成　Mg^{2+}可使乙酸、ATP和辅酶A形成乙酰辅酶A，再由乙酰辅酶A进一步合成脂肪酸、脂肪。因此，油料作物施用镁肥可以提高其含油量。

3. 植株缺镁的症状

镁以离子形态（Mg^{2+}）被作物吸收后，在作物体内较易移动。缺镁时先表现在下部老叶上。先是叶脉间失绿，甚至呈黄色或白色，叶脉仍保持绿色。严重时，整个叶片发黄或发亮，还会出现大小不一的褐色或紫色的斑点或条纹。随着症状的发展，逐渐扩展至老叶的基部和幼叶。缺镁时，植株开花明显受到抑制，果实小，产量低，还会导致橄榄、核桃、柿等果树品质下降。缺镁的指示果树为醋栗、树莓、苹果等。

（二）镁肥的种类、性质和施用

1. 镁肥的种类和性质

常用的镁肥有硫酸镁、氯化镁、碳酸镁、氧化镁、白云石粉等。另外，钙镁磷肥、硼镁肥、钾镁肥等都可用来补充镁。有些复合肥料也含有镁素。这些镁肥的成分和性质见表7-3。

表7-3　镁肥的成分和性质

名称	化学成分	含镁量/%	主要性质
硫酸镁	$MgSO_4 \cdot 7H_2O$	9.6～9.8	易溶于水，呈酸性
氯化镁	$MgCl_2$	25.6	易溶于水，呈酸性
碳酸镁	$MgCO_3$	28.8	微溶于水，呈中性
硝酸镁	$Mg(NO_3)_2$	16.4	易溶于水，呈酸性
氧化镁	MgO	55.0	不溶于水，呈碱性
钾镁肥	$MgSO_4 \cdot K_2SO_4$	7～8	易溶于水，呈碱性
磷酸镁铵	$MgNH_4PO_4$	14.0	微溶于水
白云石粉	$CaCO_3 \cdot MgCO_3$	11～13	微溶于水，呈碱性
钙镁磷肥	$Mg_3(PO_4)_2$	9～11	难溶于水，呈碱性
光卤石	$KCl \cdot MgCl_2 \cdot 6H_2O$	8.7左右	微溶于水，近中性

2. 镁肥的有效施用

近年来，随着农业生产的发展，复种指数和产量不断提高，镁肥料的大量施用，导致土壤中镁的过度消耗，加剧了土壤中镁的缺乏，使作物的缺镁状况日益增加，已引起国内外的普遍重视。根据杜承林等在红壤上的肥料试验结果来看，在施用氮、磷、钾肥的基础上，配施镁肥对各类作物均有不同的增产效果，影响镁肥肥效的因素主要有以下几个方面：

（1）作物的种类 不同作物对镁的需求不同，因此对镁肥的反应各异，作物对镁的需要量表现为：经济林木和经济作物＞豆科作物＞禾本科作物。蔬菜作物中果菜类和根菜类吸镁量一般比叶菜类大的多。豆科和油料作物施用镁肥，可提高产量和含油率。甘薯、马铃薯施镁肥增产作用比较显著。甘蔗、甜菜、柑橘施镁肥可以提高含糖量。橡胶树施用镁肥能增加乳胶产量，改善品质。

（2）土壤条件 镁肥的施用效果与土壤供镁水平密切相关。作物吸收的镁主要是水溶性镁和交换性镁。土壤中水溶性镁含量很少，一般以交换性镁含量作为土壤供镁水平的指标。目前我国缺镁的土壤主要分布在南方各省，以片麻岩、花岗岩和浅海沉积物发育的土壤交换性镁含量最低，平均低于 40mg/kg。其次为玄武岩、第四纪红土、砂页岩和第三纪红砂岩发育的土壤，一般在 50～100mg/kg。当交换性镁含量小于 50mg/kg 时，施用镁肥的增产效果较好。

一般在酸性砂土、高度淋溶和阳离子交换量低的石灰性土壤或过量施用石灰或钾肥的酸性土壤，常发生缺镁病症。这种情况下，施用镁肥效果很好。若缺镁的土壤中施用铵态氮肥，由于 NH_4^+ 对 Mg^{2+} 有拮抗作用，将会加剧缺镁的程度。配施硝态氮肥（NO_3^-）可促进 Mg^{2+} 的吸收。在含镁量高的土壤上，镁肥的施用效果较差。

（3）施肥方法 酸性土壤上应选用碳酸镁、白云石粉等难溶性肥料。因为这些难溶性肥料能中和酸，而土壤酸度又能促使其溶解，而且后效较长，一次施入可供几季作物吸收利用。中性或碱性缺镁的土壤上，宜选用水溶性镁肥，作物容易吸收，见效快。

镁肥可作基肥和追肥，施用量视作物种类和土壤缺镁程度而定，不宜过多，以免淋失，一般可每亩施硫酸镁 10～15kg，果树每株 0.25kg。在作物生育初期，由于根系发育较差，吸收能力较弱，对镁反应敏感，因此苗期施镁效果较好。硫酸镁还可以根外追肥，喷施浓度以 1%～2% 为宜。苹果若出现缺镁症状，可在开始落花时，喷洒 2% 硫酸镁，每隔半月喷洒一次，连续 3～5 次，可收到良好的效果。

三、硫肥

（一）硫的营养作用与缺硫症状

1. 植物体内硫的含量与分布

作物体内硫的含量约占干物重的 0.1%～0.5%，平均为 0.25% 左右。作物体内含硫量与含磷量相近。不同种类的作物之间，需硫量存在着明显的差异。十字花科、百合科、豆科等作物需硫较多，而禾本科作物需硫较少，油菜子含硫 1%，大豆含硫 0.5% 左右，禾谷类作物仅为 0.15% 左右。作物所需的硫，主要是从土壤中吸收的硫酸根离子（SO_4^{2-}），然后运输到地上器官，大部分贮藏在作物的种子中，其次是叶片和茎，根中含量较少。

2. 硫的生理功能

（1）硫是蛋白质的组成元素 一般蛋白质含硫 0.3%～2.2%。蛋白质中有三种含硫的氨基酸，即胱氨酸、半胱氨酸和蛋氨酸。如果供硫不足，就要影响蛋白质的合成，导致不含硫氨基酸和酰胺的积累影响作物的生长。

（2）硫是许多酶的成分元素 如磷酸甘油醛脱氢酶、苹果酸脱氢酶、α-酮戊二酸脱氢酶、脂肪酶、羧化酶、氨基转移酶、脲酶、磷酸化酶等都含有—SH，这些酶不仅参与植物的呼吸作用，而且与糖类、脂肪和氮代谢都有密切关系。

（3）硫是某些生理活性物质的组成成分 如硫胺素（维生素 B_1）、硫胺素焦磷酸（简称 TPP）、生物素（维生素 H）、辅酶 A、乙酰辅酶 A 和谷胱甘肽（简称 GSH）等都是含硫的有机化合物。适宜浓度的维生素 B，能促进根系的生长，硫胺素焦磷酸是丙酮酸氧化酶系统的辅酶，能促进丙酮酸和 α-酮戊二酸的氧化脱羧反应，其反应如下：

$$CH_3COCOOH + CoA—SH \xrightarrow{TPP} CH_3CO—SCoA + CO_2$$

乙酰辅酶 A

乙酰辅酶 A 除了参加三羧酸循环促进有氧呼吸外，还可以形成脂肪酸，参与脂肪代谢，所以油料作物施用硫肥能提高含油量。

（4）**硫参与氧化还原反应**　作物体内的半胱氨酸、胱氨酸、谷胱甘肽等化合物的分子结构中都含有—SH，能调节体内的氧化还原反应。

（5）**硫是固氮酶系统的组成部分**　固氮酶的钼铁蛋白和铁蛋白两个组分中均含有硫，因此硫是豆科作物固氮作用所必需的。施用硫肥能促进豆科作物根瘤的形成，增加固氮量。

（6）**硫是作物体内某些特殊物质的组成成分**　如十字花科的油菜、萝卜、甘蓝等种子中含有芥子油，百合科的葱蒜类中含有蒜油。芥子油和蒜油均属硫酯化合物，这种化合物有特殊的辛香气味，具有很高的营养和药用价值，它可以增进食欲，预防和治疗某些疾病。

3. 植株缺硫的症状

作物体内硫的移动性不大，很少从老组织向幼嫩组织转移，缺硫时植株顶端及幼芽受害较早，叶片均匀褪绿或黄化，株形矮小，茎枝纤弱，根系细长，与缺氮症状有些相似。同时，开花结实期推迟，结实率低，果实小。

（二）硫肥的种类、性质和施用

1. 硫肥的种类与性质

（1）**石膏**　石膏是最主要的硫肥，也可作为碱土的化学改良剂。农用石膏有生石膏、熟石膏和含磷石膏三种。

生石膏就是普通石膏，由石膏矿石经机械粉碎而成，其化学成分为 $CaSO_4 \cdot 2H_2O$，白色粉末，微溶于水，含硫为 18%。

熟石膏也称为雪花石膏，由生石膏加热脱水而成，其化学成分为 $CaSO_4 \cdot \frac{1}{2}H_2O$，纯白色粉末，容易吸湿变成普通石膏而成为碎块或大块，所以应干燥存放。

含磷石膏是硫酸法分解磷矿石制取磷酸的残渣，或是生产磷酸铵类复合肥料的副产品。含 $CaSO_4 \cdot 2H_2O$ 约 64%，含磷较少，其 P_2O_5 含量约为 0.7%～3.7%，平均为 2% 左右。近年来，由于磷酸铵的大量生产，磷石膏的产量迅速增加，1995 年年产量达 2500 万吨。由于磷石膏价格低廉，作为普通石膏的替代品，可节省开支，减少环境污染，因此，有广阔的利用前景。

（2）硫黄　即元素硫，一般含硫量为 $60\%\sim80\%$。硫黄施入土壤后须经硫化细菌氧化为硫酸才能被植物吸收，在土壤中后效较长。但由于我国硫矿资源不多，且在工业上有更重要的用途，一般硫黄不专作肥料施用。

（3）其他含硫肥料　含硫肥料种类较多，除硫黄、石膏在生产上当作肥料施用外，其他如过磷酸钙、硫酸铵、硫酸钾等均含有硫，也可以补充土壤的硫素养分。各种硫肥的成分和含硫量见表 7-4。

表 7-4　含硫肥料的成分与含硫量

肥料名称	主要成分	S/%	肥料名称	主要成分	S/%
生石膏	$CaSO_4 \cdot 2H_2O$	18.6	硫酸锰	$MnSO_4 \cdot 3H_2O$	15.6
石膏	$CaSO_4$	23.5	硫黄	S	$80\sim100$
硫酸铵	$(NH_4)_2SO_4$	24.2	亚硫酸氢铵	NH_4HSO_3	$17\sim32$
硫酸钾	K_2SO_4	17.8	硫代硫酸铵	$(NH_4)_2S_2O_3$	$26\sim43$
硫酸镁	$MgSO_4 \cdot 7H_2O$	13	硫硝酸铵	$(NH_4)_2SO_4 \cdot NH_4NO_3$	$12\sim15$
硫酸铜	$CuSO_4 \cdot 5H_2O$	12.8	过磷酸钙	$Ca(H_2PO_4)_2 + CaSO_4$	12.4
硫酸锌	$ZnSO_4 \cdot 7H_2O$	11.1	硫酸亚铁	$FeSO_4 \cdot 7H_2O$	11.5

2. 石膏肥料的作用

（1）改良碱土　石膏常用来改良碱土，碱土的主要特点是土壤溶液中含有大量的碳酸钠和碳酸氢钠，土壤胶体上钠离子饱和度在 $10\%\sim20\%$ 之间，使土壤胶体呈分散状态，干时板结，湿时泥泞，物理性状极差。通透性不良，影响作物生长。碱土施用石膏，能与土壤中的碳酸钠和碳酸氢钠发生化学反应，生成易溶的硫酸钠，结合灌排水措施，可消除土壤碱性，同时也增加了土壤中的钙离子，可促使胶体发生凝聚，利于形成土壤结构。其化学反应如下：

$$Na_2CO_3 + CaSO_4 \longrightarrow CaCO_3 + Na_2SO_4$$

$$NaHCO_3 + CaSO_4 \longrightarrow Ca(HCO_3)_2 + Na_2SO_4$$

$$[土壤胶体]2Na + CaSO_4 \longrightarrow [土壤胶体]Ca + Na_2SO_4$$

石膏用量的多少决定于土壤胶体上交换性钠的含量和土壤总碱

度。当土壤交换性钠的含量占阳离子交换量的 5％以下时，对作物无害，一般不需要施用石膏；如果含量在 10％～20％，就需要施用适当的石膏；含量超过 20％，必须施用石膏进行改良。

石膏施用量的计算公式如下：

$$D=\frac{m(\text{Na})-0.05T}{1000}\times\frac{1.72}{2}\times7500d=(\text{Na}-0.05T)\times6.45d$$

式中　D——每亩石膏施用量，kg；

$\quad m(\text{Na})$——土壤交换性钠，cmol/kg；

$\quad\quad 0.05$——土壤交换性钠离子占阳离子代换量的 5％；

$\quad\quad T$——土壤阳离子的交换量，cmol/kg；

$\quad\quad 1.72$——每厘摩尔 $CaSO_4\cdot2H_2O$ 的克数；

$\quad\quad 7500$——每亩 1cm 土层土壤重量，kg（按每亩耕层 20cm 厚，土重 15 万千克计）；

$\quad\quad d$——耕作层中碱化层的厚度。

施用石膏时，应先把石膏均匀撒在田面，然后深翻，以破坏碱化层，使石膏与土壤混合，再灌水泡田，把形成的硫酸钠排洗出去。在灌溉条件较差的地方，应在雨季来临之前施用石膏，借雨水脱碱，从而达到改土的目的。

（2）增加作物营养　在中性和酸性土中施用石膏，可供给作物生长所必需的硫和钙，并通过钙离子的代换作用，使土壤溶液中的阳离子增多，从而改善作物营养条件。豆科作物既喜钙又喜磷、硫，施用石膏增产效果较好。

3. 硫肥的有效施用

合理施用硫肥，应根据作物的营养特性、土壤条件、肥料的种类和施用技术等几方面进行综合考虑。

（1）作物的营养特性　不同作物对硫的需要量不同，十字花科、蔬菜、油料和豆科等作物需硫较多，施用硫肥效果较好。江苏省农科院多点试验结果证明，花生每亩施用石膏 15～25kg，可增荚果 10％～30％，平均每千克石膏增产荚果 1kg 左右。据国外研究报道，大豆施用硫肥，不仅可以提高产量，还可改善品质，当每盆施硫量由 10mg/kg 增加到 20mg/kg 时，大豆蛋白质含量比不施的提高 2.4％～5.0％，胱氨酸、蛋氨酸及赖氨酸分别增加 5％、2.23％、

0.16％左右。

（2）土壤有效硫的含量　缺硫的土壤上施用硫肥效果比较好。在福建省西北区一些冷烂田、返浆田，由于土壤中硫和钙养分不足，在水稻插秧后常发生返青分蘖慢，禾苗不长而引起"发僵"，每亩施用5kg的石膏，配合其他肥料作追肥，能促使稻苗返青，增加分蘖成穗率，一般可使水稻增产10％左右。此外，浙江的红壤性水稻土、江西省的"返黄田"，施用硫肥都有明显的增产效果。

（3）肥料的种类　对于不溶性硫肥春季施用比秋季好，因为SO_4^{2-}的淋溶实际上发生在冬季的几个月；而对难溶性硫肥应于秋季施用，这样保证硫肥有充足的时间进行氧化或有效化。

（4）施用技术　作为碱土改良剂施用的石膏，应撒施结合耕翻和排灌进行，用量较大。旱地基肥，可在播种前结合耕耙施于土层一定的深度。作追肥时可穴施或沟施，基、追肥每亩用量15～25kg。硫肥也可作种肥，如蔬菜、花卉、水稻等在移栽时，每亩2～3kg作蘸根施用。

第三节　中量元素肥料（钙、镁、硫肥）的高效施用技术

在施肥技术方面，要根据土壤、植物、气象条件，进行合理施肥。俗话说："要看天、看地、看庄稼。"看天，就是看天气条件适合不适合当前进行施肥；看地，就是看土壤缺不缺肥料；看庄稼，就是看庄稼是否需要，如果在临界期和最大效益期就要抓紧施肥，不能缺乏，否则会影响作物生长发育，并且会影响到产量和品质。

一、根据气象条件施肥

在南方降雨季节施肥会引起肥料流失，肥效降低；特别干旱时施肥后，要结合灌水，避免土壤溶液浓度过大，引起烧苗现象。

二、根据土壤供肥能力的大小合理施肥

把肥料施入严重缺乏该元素的土壤中；一般北方石灰性土壤富含碳酸钙，不缺钙、镁元素，应把钙镁肥施入南方酸性土壤中。

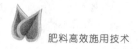
三、根据作物需肥特性合理安排肥料的种类和数量

作物在不同生育时期对肥料的吸收速率和数量不同，要根据作物生理特性、丰缺程度合理施肥；在作物生长需肥的临界期和最大效率期施肥，能显著提高肥料利用率和提高作物产量和品质。把钙肥施在喜钙的作物上，如：豆科作物、甜菜、油菜等吸收钙较多的作物，双子叶植物吸收钙比单子叶植物多，辣椒及果树上缺钙在这些植物的果实上会出现苦痘病，如辣椒苦痘病、苹果苦痘病、橘子苦痘病。把镁肥施在喜镁的作物上，如：豆科类作物喜镁；把硫肥施在忌氯和喜硫的作物上，如：十字花科、百合科、豆科等作物。可作追肥、种肥或蘸秧根。蔬菜、花卉、水稻等在移栽时，每亩 $2\sim3kg$ 作蘸根施用。

参 考 文 献

［1］ 蔡良．钙肥综述．磷肥与复肥，2000，15（6）：69-71.
［2］ 汪洪，褚天铎．植物镁素营养诊断及镁肥施用．土壤肥料，2000（4）：4-8.
［3］ 王玮，江玲，马小伟．论硫肥的科学施用．山西科技，2012，27（5）：127-128.

第八章
微量元素肥料

第一节　微量元素肥料的特性

一、微量元素与大量元素肥料的关系

微量元素是针对大量元素和中量元素而言的相对概念，是指在土壤中的含量及其可给性很低，以及动植物对它们的需要量很少的一类营养元素，称为微量元素。以含有微量元素为主的物质做肥料就称为微量元素肥料。微量元素和大量元素都直接参与植物的营养和代谢过程。它们对动植物的营养和代谢是同等重要的，不可互相代替的，有互促和制约的关系。微量元素肥料和大量元素肥料之间的相互关系也是如此。微量元素肥料的施用，要在大量元素肥料的基础上才能发挥其肥效。缺乏任何一种微量元素都会使作物生长发育不良，产量下降，严重缺乏时，会造成死亡。同时，在不同的大量元素水平下，作物对微量元素的反应不同，当大量元素肥料施用量增加以后，作物对微量元素的吸收数量也会相应增多。如果这时补充微量元素肥料就可以促进大量元素的吸收利用。大量元素肥料施用不合理也会诱发微量元素的缺乏，需要通过施用相应的微肥去解决。例如过量施用磷肥会

诱发缺锌。但若企图减少大量元素肥料的施用量，而只靠增施微量元素肥料来获得高产，也是错误的。因此，在农业生产中必须协调好微量元素肥料和大量元素肥料的关系，合理配合，合理施用才能充分发挥它们的肥效。

二、微量元素肥料的种类

微量元素肥料的种类很多，一般按植物所必需的微量营养元素种类可分为：硼肥、锌肥、锰肥、铁肥、钼肥、铜肥、多元微肥等。按形态分，国内常见的微肥种类有：

（一）无机态微肥

无机态微肥包括易溶性和难溶性微肥两种，前者如硫酸盐、硝酸盐、氯化物、硼酸盐和钼酸盐等，多为固体的速效性微肥。适于多种施肥方式，既可直接施入土壤作基肥和追肥，也可喷施作跟外追肥或用于浸种和拌种，植物能及时吸收利用；后者如磷酸盐、碳酸盐、氯化物、各种含微量元素的矿物以及含有微量元素的硅酸盐玻璃肥料等，这些微肥均属于缓效性肥料，其中的微量元素养分释放慢，只适于施于土壤作基肥。

（二）有机螯合态微肥

有机螯合态微肥是用一种合成或天然的有机螯合剂与微量元素离子螯合而成的一类肥料，如 EDTA-Zn，腐殖酸铁、尿素铁和含微量元素的木质素磺酸螯合物等。施入土壤后不易被土壤固定，提高了微肥的有效性，也可用于喷施，植物能吸收整个分子的螯合物，并将微量元素离子用于物质的代谢，其效果常较无机态微肥好。但螯合态微肥生产成本高。

微量元素肥料由于用量少，施用不便，可将一种或多种微量元素在常量元素肥料或复合肥料制造过程中加入，或机械混合，制成复混态微肥，既能施用均匀，同时能满足作物对常量和微量元素的需要。有些微肥新品种，如包衣微肥、叶面肥、激素微肥等。

三、作物对微量元素的反应

作物种类不同，需肥特性也不同，对微量元素的需要量也不一样。如豆科作物和十字花科作物对微量元素的需要量大于禾本科作物，对微量元素肥料也有较好的反应。不同作物对微量元素反应的敏感性也不一致，如豆科作物对钼肥反应敏感，施用钼肥肥效明显；铜肥对小麦，锌肥对玉米、水稻有较好的肥效反应。即使同一作物不同品种之间，对微量元素肥料也有不同的反应，如油菜作物，甘蓝型品种需硼量大于白菜型和芥菜型，一些优质油菜品种对硼肥的需要量更大，反应也更敏感。因此，当土壤缺乏某种微量元素时，对微量元素敏感的作物种类或品种首先表现出缺素症状。此时施用该微肥的增产效果最为显著。

各种作物对微量元素缺乏的敏感性是由其营养基因型决定的。不同作物根系在吸收微量元素的过程中，根际环境条件如酸碱度、氧化还原电位、分泌物等都是各不相同的，它们对微量元素的有效化的影响也不一样，这就使得各种作物对微量元素的反应就不同。

四、微量元素肥料对植物-动物-人类之间食物链的调节作用

植物所必需的微量元素锌、锰、铜、铁也是人和动物所必需的。在正常情况下，动物所必需的微量元素是从植物或植物性产品中摄取的，人类所必需的微量元素是从植物性食品和动物性食品中摄取的，于是植物-动物-人类之间就构成一个食物链。土壤中微量元素的缺乏或过多，或者不适当的施用微肥，对动物和人类都会产生不良影响。例如我国北方 pH 值大于 7 的土壤都普遍缺锌，而在这类土壤上生产出来的植物锌含量就低，这样也会使动物出现缺锌症状。这样植物性食物和动物性食物同时都会缺锌，必然会导致人缺锌。在这种情况下有计划的施用锌肥，既能促进农业和畜牧业的发展，又能提高人类的健康水平，从而调节食物链中锌的正常循环与平衡。

在钼矿地带的土壤中，钼的含量过多往往会使植物和反刍动物中毒（钼中毒病）。在这些地区，可给牧草（或其他饲用植物）施用铜肥（硫酸铜）来预防钼中毒，因为铜与钼之间有拮抗作用，铜可起到减少植物对钼的吸收，又可减少动物对钼的摄取的作用。

食物链中微量元素的平衡问题愈来愈受到重视，农业、畜牧业、医药学、环境科学、遗传学、细胞学等诸学科从各自的学科角度正在

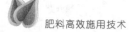

进行新的探索和研究，其目的是发展农业和畜牧业的生产力，走农业可持续发展的道路，把人类健康提高到一个新的水平。

第二节　微量元素肥料的种类及合理施用

微量元素肥料的种类很多，一般按植物所必需的微量营养元素种类可分为：硼肥、锌肥、锰肥、铁肥、钼肥、铜肥、多元微肥等。

农作物对这些元素需要量极小，但却是生长发育所必需的。近些年来，随着大量元素肥料的成倍使用，产量大幅度提高，加之有机肥料投入比重下降，土壤缺乏微量元素状况随之加剧着。但不同质地、不同作物对微量元素的需求，存在着差异。因此，我们必须结合实际，合理应用。

一、根据土壤丰缺情况和作物种类确定施用

一般情况下，在土壤微量元素有效含量低时易产生缺素症，所以采取缺什么补什么的原则，才能达到理想的效果。同时不同的蔬菜种类，对微肥的敏感程度不同，其需要量也不一样。如白菜、油菜、甘蓝型蔬菜、萝卜等对硼肥敏感，需求量大；豆科和十字花科蔬菜对钼肥敏感；豆科类、番茄类、马铃薯、洋葱等对锌肥敏感等等，稀土微肥在所有蔬菜上使用都有显著效果。

二、根据缺素症状对症施用

缺硼幼叶畸形、皱缩，叶脉间不规则退绿，生长点死亡；缺铜新生叶失绿，叶尖发白卷曲；缺铁新叶均匀黄化，叶脉间失绿；缺钼中下部老叶失绿，叶片变黄，叶脉肋骨状条纹；缺锰叶脉间失绿黄化，或呈斑点黄化；缺锌中脉间失绿黄化或白化。

三、微肥在农作物上的使用方法

1. 基肥底施

此法适用于严重缺素的土壤。将微肥与有机肥混匀，整地时翻入土壤内，以减少土壤的固定，一般每亩用量为硼肥 0.5kg，硫酸锌 1～2kg，硫酸锰 1～3kg，钼肥 10～25g，硫酸铜 1.5～2kg。

2. 种子处理

①浸种。先将微肥用水稀释好，后将种子投入微肥液中，使种子吸收肥液而膨胀，在浸种过程中，必须经常翻动种子，使种子吸收均匀，常用的浸种浓度和时间为：硼肥以 0.05% 的硼肥溶液浸 4～6h，钼肥以 0.05%～0.1% 的钼酸铵溶液浸 12h；锌肥以 0.05% 的硫酸锌溶液浸 12～24h；锰肥以 0.1% 的硫酸锰溶液浸 8～12h；稀土微肥以 0.03%～0.1% 的硝酸稀土溶液浸 2～10h。②拌种。先用少量水将微肥溶解，配成高浓度的肥液，然后用干净喷雾器将肥液喷洒在种子上，边喷边拌，使种子表面都沾有一层肥液，待种子吸足并阴干后即可播种。各种微肥拌种的用量，一般按每千克种子用量为硼砂 2～6g；钼酸铵 2～4g，硫酸锰 8～15g；硫酸锌 4～6g，硫酸铜 4～6g，稀土 2～4g。

3. 叶面喷洒

既经济，见效又快，是微肥在蔬菜上常用的施肥方法。通常硼砂或硼酸为 0.1%～0.25%，钼酸铵为 0.02%～0.05%，硫酸锌为 0.05%～0.2%，硫酸锰为 0.05%～0.1%，硫酸铜为 0.02%～0.04%，硫酸亚铁为 0.3%～0.5%，硝酸稀土为 0.03%～0.1%。对敏感蔬菜和缺素土壤宜多喷，每次喷洒以茎叶沾湿润为宜，并宜选择晴天黄昏喷洒，尽可能延长肥液在蔬菜叶片上的湿润时间，增强吸肥效果。实践当中根据需要将几种微肥混合喷洒或与其他肥料及农药混喷，以达到肥料互补、互促作用，以及省工多效效应。但须事先经过少量混合，观察有无浑浊、沉淀、冒气泡等不良反应，若有则不能混用，以免造成浪费和副作用。

农民朋友在耕种的过程中，总认为给农作物大量使用微肥就能夺高产，其实不然，微量元素化肥是根据不同作物或作物在不同生长期的需要而开发生产的，微肥必须有针对性地使用才能收到良好的效果。下面特将常用微肥的高效使用技术介绍如下。

浸种（拌种）微肥的选用：

微肥用作浸种时，须先将微肥溶解成一定浓度的水溶液，然后将种子浸泡其中，即可借用种子吸水膨胀的生理机能将微量元素吸入种子体内，晾干后即可播种。常用作浸种的微肥及使用方法是：①锌肥

肥料高效施用技术

浸种。用锌肥浸种时浓度为0.02%～0.05%，以种子浸泡均匀为准；用于水稻浸种的浓度为0.1%，浸泡时间为24h。拌种时以每千克种子拌2～6g锌肥为宜。②钼肥浸种。拌种时，每千克种子可用钼肥1～2g，搅拌均匀；浸种时的浓度为0.05%～0.1%，浸泡12h。③锰肥浸种。拌种时，每千克种子可使用锰肥2～4g；浸种的浓度为0.05%～0.1%。④铜肥浸种。拌种时，每千克种子可使用铜肥0.6～1.2g；浸种浓度0.01%～0.05%为宜。

浸根微肥的选用：

微肥用作农作物的浸根方法是先将微肥溶解成一定浓度的水溶液，然后把作物植株根部浸泡其中，让微量元素通过根部进入植株体。硼肥是常用的浸根微肥，浸根时的浓度以0.01%～0.1%为宜。

用作基肥微肥的选用：

微肥是作物生长不可或缺的元素。将微肥用作基肥时，可将一定微肥与细干土（或细渣肥）混合，于作物栽种前结合翻耕整地施入地里。锌肥用作基肥时每亩用量为1～2.5kg；锰肥作基肥时每亩用量为1～2kg为宜。须注意的是，由于微肥一般用量少，使用时不宜深施，应根据作物的需肥特点适时适量地使用。

用作追肥微肥的选用：

将微肥与细土等混合或按比例加水，于作物生长期中施入土中。水田中使用时可与细土拌后撒施（或兑水后泼施）；旱地施用时一般是加入干粪（或粪水中）再施用，沟施、条施均可。锌肥用作追肥时，每亩用量以1～1.2kg为宜。

叶面喷施微肥的选用：

微肥最常用的方法是与水配制成一定浓度的溶液进行叶面喷施。锌肥的叶面喷施浓度为0.1%～0.2%，每亩用量（药水）约为25～50kg；钼肥的叶面喷施浓度为0.05%～0.1%；锰肥的叶面喷施浓度为0.05%～0.1%（每亩药水量加30～50L）；铁肥的叶面喷施浓度为0.2%～1%；铜肥的叶面喷施浓度（硫酸铜溶液）以0.02%～0.05%为宜。须注意的是，喷施微肥加入的水要洁净，并应充分搅拌。喷施时间宜选择在无露水时进行，因有露水时肥液不易黏附作物叶面且易被稀释，也不宜在炎热的中午喷施，因中午的太阳光强，蒸发快，易造成灼伤且不利吸收。因此，喷施微肥的最佳时间宜在下午

118

4 时以后，此时气温下降，作物叶片较干，肥液较容易黏附，且经过一个夜晚的时间后，微肥的养分能充分地被作物吸收。

第三节　硼肥施用技术

一、硼肥的营养生理功能

早在 1926 年 A. Lsommer 和 C. Plipman 已证明硼是高等植物所必需的营养元素，但作用机制还不甚清楚。硼以 $B(OH)_3$ 分子被吸收，根系吸收的硼主要是木质部随蒸腾液流由下向上运输，运输到植株各部位的硼几乎不再移动，难以再利用。硼不是植物体的结构成分，在植物体内也没化合价变化，它的生理功能是与能和糖或糖醇络合成硼酯化合物参与各种代谢活动，主要有以下几方面：促进糖类的代谢和运转；对花粉管生长和受精过程有特殊作用，从而提高作物的结实率和果树的坐果率；对作物分生组织的细胞分裂过程有重要影响；硼能促进蛋白质和核酸的合成；还参与木质素的合成。

二、作物的缺硼症状

作物体内含硼量一般为双子叶植物高于单子叶植物。单子叶植物含硼量为 $2 \sim 11mg/kg$，双子叶植物含硼量为 $8 \sim 95mg/kg$；双子叶植物中又以豆科和十字花科作物的含硼量为最高，作物在缺硼条件下生长时往往会表现一些特殊的症状，即为缺硼症状。一般需硼多的作物和对硼敏感的作物容易缺硼，不同种类的农作物缺硼症状不一样。但共同的特征是植株矮小，节间短粗，顶端生长受阻而枯死，茎和叶柄表面增厚并木栓化，根系发育不良，有时只开花不结实，生育期推迟，果实缩小，果肉出现褐色斑点等。常见几种作物缺硼症状：

1. 油菜缺硼症状

幼苗生长迟缓，有时叶柄上部开裂，茎秆龟裂，根、茎变粗，根部空心呈黄褐色，植株矮化，主花序萎缩，花期延长，角果不膨大，结实率低或不结实，称为花而不实。

2. 棉花缺硼症状

棉株上部叶片皱缩，下部叶片加厚变脆；株型为枝叶密集的多簇状，叶柄出现暗绿色的环节，严重缺硼时甚至"蕾而不花"。幼蕾极易脱落，偶尔开花也由于受精不良，使幼铃极易脱落或铃小呈畸形。

3. 大小麦缺硼症状

虽然大小麦需硼较少，但土壤严重缺硼时也会出现缺硼症状，主要表现在扬花期，缺硼使雄蕊发育不良，花药空秕，花粉少或畸形，导致子房不能受精，形成空秕穗，称为"不捻症"。

4. 果树缺硼症状

柑橘、苹果、桃和梨等缺硼时果实坚硬畸形，称缩果或石头果；葡萄缺硼果穗扭曲，果串中形成多量无核小果，称葡萄小粒病。

其他还有甜菜的心腐病，芹菜的茎裂病，烟草的顶腐病，花生无仁等均是由于缺硼引起的生理病害。

三、土壤的供硼能力

土壤的供硼能力决定于土壤中硼的含量和硼的有效性。土壤中的硼主要来源于电气石，以及硬硼钙石、方硼石和硼镁石等含硼矿物。含硼矿物风化时，硼以 BO_3^{3-} 或 H_3BO_3 的形式进入土壤溶液。因此，土壤硼含量与土壤类型和成土母质关系很大，一般沉积岩发育的土壤含硼量较高，而火成岩发育的土壤含硼量较低。干旱地区含硼量较湿润地区高，滨海地区高于内陆地区。我国土壤的含硼量为痕迹至 500mg/kg，平均为 64mg/kg。土壤含硼量低，则土壤供硼能力差；但土壤含硼量高时，土壤供硼能力不一定高。土壤供硼能力的高低与土壤中硼的存在形态及其有效性有关。土壤中的硼有以下四种形态。

（1）水溶态硼　是存在于土壤溶液中的硼和硼酸盐。可以用热水提取，能为植物吸收的硼，称为有效态硼，是评价土壤供硼能力的指标。对于一般作物来讲，土壤有效硼含量高于 0.5mg/kg 时，为供硼充足，但对喜硼作物仍感不足。当有效硼低于 0.25mg/kg 时，对硼敏感的作物可能出现缺硼症状。有效硼过多时，也会导致作物中毒。

（2）吸附态硼　指被土壤黏土矿物和铁、铝、镁的氢氧化物吸附的硼，它和水溶态硼保持动态平衡，称为缓效态硼。

（3）有机态硼　指被土壤有机质所吸附的硼。当有机质被微生物分解后，其中硼可释放出来为植物利用。所以，有机质能提高土壤硼的有效性。

（4）矿物态硼　是指存在于含硼矿物晶格内的硼。电气石是土壤中主要含硼矿物，它很难风化，既不溶于水，又难溶于酸，不易释放出来，硼的有效性差。

土壤中这几种形态的硼在一定条件下可以相互转化，矿物态硼通过风化和有机态硼通过分解，释放出硼酸分子或离子于土壤溶液中，或在土壤胶体表面吸附或解吸，使土壤硼的有效性保持动态平衡，供给作物对硼的需要。另一方面，水溶态硼在土壤中亦可以通过络合、沉淀与吸附固定，转化为有机结合态和矿物态。即变为对作物难以吸收的形态。土壤硼的供给能力与农业生产关系密切。供硼能力差，会影响作物的生长和产量。例如，甘蓝型油菜缺硼时只开花不结球、棉花的蕾铃脱落及大小麦的不捻症等都是由于土壤缺硼之故，施用硼肥后则产量大幅度提高。

四、硼肥的品种和性质

常用的硼肥有硼砂、硼酸。此外、还有含硼过磷酸钙、硼碳酸钙、硼石膏、硼镁石、硼泥等也可作硼肥施用。有机肥料和草木灰等也含有少量的硼，长期施用可减轻作物的缺硼症状。

1. 硼砂

硼砂的分子式为 $Na_2B_4O_7 \cdot 10H_2O$。白色粉末状，半透明细结晶，含硼 11.3%。在冷水中的溶解度较低，易溶于 40℃以上的热水中。硼砂的饱和水溶液呈碱性，pH 为 9.1～9.3。

2. 硼酸

硼酸的分子式为 H_3BO_3。白色细结晶或粉末，溶液的 pH 为 5.13，呈酸性。

3. 硼泥

硼泥是制硼砂和硼酸后的残渣，灰白色粉末。含硼 0.5%～2.0%，含镁（MgO）20%～30%。部分溶于水，碱性反应。由于含硼量较少，只适合作基肥。

五、硼肥在土壤中的转化

硼砂和硼酸等水溶性硼肥施入土壤之后、溶于土壤溶液中，随即参与土壤中硼的转化循环。硼肥是土壤有效态硼的重要补充，除直接被作物吸收之外，还有可能因土壤条件而异向不同方向转化。如在南方酸性土壤中、硼容易被淋失和被铁、铝吸附；而在干旱或半干旱地区、盐碱化土壤中，水溶态硼肥与钙、钠等阳离子化合成硼酸盐类而聚集，或由于干湿交替会加强对水溶态硼肥的吸附固定。石灰性土壤或过量施用石灰的酸性土壤，硼易转化形成难溶性硼。在有机质含量高的腐殖质土和泥炭土上，施入的硼肥易被土壤有机质束缚固定。

六、硼肥有效施用的条件

硼肥与其他微肥类似，在施用上有较强的条件性或针对性。只有在土壤有效硼含量缺乏时，即土壤供应的硼不能满足作物对硼的需求，作物产生缺硼症状或潜在性缺硼时，才有必要施用硼肥以促进作物生长。

1. 土壤条件

土壤有效硼含量是决定硼肥有效施用的主要条件。土壤有效硼以水溶态硼表示、一般以土壤水溶性硼含量小于 0.5mg/kg 作为土壤缺硼的临界值（即为施硼有效的临界指标）。但对不同土壤和作物有较大的差异。如油菜的土壤缺硼临界值为 0.2～0.4mg/kg，棉花为 0.2～0.6mg/kg，果树＜0.3mg/kg，甜菜＜0.75mg/kg；禾本科作物＜0.1mg/kg。通常淋溶严重的酸性土、质地轻的砂性土，pH＞7 的石灰性土和施用石灰过多的酸性土壤等水溶性硼含量较低，作物在这些土壤上容易缺硼，应优先考虑施用硼肥。

2. 作物对硼的反应

一般需硼量多的对硼敏感的作物主要为豆科和十字花科作物，其次为棉花、甜菜、果树、甘蔗、蔬菜，施用硼肥效果明显。禾谷类作物对硼不太敏感，但在严重缺硼时施用硼肥也有一定增产效果。

同种作物不同品种需硼量也不同。如油菜施硼的效果甘蓝型＞芥菜型＞白菜型，晚熟品种＞早熟品种。不同柑橘品种对硼的反应为橙＞柚＞柑橘＞芦柑＞温州蜜柑。

叶片含硼量是判断作物施用硼肥效果的重要依据。一般作物叶片含硼量在 20～100mg/kg 时生长正常，不需要施用硼肥；叶片的含硼量＜20mg/kg 时有些作物，如油菜和棉花等可能出现缺硼症状，施用硼肥效果明显；因此，以 10mg/kg 以下，作为作物缺硼临界值。当叶片含硼量＞100mg/kg 时，说明硼量足，若再施用硼肥，有可能导致作物中毒。但是不同种类作物，不同作物品种和不同生育期缺硼，作物叶片含硼量也有差异。如柑橘、葡萄叶片含硼量＜10mg/kg、苹果 5～15mg/kg 时，表现缺硼。

此外，与作物生长环境也有关系。如在湿润多雨或干旱缺水等不正常气候条件下，当作物施用高量的氮、钾、钙肥时，会激化作物缺硼，应适当补充硼肥。作物缺硼症状观察、土壤分析和叶片分析等应综合运用，可以比较正确地对作物硼素营养状况作出诊断。

七、硼肥的施用技术和肥效

作物硼含量从缺乏到中毒的范围很窄、又因硼在土壤中是比较容易移动的元素，不同作物对硼的需求不一，故施用最应特别注意。若施用不当，会对作物造成毒害或污染环境。

常用的施硼方法如下。

1. 基肥

在中度或严重缺硼的土壤上，硼肥作基肥施用比喷施好。其肥效持续时间较长。硼砂的施用量：大田作物为 0.3～0.7kg/亩；果树视树冠大小施用量不同；小树施硼砂 20～30g/株；大树 100～200g/株。由于用量较少，不易施匀，所以，一般将少量硼肥掺入化肥、有机肥或干细土中。混匀后，开沟条施或穴施于植株的一侧、不宜与种子或幼根直接接触，以免影响种子发芽或灼伤根，施肥后覆土。基肥硼砂用量超过 1.0kg/亩时，就有可能导致作物毒害。因此，要严格控制硼肥用量。

硼泥价格低，由于含硼量低，用量较大，宜作基肥施用。大田作物施硼泥 15kg/亩，果树用量 1.5～2.0kg/株，可与过磷酸钙或有机肥混合施用。一定要施用均匀，避免局部硼浓度过高引起作物中毒。

2. 叶面喷施

在土壤轻度缺硼、潜在性缺硼或在作物出现缺硼症状后，可采用叶面喷硼的方法，具有省工、省肥、肥效快的优点。并可与其他性质相近的化肥、农药、生长调节剂等混合喷施，喷施要选用水溶性的硼肥。喷施浓度：硼砂溶液为 $0.1\%\sim0.2\%$，硼酸溶液为 $0.05\%\sim0.1\%$；喷施硼溶液的用量为 $30\sim100kg/$亩，以植株充分均匀湿润为宜。喷施次数：因硼在作物体内运转能力差，应多次喷施为好，一般喷施 $2\sim3$ 次。不同作物适宜的喷硼时期不同，油菜在苗期和抽薹期喷施；棉花在蕾期、初花期和花铃期各喷 1 次；大豆、花生、蚕豆在初花期和盛花期喷硼；甜菜在块根膨大期和淀粉积累期喷硼；麦类在孕穗期、初花期或灌浆期喷硼；果树在春梢萌发后或花前各喷 1 次，严重缺硼时，在幼果期再喷 1 次。喷施时间，宜在晴天下午 4 时后或在早晨喷施，有利于作物对硼的吸收和利用。在天气干燥和大风时不宜喷施，喷后 6h 内，如遇降雨，应重新喷施。

3. 浸种和拌种

浸种用的硼砂溶液浓度为 $0.02\%\sim0.05\%$，先将硼砂溶于 $40℃$ 温水中，种子在硼砂溶液中浸泡 $4\sim6h$、捞出晾干（切勿在太阳下曝晒）即可播种。

拌种时每千克种子用 $0.5\sim1.0g$ 硼砂。用热水溶解硼砂并配成 $3\%\sim5\%$ 的硼砂溶液，喷在种子上，及时拌匀，溶液全部吸干为好。晾干后，尽快播种。在农业生产上，用硼浸种比拌种要安全，但大豆、花生等大粒种子以及在盐碱土上种植作物不宜浸种。浸种时，必须控制浸种的硼砂浓度、时间及拌种的硼砂用量，以免灼伤种子。

4. 追肥

在土壤严重缺硼时宜在作物苗期追施。在轻度缺硼时可在作物现蕾期和初花期施用硼砂，用量为 $0.5\sim0.75kg/$亩，应深施覆土，与植株保持一定距离。

硼肥的增产效果因土壤供硼能力、作物种类、硼肥的施用方法、用量、时期而有所不同。据张道勇老师在《中国实用肥料学》一书中举例：全国油菜 342 个试验统计结果，施肥平均增产 38%。在极严重缺硼时施硼产量甚至成倍增长。在严重缺硼土壤上，如花生、棉花、小麦用硼砂基施比喷施分别增产8.1%、4.4%、4.7%；葡萄以硼砂基施加喷施增产率为30.9%，增产效果大于喷施（20.0%）和基施（13.3%），大豆用硼肥拌种增产率为16.2%，甘蔗施硼增产率为14.2%；苹果施硼增产率为13.0%～19.7%。

第四节　锌肥施用技术

锌不仅是植物所必需的营养元素，而且也是人和动物所必需，所以又叫生命元素。锌于1926年由Sommer和LiPman确认为作物生长所必需的营养元素。此后，有关作物锌营养的研究和锌肥的施用范围不断扩大。中国从20世纪60年代以来，先后出现果树、水稻、玉米小麦等作物的缺锌症状，施用锌肥后有明显的增产效果。到90年代，锌肥已成为我国施用面积较广、并有较大经济效益的一种微量元素肥料。

一、锌在植物营养中的生理作用

锌以阳离子（Zn^{2+}）的形态被植物吸收，在植物体内锌以Zn^{2+}或以与有机酸结合的形态主要通过木质部长距离运输。锌不同于铁、锰、铜、钼，在植物体内没有价的变化。锌在酶和相应的基质之间联结成桥键，使酵活化，或者成为酶的成分。锌还能与多种有机化合物（包括多肽）形成螯合物。锌通过这些功能在植物营养中起生理作用。

1. 锌能促进吲哚乙酸（IAA）的合成

锌是合成吲哚乙酸的前身——色氨酸所必需。但另有试验证明锌并不影响色氨酸的合成，而是与由色胺形成吲哚乙酸的步骤有关。不论锌在哪一步反应中起作用，它参与植物体内生长素（吲哚乙酸）的合成是肯定的。从而促进幼叶、茎端、根系的生长。缺锌会导致水稻僵苗，果树小叶簇生等生理病害。

2. 锌是多种酶的成分和活化剂

已经发现含锌的酶有80多种，如碳酸酐酶、乙醇脱氢酶、超氧化物歧化酶和核糖核酸聚合酶等。锌也是谷氨酸脱氢酶、醛缩酶、黄素激酶、己糖激酶等多种酶的活化剂。这些酶大部分是在呼吸作用的

糖酵解反应中起重要作用。因此，锌参与呼吸作用及多种物质代谢过程。

3. 锌与蛋白质合成有密切关系

植物缺锌时蛋白质的含量极显著下降。而游离氨基酸和酰胺等可溶性含氮化合物则显著增加。这是由于锌有稳定核糖核酸（RNA）的作用，对维持 RNA 分子立体结构是必需的，而 RNA 是蛋白质合成所必需的，因而锌与蛋白质合成的关系甚密。

4. 锌对叶绿素形成和光合作用有重大影响

植物缺锌时叶片往往发生脉间失绿、出现白化或黄化症状，这表明锌和叶绿素形成有关。有锌形成的锌卟啉，可能是叶绿素的前身。缺锌可导致叶绿体数量减少、结构破坏，光合效率降低。锌是碳酸酐酶的必要成分，此酶结合在叶绿体的膜上，催化 CO_2 光合作用。因而锌可以促进进入气孔的 CO_2 通过细胞液扩散到叶绿体中，对光合作用有直接影响。

锌对于作物根系细胞膜、细胞结构的稳定性及功能完整性是必不可少的。锌起着保护根表或根内细胞膜的作用，增强作物的抗逆性。并可调节作物体内磷的平衡，影响作物对磷的吸收利用。

二、作物的缺锌症状

作物缺锌症状多发生在生长初期。常表现为植株矮小、节间缩短、叶片变小畸形，形成叶簇、呈现失绿条纹或花白叶。作物种类不同其缺锌症状也有差异。

1. 水稻缺锌症状

一般在水稻插秧后 2～4 周时发生。先从新叶中肋失绿变白，进一步在中下部叶片上出现大量褐斑和条纹，由下而上、由内向外发展。下部叶发脆、下披、易折断，叶尖端枯焦干裂。植株矮小、节间缩短。根系细弱，呈红褐色。上下叶鞘重叠。叶枕并列、新叶短小（倒缩苗），分蘖少而小。

2. 玉米缺锌症状

常在苗期发生。刚出土的玉米新芽呈白色，称为白芽病。当长出4～5 片叶后。玉米的叶脉间出现与叶脉平行的黄白色条纹，形成花白苗。有时沿条纹开裂，叶缘出现焦枯。根系变成褐色、新根少。植株矮缩，果穗小，缺粒秃尖。

3. 冬小麦缺锌症状

幼苗叶片呈现不正常的灰绿色，叶脉间失绿，叶面带浅灰色斑点，叶边缘和叶尖端黄化，植株矮化。

4. 果树缺锌症状

苹果、桃、梨、樱桃、梅、杏、葡萄、柑橘等缺锌，枝条节间缩短、顶枝或侧柱呈莲座状。小叶簇生于柱端，称小叶病。严重时新梢由上而下枯死。有时叶片过早脱落形成顶枯，果实小。

三、土壤的供锌水平

土壤的供锌水平决定于土壤中有效锌的含量。而土壤有效锌含量则受土壤类型、土壤 pH、碳酸钙含量、水分、氧化还原电位、有机质含量、施肥情况和温度条件的影响。土壤中的锌可分为四种形态。

1. 水溶态锌

主要以锌离子或锌络离子以及与可溶性有机物质络合或螯合形式存在于土壤溶液中。可用水浸提出来、其数量很少，但它是作物能够吸收的形态。

2. 代换、吸附态锌

土壤溶液中的 Zn^{2+}、$Zn(OH)^+$、$ZnCl^+$、$Zn(NO_3)^+$ 等阳离子能被土壤中带负电荷的胶体吸附而形成代换态锌。代换态锌容易通过代换反应重新进入土壤溶液为作物吸收利用，对植物有效的锌主要是代换态锌。

土壤胶体对锌的吸附不完全都是代换吸附。有时部分锌也和胶体结合成为固定态，不易再被阳离子代换出来。因此，也难以被植物利用。

3. 有机态锌

存在于土壤中活的生物体、腐殖物质、植物残体和土壤颗粒表面的有机胶结物中，形成可溶性的与不溶性的络合物。

4. 矿物态锌

存在于原生矿物和次生矿物。主要有闪锌矿（ZnS）、红锌矿

（ZnO）、菱锌矿（$ZnCO_3$）等。原生矿物晶格中的锌不能与土壤中其他形态的锌保持动态平衡。

在上述锌的各种存在形态中，水溶态和代换态锌属有效态锌，但各种形态是在不断地互相转化的。有效态锌的提取，酸性土壤通常采用 0.1mol 盐酸为提取剂，有效锌的临界值为 1.0～1.5mg/kg；中性和石灰性土壤，采用含有氯化钙和三乙醇胺的二乙三胺五醋酸（DT-PA）溶液（pH 为 7.30），有效锌的临界值为 0.5mg/kg；小于临界值时，表明土壤供锌水平低，对作物施用锌肥效果明显。

土壤中的锌主要来自成土母岩，例如基性火成岩母质发育的土壤一般比酸性火成岩的含锌量高，石灰岩和砂岩含锌很少；还有施用的有机肥和锌肥，除供作物吸收外，也参与土壤中锌的转化。在酸性土壤中，锌的有效性较高。但由于酸性淋溶作用较强，有效态锌含量较少，供锌水平低；碱性土壤或石灰性土壤锌的有效性较低，由于 pH 值高并含有碳酸钙，含锌化合物的溶解度小，碳酸钙对锌的固定作用，导致土壤供锌不足。我国北方的潮土、褐土、砂姜黑土、盐碱土、黑钙土、黄绵土、娄土等一般供锌水平都较低；南方的酸性土，如发育在砂岩上的红壤和黄壤，由于长期淋溶作用等原因，土壤含锌量少、有效态锌含量也很少。水稻土在 pH 值大于 7.0、$CaCO_3$ 含量大于 1%、气温低于 20℃时，土地供锌水平降低，水稻容易缺锌。

四、锌肥的品种和性质

锌肥的品种有：硫酸锌、氯化锌、碳酸锌、硝酸锌、氧化锌、硫化锌、螯合态锌、含锌复合肥、含锌混合肥和合锌玻璃肥料等。其中以硫酸锌和氯化锌为常用，氧化锌次之。

1. 硫酸锌

硫酸锌（$ZnSO_4 \cdot 7H_2O$）含锌 23%。白色针状结晶或粉状结晶，易溶于水，水溶液的 pH 值近中性。易吸湿，应注意防潮。是我国目前最常用的锌肥、适用于各种施用方法。

2. 氧化锌

氧化锌（ZnO）含锌量 78%。白色或淡黄色非晶性粉末，不溶于水。在空气中能缓慢吸收 CO_2 和水，生成碳酸锌，由于溶解度小，移动性差，故肥效长。施用一次，可较长期有效，但供当季作物吸收的锌少，常配成悬浮液蘸根施用。

此外，含锌工矿废渣、污泥以及一些有机肥料和草木灰等，也含有少量锌，也可补充部分锌用。但要注意矿渣中的有害物质。

五、锌肥的合理施用与肥效

根据土壤条件、作物种类和掌握锌肥施用技术才能充分发挥锌肥的作用。

1. 土壤条件

土壤有效锌含量是合理施用锌肥的主要依据。一般认为有效锌含量低，容易缺锌的土壤有：淋溶强烈的酸性土或花岗岩、红砂岩母质发育的土壤；石灰性土壤及过量施用石灰的酸性土壤；有机质高或贫乏，心土暴露的土壤；pH 值大于 7，过量施用氨水、碳酸氢铵、尿素等的土壤；大量施用磷肥的土壤。此外，在多雨、渍水和低温条件下，土壤有效锌含量降低，施用锌肥效果明显。如土壤有效锌含量低于 0.5mg/kg 的黄潮土、黄绵土、垆土、褐土、棕壤土、碳酸盐紫色土、石灰性水稻土、紫色土区水稻土、冷浸田等。对水稻、玉米以及苹果、梨、桃等果树施用锌肥都有增产效果。

2. 作物对锌的反应

作物对锌反应的敏感度是施用锌肥的重要依据。对锌敏感的作物有：水稻、玉米、亚麻、棉花、啤酒花、番茄、菜豆、苹果、桃、柑橘、葡萄等。通常把玉米、柑橘和桃树作为土壤供锌水平的指示作物。当土壤缺锌时，这些作物首先表现出缺锌症状。正常生长的作物含锌量为 20～100mg/kg，当低于 20～25mg/kg，作物容易出现缺锌症状。但因作物种类和生育期的不同而异。因此，对锌敏感的作物施用锌肥后效果明显。

3. 锌肥的施用技术

水溶性锌肥既可作基肥，又可作追肥或根外追肥、拌种或浸种，而非水溶性锌肥一般只适合作基肥。

（1）基肥 对于缺锌土壤，锌肥作基肥效果显著高于追肥。不仅对当季作物有效，而且还有后效。肥效可持续 1～2 年。作物缺锌症状多发生在生长初期，锌肥基施能满足作物生长前期对锌的需要。其用量一般为硫酸锌（$ZnSO_4 \cdot 7H_2O$）$0.75 \sim 1.0$kg/亩。由于用量较少，锌肥可与有机肥混施或拌到复合肥中施用。水稻最好将锌肥施于秧田。锌在土壤中不易移动，应施在种子附近，但不能直接接触种子。可与生理酸性肥料混施、但不宜与磷肥混施。

（2）浸种或拌种　常将硫酸锌用于拌种，每千克种子加 $2 \sim 6$g，用少量水溶解，喷在种子上，边喷边拌，晾干即可；水稻待种子萌芽后，用浓度为 1.5% 的氧化锌包被湿润的种子；用于浸种的硫酸锌溶液浓度为 $0.02\% \sim 0.05\%$，浸种 $6 \sim 8$h，捞出晾干，浸种还须再结合根外追肥。

（3）根外追肥　可叶面喷施 $0.2\% \sim 0.3\%$ 硫酸锌溶液，连续喷 $2 \sim 3$次（每次间隔 $7 \sim 10$d）；果树在萌芽前喷施比较安全。硫酸锌溶液浓度：落叶果树为 $1\% \sim 3\%$；常绿果树为 $0.5\% \sim 0.6\%$；也可用 5% 硫酸锌溶液注射树干，或用 3% 硫酸锌溶液涂刷一年生枝条 $1 \sim 2$次。

（4）耙面肥或蘸秧根　每亩用硫酸锌 200g，与细泥浆配制成 $1\% \sim 4\%$ 的悬浮液；或用氧化锌加一种非离子型湿润剂配制成 1% 悬浮液，在插秧时用于蘸秧根。每千株秧苗需约 1L 悬浮液，浸秧半分钟即可。

施用锌肥的效果。在土壤严重缺锌时施用锌肥作物产量可以成倍增长，在一般缺锌的土壤上，施用锌肥可使水稻产量增加 $6\% \sim 13\%$，玉米增产 $5\% \sim 17\%$。在南方，锌肥对早稻的增产效果比中、晚稻高；在北方，春玉米的增产效果比夏玉米高；这是因为早稻和春玉米生长初期的气温和土温比较低，影响土壤锌的有效性和作物对锌的吸收。据湖北省试验，早稻施锌平均增产 13%，而中、晚稻平均只增产 8.5% 和 5.7%。玉米的不同施锌方法的增产效果分别为：基肥 13%，浸种 11.4%，拌种 8.9%，追施 9.7%，喷施 10.4%，以基施效果最好，并有一定的后效。

第五节　钼肥施用技术

钼早在 1939 年就被证实为植物必需的营养元素。施用钼肥可使牧草产量明显增加。试验证明钼肥对豆科作物、豆科绿肥、牧草以及十字花科作物有明显的增产效果。

一、钼在植物中的营养生理功能

钼是以阴离子的形态 MoO_4^{2-} 或 $HMoO_4^-$ 被植物吸收。在植物体中钼往往与蛋白质结合，形成金属蛋白质而存在于酶中，参与氧化还原反应，起传递电子的作用。钼的再利用较差，因此缺钼症多出现在幼叶上。

1. 钼是硝酸还原酶的成分

硝酸还原酶是一种复合酶，含有 3 个辅基，即黄素腺嘌呤二核苷酸（FAD）、细胞色素 b 和钼（2 个钼原子）。钼在催化硝酸转化为亚硝酸的还原过程中起着电子传递的作用。缺钼时硝态氮在作物体内的还原过程受阻，蛋白质含量减少。

2. 钼是固氮酶的成分

固氮酶由铁蛋白与钼铁蛋白组成，钼铁蛋白中含有钼，钼铁蛋白是固氮酶的活性中心，它与 N_2 结合后活性中心上的 N_2 获得了能量与电子后，便还原成 NH_3。因此，钼是构成固氮酶不可缺少的元素。豆科植物含钼多，钼能促进根瘤的形成和发育，并影响根瘤菌固氮的活性和土壤中固氮菌的数量。

3. 钼能增强作物的抗旱、抗寒、抗病性

钼可增加作物体内维生素 C 的含量。而维生素 C 与作物体内的氧化还原和呼吸作用有关。钼能改善糖类尤其是蔗糖的含量，使细胞质的浓度增大，提高抗寒力。此外，钼有稳定叶绿体的作用，促进有机磷合成，促进果胶代谢。钼还和铁、锰、铜等元素有关、并有提高作物抗病毒病的能力。例如钼能增强烟草对花叶病的免疫力，能使桑树的萎缩病康复，降低小麦黑穗病的感染率。

二、作物的缺钼症状

豆类作物、绿肥、十字花科作物和蔬菜对钼的反应较为敏感，当土壤缺钼时，这些作物首先表现出缺钼症状。一般作物缺钼时，叶片脉间黄化、植株矮小，严重时叶缘卷曲、萎蔫枯死。作物的缺钼症状

有其不同特点。

1. 豆科作物缺钼症状

叶片全叶失绿或脉间失绿、叶片边缘向上卷曲，呈杯状叶；根瘤少而小，呈灰白色。

2. 十字花科作物缺钼症状

花椰菜首先在幼叶脉间出现水浸状斑点，继而黄化、坏死、穿孔。严重时孔洞扩大和连片、使叶子只留下主脉及附近残留的叶肉，呈鞭尾状。

3. 柑橘缺钼症状

叶片脉间呈斑点状失绿变黄，叶子背面的黄斑处有褐色胶状小突起，称黄斑病。冬季大量落叶。

4. 小麦缺钼症状

缺钼症状易在苗期发生，从老叶的前半部沿叶脉出现细小斑点，逐渐扩展成线状，严重时整株枯死或不能抽穗。

三、土壤中的钼

土壤中的钼主要来源于成土母质。酸性火成岩、变质岩与沉积岩的含钼量高，基性火成岩较低，碳酸岩最低。土壤中钼的含量常为 $0.2\sim5mg/kg$，平均 $2\sim3mg/kg$；我国土壤含钼量为 $0.1\sim0.6mg/kg$，平均为 $1.7mg/kg$。土壤中的含钼矿物主要是辉钼矿（MoS_2）。在风化过程中 MoS_2 经溶解和氧化作用形成钼酸根（MoO_4^{2-}）而进入土壤溶液中。土壤中的钼酸盐易于溶解和移动。所以地表水和地下水中的钼也是作物所需钼的补充来源。土壤中的钼可分为水溶态、代换态、有机态和难溶态四种。

1. 水溶态相

土壤中的 MoO_4^{2-} 与钾、钠、镁等形成可溶性钼酸盐，易为作物吸收利用。并受 pH 和温度的控制，当温度和 pH 升高时，水溶态钼也增加。

2. 代换态钼

代换态钼是指被吸附在带正电荷的土壤胶体表面的钼酸根离子。

不同胶体吸附钼的能力大小依次为氧化铁＞氧化铝＞高岭百石。

水溶态和代换态钼都是对植物有效，合称为土壤有效态钼。通常用 pH 3.3 的草酸-草酸铵溶液浸提。但其有效性受土壤 pH 和磷状况的影响。大多数土壤胶体在 pH＞7.5 时很少吸附钼。而在酸性条件下其有效钼大大降低，磷可提高土壤钼的有效性。

3. 有机态钼

有机态钼是指土壤有机物中含有的钼以及与有机质中的腐殖酸、糖类和含氮有机物络合的钼。有机态钼虽不能为作物直接吸收利用，但经微生物分解后，钼易于释放出来。

4. 难溶态钼

难溶态钼指原生和次生矿物中的钼、铁锰结核中的钼。包括 MoO_3、Mo_2O_5、MoO_2 等，作物都是难以利用的。

上述不同形态的钼是可以互相转化的，矿物态钼和有机态钼可以通过风化或分解释放出来，转变为水溶态或代换态。MoO_3 是酸性氧化物，与钾、钠、镁迅速反应而形成水溶性钼，或者缓慢还原成 MoO_2 或 Mo_2O_5，转化方向决定于土壤的 pH 值和 E_h。在 pH 值小于 6 的酸性土壤中铁铝氧化物对钼有强烈的吸附固定作用，水溶态钼明显减少；而在碱性土壤中 MoO_3 则向水溶态钼转化。所以，酸性土壤容易发生缺钼，施用石灰也可以调节钼的供应。施入土壤中的钼肥会随土壤条件而参与土壤中钼的转化。

四、钼肥的品种及性质

常用的钼肥有易溶于水的钼酸钠和钼酸铵，还有难溶的三氧化钼、含钼过磷酸钙和含钼工业矿渣等。

1. 钼酸铵

它是仲钼酸铵的通称，分子式为 $(NH_4)_6Mo_7O_{24} \cdot 4H_2O$，呈白色或微黄色粉末，含钼 54.3%。溶于水。其水溶液呈弱酸性反应，是最常用的钼肥。

2. 钼酸钠

钼酸钠的分子式为 $Na_2MoO_4 \cdot H_2O$，含钼 39.6%，呈白色结晶粉末，易溶于水。也是常用的钼肥之一。

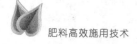

3. 三氧化钼

三氧化钼的分子式为 MoO_3,含钼 66%,难溶于水,因此很少单独施用。可制成含钼过磷酸钙（每吨过磷酸钙中加入 900g 三氧化钼）施用。

五、钼肥的有效施用及肥效

钼肥的施用应根据土壤性质、作物种类和合理的施用技术而定。

1. 土壤性质

钼肥施用效果与土壤母质、黏土矿物、酸碱度及土壤中其他养分均有密切关系。土壤有效态钼含量是决定钼肥有效施用的首要条件。土壤有效钼含量在 $0.1\sim0.5mg/kg$ 为缺钼的临界值。但土壤有效钼的临界值往往随 pH 而变化。故提出以钼值判断土壤钼的供应状况。

钼值＝pH 值＋有效钼含量×10，当钼值<6.2 时，为缺钼；钼值为 6.2~8.2 时，供钼中等；钼值>8.2 时，供钼充足。一般容易发生缺钼的土壤有南方的红壤、赤红壤、砖红壤、黄壤、紫色土等酸性土壤，其有效钼含量均很低；还有北方的黄土和黄河冲积物发育成的土壤。有机质少的土壤和排水不良的石灰性土壤也容易发生缺钼。此外，当石灰用量过多或者是氮、磷肥施用过多时均可加重作物缺钼。

2. 作物种类

通常作物含钼量为 $0.1\sim0.5mg/kg$，但也有高达 $300mg/kg$。当含钼量<0.1mg/kg 时用钼肥有极明显的效果。不同作物对钼的需求以及对钼肥的反应差别很大。豆科作物、豆科绿肥和牧草施用钼肥有较好反应。但牧草叶片含钼量>15mg/g 时，对家畜健康有害。牧草饲料中钼含量应低于 3mg/kg。十字花科如花椰菜、莴苣、菠菜、甘蓝等对钼也比较敏感。也把花椰菜作为钼的指示作物。钼肥对禾本科中的小麦和玉米，果树中的柑橘，棉花、烟草、马铃薯、甜菜等，在严重缺钼土壤上施用，也有较好的增产效果。

3. 钼肥的施用技术

钼是作物需要量最少的微量元素，而钼肥的价格是微肥中最高的。因此，钼肥的用量应尽量减少，以便降低成本。为充分发挥少量钼肥的作用。通常将钼肥作根外追肥和种子处理（浸种或者拌种）。由于用量少，难以施匀，故很少单作基肥。

（1）根外追肥　将钼酸铵或钼酸钠先用少量热水（50℃）溶解，然后配制成 0.1％～0.01％的溶液，在苗期或豆科作物现蕾期喷洒 1～2 次，每次间隔 10d，每亩每次用液量为 50～75kg。用飞机大面积喷洒的浓度为 0.3％左右。根外追肥配合种子处理，效果则更好。

（2）种子处理　浸种用 0.05％～0.1％钼酸铵溶液浸 12h，种子与溶液比例为 1∶1。此法可在土壤水分较好的情况下应用，对大豆不宜采用。拌种，大约每千克种子用 1～2g 钼酸铵，配成 3％～5％的钼酸铵溶液，喷在种子上，边喷边拌，阴干后即可播种。拌种时溶液用量不宜过多，每 100kg 大豆种子约用 1％钼酸铵溶液。以免种皮起皱胀破，影响出苗。用钼酸铵处理过的种子人、畜不能食用，以免中毒。此法省工、省肥，操作方便，效果好，是最常用的钼肥施用方法。

（3）基肥　每亩施 20～100g 钼酸铵或钼酸钠，含钼矿渣 50～500g，其肥效可持续 3～4 年，不必每年施用。因钼肥用量少，不易施匀，可拌干细土 10kg，拌匀后施用，也可和其他化肥或有机肥混合施用，如将钼肥或含钼矿渣与过磷酸钙制成钼、磷混合肥料作基肥施用。钼肥与氮、磷化肥配合，可以基施和叶面喷施。叶面喷施，每亩用钼酸铵 15g、过磷酸钙 1kg、尿素 0.5kg，先将过磷酸钙加水 75kg 搅拌溶解，放置过夜；第二天将渣滓滤去，加入钼酸铵和尿素，待溶解后即可喷施。

第六节　锰肥施用技术

锰是必需的营养元素，1928 年通过对小麦、豌豆、燕麦、番茄等试验证明，锰对多种作物有增产效果。美国和澳大利亚等一些国家的石灰性土、碳酸盐土和灰钙土上普遍缺锰，施用锰肥对燕麦、糖用甜菜、棉花、果树、蔬菜和豆科牧草等作物有良好效果。20 世纪 50 年代末我国开始锰肥的试验研究，证明在石灰性土壤上施用锰肥对许多作物都有一定的增产效果。显然，锰在植物营养中起着重要生理作用。

一、锰的生理作用

锰以二价离子态（Mn^{2+}）被植物吸收。在植物体内锰有两种形式：一是以 Mn^{2+} 形态进行运输；二是以结合态，锰与蛋白质结合，存在于酶及生物膜上。锰在植物体内再利用的程度较差，因此缺锰症状首先发生在幼叶。钙、镁、铁、锌等阳离子都影响植物对锰的吸收和运转。反之，锰也会妨碍植物对这些阳离子的吸收。锰有价态变化，在植物体内积极参与代谢中的氧化还原过程。锰是许多酶的活化剂，并且通过这种作用间接参与各种代谢过程。

1. 锰直接参与光合作用

锰参与光合作用中水的裂解和放氧（O_2）系统。因此，植物缺锰首先影响光合作用和放氧过程。锰有维持叶绿体膜正常结构的作用。在叶绿体的基粒片层（类囊体）中，锰以键桥的形式固定在双层膜的内膜上。植物缺锰时，叶绿体结构受到显著损害，叶绿素含量减少，致使光合作用不能正常进行。

2. 锰是多种酶的活化剂

最近的研究表明，锰是 30 多种酶的活化剂和 3 种酶的组成成分。所以锰与呼吸作用、糖类的转化和生长素的合成、降解等都有密切关系。

3. 锰调节氧化还原作用

在植物体内锰有价数变化．即 Mn^{2+} 和 Mn^{4+} 相互转化。与铁互相配合，共同调节植物体内的氧化还原电位和氧化还原过程。当锰呈 Mn^{4+} 时，它可使植物体内 Fe^{2+} 氧化为 Fe^{3+} 或抑制 Fe^{3+} 还原为 Fe^{2+}，减少植物体内有效铁的含量。所以，植物体要求有一定的 Mn/Fe 含量比。

4. 锰参与氮代谢

在氮代谢过程中，锰是亚硝酸还原酶和羟胺还原酶的组成部分，因而参与植物对硝酸的还原和同化作用，缺锰时植物体内常有硝态氮积累。锰亦是谷氨酰胺转移酶、核糖核酸聚合酶、精氨酸酶、脯氨酸肽酶等许多酶的活化剂。所以，锰既能促进氨基酸合成肽键，有利于蛋白质的合成，也能促使肽键水解而形成氨基酸，然后输送到新生组

织再合成蛋白质。

此外，锰对种子萌发、幼苗生长、花粉管的发育、幼龄果树提早结果、维生素 C 的形成以及增强植物茎的机械强度等均起一定作用。

二、作物的缺锰症状

作物缺锰时，首先在新生叶脉间失绿黄化，而叶脉和叶脉附近仍保持绿色，脉纹较清晰。严重缺锰时，叶面脉间出现黑褐色细小斑点，进而斑点增多扩大，遍及整个叶片。不同作物缺锰的症状及易发部位有所不同。

1. 大、小麦缺锰症状

苗期植株黄化，叶脉间退绿形成条纹花叶，并于叶脉间出现褐色斑点，逐渐斑点扩展连成线状或片状，直至枯死。常于离叶基 1/3～1/2 处背折下垂，使株形披散纷乱。在拔节到幼穗分化期症状表现最典型，分蘖少，生育停滞。

2. 水稻缺锰症状

从叶尖开始向叶的基部发展，形成失绿条纹，叶基部变褐色，严重时坏死，新生叶宽短，呈淡绿色，植株矮小。

3. 甜菜缺锰症状

生长初期叶片直立，呈三角状，叶脉间严重失绿，称为黄斑病。叶缘向内卷缩，严重缺锰时叶片坏死。

4. 葡萄缺锰症状

多发生在开花后，缺锰时叶脉间失绿黄化，果实着色不一致，葡萄串中常夹杂青粒，光泽较差。作物缺锰最典型的是豌豆杂斑病、燕麦灰斑病、甜菜黄斑病。缺锰还可加重块茎疮痂病，苹果树缺锰表现为粗皮病等。一些作物如番茄、谷类作物、甘蓝、甜菜、菠菜、李子、草莓等缺锰首先出现在老叶；而另一些作物如亚麻、马铃薯、烟草、棉花、柑橘、可可等则在幼叶上首先出现缺锰症状。

三、土壤中的锰及其有效性

土壤中的锰来源于成土母质。在地球岩石圈中锰的平均含量约 1000mg/kg，土壤中锰的平均含量为 850mg/kg；我国土壤锰的平均

含量为 710mg/kg。一般红壤全锰含量高，有效锰也较高，而石灰性土壤则较低。

土壤锰的含量还受成土过程的影响。我国淋溶作用较强的黄壤含锰量很低。土壤中的锰大部分不能直接被作物吸收利用，锰在土壤中的存在形态及其有效性是不同的。

1. 水溶态锰

水溶态锰指土壤溶液中的锰，大部分是 Mn^{2+}，还有锰的无机和有机络合物，如 $MnSO_4$、$MnHCO_3^+$、$MnCl^+$、$MnOH^+$ 等。

2. 代换态锰

代换态锰为土壤胶体吸附的锰，主要是 Mn^{2+}，很易被其他离子代换，供植物根系吸收利用。

3. 易还原态锰

易还原态锰为矿物态锰中粒子较细、结晶较差的锰易受外界条件的影响而还原，对作物有一定的有效性。

4. 有机态锰

有机态锰指和土壤有机质结合的锰。其中包括水溶态锰中的有机络合锰。有机态锰一部分为水溶性，可直接被植物吸收，还有一部分为非水溶性，当有机物分解后释放出锰供植物利用。

5. 矿物态锰

矿物态锰指存在于土壤矿物结晶中的锰。主要的含锰矿物是软锰矿（MnO_2）、黑锰矿（Mn_3O_4）和褐锰矿（Mn_2O_3）等。矿物态锰溶解度小，不能直接为作物吸收。

上述五种形态的锰在土壤中处于互相转化之中，转化方向决定于土壤 pH 值、氧化还原电位、氧化锰的水化和脱水作用、土壤有机质和微生物活动。在酸性土壤中，大量的锰呈水溶态和代换态存在。而在质地较轻、排水良好的中性土壤中，细菌把 Mn^{2+} 氧化成不溶性的 Mn^{3+}。如果 pH>8，则大部分形成 $MnO_2 \cdot nH_2O$，经脱水老化后，几乎不再参与锰的转化。因此，缺锰发生在碱性土壤，而锰毒害发生在酸性土壤。同时，土壤有机质的分解可释放出 Mn^{2+}，而其分解产物能促进高价锰氧化物还原成 Mn^{2+}；通气不良的土壤和微生物分解有机质时产生的还原条件也有利于 Mn^{2+} 的形成。

土壤中各种形态的锰对植物的有效性是不同的。水溶态锰和代换态锰对植物是有效的，有机态锰部分有效，矿物态锰大多是无效的，有的有效，如 $Mn_2O_3 \cdot nH_2O$ 是三价锰的氧化物，易于在短期内还原成 Mn^{2+}，能被植物利用，称为易还原态锰。水溶态锰、代换态锰及易还原态锰都对植物有效，所以三者总称为活性锰，即：活性锰＝水溶态锰＋代换态锰＋易还原态锰。

在测定中，常用 1mol/L 醋酸铵（NH_4Ac，pH＝7）提取土壤代换态锰（包括水溶态锰）；1mol/L NH_4Ac＋0.2％对苯二酚溶液提取易还原态锰，实际上就是活性锰。据刘铮等试验，代换态锰的临界值为 2～3mg/kg，易还原态锰的临界值为 100mg/kg。

在农业生产上也常用土壤有效锰的含量来衡量土壤锰的有效性。一般采用 0.005mol/L DTPA（二乙三胺五醋酸）＋0.01mol/L $CaCl_2$＋0.1mol/L TEA（三乙醇胺）的混合溶液（pH＝7.3）提取土壤中的锰，通称为 DTPA-Mn，代表土壤有效锰，DTPA-Mn 的临界值为 7mg/kg，边缘值为 7～9mg/kg。

四、锰肥的品种及性质

锰肥品种有硫酸锰、碳酸锰、氯化锰、氧化锰；另外还有含锰玻璃肥料及含锰工业矿渣等。其中氯化锰价格较贵，碳酸锰等其他锰肥难溶于水。所以，目前在农业生产中最常用的锰肥是硫酸锰。

硫酸锰，分子式为 $MnSO_4 \cdot 3H_2O$，含锰量 26％～28％，呈粉红色结晶，易溶于水，能直接被作物吸收利用。

五、锰肥的有效施用与肥效

施用锰肥的效果与土壤有效锰含量、作物种类和锰肥施用技术有密切关系。

1. 土壤有效锰含量

土壤中含有较多的锰、作物缺锰多数是由于不良的土壤条件使土壤中的有效态锰转化成为不能被作物吸收的难溶态锰而引起的。一般碱性、质地轻、通透性好的石灰性土壤，碱性的海涂地，有机质少的砂土、冲积土和氧化还原电位高的土壤，以及过量施用石灰的酸性土壤和微生物固定锰等，均能使土壤中的有效态锰含量降低，导致作物缺锰。一般认为土壤有效锰（DTPA-Mn）＜5mg/kg 时为极低，施用锰肥效果显著；土壤有效锰在 5～9mg/kg 为低，施用锰肥有效；土壤有效锰大于 9mg/kg 时，施用锰肥增产效果不稳定。也有以代换态锰 3mg/kg 和活性锰 100mg/kg 作为土壤缺锰的临界值，低于此值时，施用锰肥有效。

2. 作物种类

根据各种农作物对缺锰的敏感性和对锰肥的需要情况可分为三类。

（1）对缺锰敏感和需锰量多的作物　如燕麦、甜菜、小麦、马铃薯、大豆、豌豆、洋葱、莴苣、菠菜、芜菁、柑橘、苹果、烟草、桃、葡萄等。

（2）需锰量中等的作物　如大麦、玉米、三叶草、芹菜、萝卜、胡萝卜、番茄等。

（3）需锰量较少的作物　如苜蓿、花椰菜、包心菜等。

一般豆科作物对锰的需要量比禾本科作物多。把对缺锰最敏感的燕麦、甜菜、苹果、桃、葡萄等作为判断土壤供锰水平的指示作物。对缺锰敏感和需锰量多的作物，施用锰肥效果明显。一般作物含锰量在 20～500mg/kg 时生长正常，当作物含锰量＜20mg/kg 时就容易发生缺锰症状，需要施用锰肥。

3. 锰肥的施用技术

易溶的硫酸锰既可用作基肥，也可用作种肥或叶面喷施。其他难溶的缓效性锰肥或含锰矿渣只宜作基肥。

（1）基肥　施用硫酸锰每亩 1～2kg，混入干细土或有机肥料或酸性肥料后施用，可以减少土壤对锰的固定、提高锰肥效果。难溶性锰肥适宜作基肥，在土壤中逐渐释放出锰供作物吸收，效果常胜过硫酸锰。采用条施或穴施和深施覆土可提高锰肥效果。作种肥时，应把锰肥与种子隔开。

（2）种子处理　包括浸种和拌种。浸种，用 0.05%～0.10% 的硫酸锰溶液与种子的比例为 1∶1，浸种 12～24h，捞出阴干即可播种。当土壤干旱时。浸种会降低出苗率，拌种较为安全。拌种，每千克种子用 2~4g 硫酸锰。先将锰肥用少量温水溶解，然后均匀地喷洒在种子上，边喷边拌种子，阴干后播种。种子处理的锰肥用量少，成本低，可以避免不良土壤条件对肥效的影响。但对需锰量多的作物，如再配合叶面喷施，肥效会更好。

（3）根外追肥　叶面喷施硫酸锰是矫治作物缺锰常用的方法。通常配成 0.2% 的溶液，喷施 2~3 次、每次间隔 7~10d，每亩每次用液量 30~50kg。适喷时期：棉花在盛蕾期和结铃初期；麦类作物在分蘖期和孕穗期；甜菜在块根形成期和块根增长期；果树作物在始花期。

第七节　铁肥施用技术

铁是作物必需的营养元素。铁也属于生命元素，同为人和动物所必需。缺铁是石灰性土壤上作物生产的全球性问题，而铁的毒害作用则是酸性土壤土水稻生产的限制因素。我国的石灰性和偏碱性土壤土的苹果、柑橘、梨树、杨树、柳树、牧草、花生、大豆等农作物都有缺铁症发生。作物缺铁不一定是土壤缺铁造成，主要是那些严重影响铁有效性的因素，使铁呈无效态而难以被作物利用的缘故。

一、铁在植物营养中的生理作用

铁主要以 Fe^{2+} 的形态被植物吸收。在植物体内的铁与柠檬酸和苹果酸等形成络合物在导管内运输，被运输到地上茎、叶各部位，并优先进入芽、幼叶等幼嫩部位。但当运到某一部位后，很难再转移到其他部位。因此，作物缺铁症状首先在幼嫩组织出现。铁能形成螯合物如铁血红素。铁在植物体内有价的变化，使铁在植物的营养代谢中行使多方面的生理功能。

1. 铁促进叶绿素的形成

铁虽不是叶绿素的成分，但在叶绿素的形成过程中，至少有三处需要铁起作用。即乌头酸酶的激活，粪卟啉原酶的催化，原脱植基叶绿素的形成。因此，铁是作物形成叶绿素不可缺少的元素。

2. 铁是多种酶的成分或活化剂

许多酶都合有铁，如过氧化氢酶、过氧化物酶、硝酸还原酶、亚

硝酸还原酶、亚硫酸还原酶、固氮酶以及多种脱氢酶。因此，铁与作物的光合作用、呼吸作用、硝酸还原和豆科作物的固氮作用都有密切关系。

3. 铁能促进植物体内氧化还原作用

铁是变价元素。在植物体内高铁（Fe^{3+}）与亚铁（Fe^{2+}）可以相互转化，获得或释放一个电子，起氧化还原作用。铁可与某些稳定的有机物结合，如有许多含铁蛋白，它们在电子传递及氧化还原反应中起极重要的作用。

细胞色素的铁络合物在光合电子传递链的多处起电子传递作用，在呼吸链中它以细胞色素氧化酶的形态参与电子传递链的末端反应，可见铁不仅呼吸作用不可缺少，而且还参与光合作用。

豆血红蛋白是铁卟啉与蛋白质的结合物，它是豆科植物固氮酶的防氧系统。因为固氮酶遇氧就失活，所以豆血红蛋白在豆科植物固氮作用中起重要作用。

铁氧还蛋白是不含卟啉结构的小分子蛋白，其分子中含有2个铁原子和2个硫原子。它通过铁的价变传递电子，参与光合作用、硝酸和亚硝酸的还原作用、固氮作用等。

此外，铁还参与核酸和蛋白质的合成。铁是磷酸蔗糖酶最好的活化剂，参与蔗糖的合成。

二、作物的缺铁症状

铁在作物体内不易移动，所以缺铁症状主要表现在顶端和幼叶的叶脉间失绿，严重时幼嫩叶片全部为黄白色。我国偏碱性土壤上果树的黄叶病是缺铁之故。高粱、大豆、花生、槐树、核桃等作物也易缺铁。

1. 高粱缺铁症状

高粱是最易发生缺铁的作物。缺铁时，新叶脉间失绿，严重时叶子全部变为白色。

2. 苹果缺铁症状

缺铁苹果树的顶端叶片黄化，幼叶更明显，呈黄白色网状叶脉，新梢有枯梢现象。

3. 柑橘缺铁症状

柑橘缺铁时失绿严重，叶脉与叶肉之间的绿色与白色差异明显，呈网纹状。有落叶和顶枯现象，果实的果皮褪色或未熟先掉。

4. 桃树缺铁症状

缺铁时桃树上部叶片失绿，变成淡黄色甚至白色，称为白叶病。

5. 大豆缺铁症状

大豆缺铁时上部幼嫩叶片脉间黄化，中部叶片两侧叶缘向内逐渐枯黄。其他作物缺铁症状：花生缺铁，上部新叶呈黄或黄白色，出现褐色斑块；甜菜缺铁，新生叶片小，有失绿的花斑，中、下部叶片呈黄绿色，老叶为微红色；玉米很容易缺铁，叶脉间呈鲜黄色，顶叶黄化。继而叶片呈漂白、灼伤状。

三、土壤中铁的形态与有效性

土壤中铁的主要来源是成土母质。岩石和矿物风化后释放的铁常沉淀成氧化物和氢氧化物，少量铁存在于土壤有机质和次生矿物中。所以，土壤中铁的存在形态可分为水溶态、代换态、有机态和矿物态四种。

1. 矿物态铁

矿物态铁指存在于土壤矿物中的铁。包括原生矿物、次生矿物和次生的氧化铁等。土壤中的铁绝大部分以矿物态存在。矿物态铁在酸性土壤中，特别是在还原条件下，可转化成有效态；而在碱性土壤中的氧化条件下，大多无效。

2. 有机态铁

有机态铁指土壤有机质中的铁以及与有机物络合的铁。土壤有机质分解后，能释放出 Fe^{2+} 为作物吸收利用；其分解物质又能促使土壤中 Fe^{3+} 还原成 Fe^{2+}，从而提高土壤中铁的有效性。部分有机络合态铁较易溶解，能在土壤中移动，作物是可以利用的；但腐殖质络合的铁必须在转化或分解以后才能被作物利用。

3. 代换态铁

土壤中的 Fe^{2+}、Fe^{3+}、$Fe(OH)^{2+}$、$Fe(OH)_2^+$ 等阳离子能被

带负电荷的土壤胶体所吸附而成为代换态铁。在中性或碱性土壤中，铁易被氧化而沉淀，因此代换态铁的数量很少；而在酸性和还原条件下代换态铁的数量则明显增加。

4. 水溶态铁

水溶态铁是存在于土壤溶液中的铁，主要是 Fe^{2+}，还有水解和络合态铁。通常，中性或碱性土壤溶液中的铁极少；而在酸性水稻土中除 Fe^{2+} 外，还有 $Fe(OH)^+$，水溶态铁数量显著增多。在某些情况下，可达到使水稻中毒的浓度，水稻出现青铜病即为铁中毒症状。

土壤中铁的总量是很高的，但作物能利用的有效态铁仅是很少部分。在上述四种形态铁中水溶态铁、代换态铁及水溶性有机络合态铁是对作物有效的，总称有效态铁。土壤有效铁通常用 0.005mol/L DTPA（二乙三胺五醋酸）+0.01mol/L $CaCl_2$+0.1mol/L TEA（三乙醇胺）溶液（pH=7.2）浸提，简称 DTPA-Fe。临界值为 2.5～4.5mg/kg，随作物种类和其他条件而不同。

四、铁肥的品种和性质

铁肥可分为两类：一类是无机铁肥，常用的有硫酸亚铁和硫酸亚铁铵；另一类是有机铁肥，如 Fe-EDTA（乙二胺四乙酸铁）、Fe-DTPA（二乙三胺五醋酸铁），还有黄腐酸铁、柠檬酸铁、尿素铁等。

1. 硫酸亚铁

硫酸亚铁的分子式为 $FeSO_4 \cdot 7H_2O$，呈蓝绿色结晶，含铁 19%，易溶于水。硫酸亚铁在潮湿空气中吸湿，并被空气氧化成黄色或铁锈色后，不宜再作铁肥施用。所以应密闭贮存防潮。硫酸亚铁可用作基肥、叶面喷施和注射，价格便宜，俗称铁矾或绿矾，是我国常用的铁肥。

2. 有机络合态铁

常用的有 Fe-EDTA（乙二胺四乙酸铁），含铁 9%～12%；Fe-DTPA（二乙三胺五醋酸铁），含铁 10%；两者均溶于水，施入土壤或作喷施的效果显著高于无机铁肥。Fe-EDTA（乙二胺四乙酸铁）在酸性土壤上适宜，稳定而有效，但对 pH 高的土壤不适用，当

pH＞7.5时，Fe-EDTA（乙二胺四乙酸铁）极不稳定，会与铁脱离，失去有效性，最好用 Fe-DTPA。有机络合态铁由于价格较贵，施用成本太高，一般用于喷施。

五、铁肥的施用技术与肥效

施用铁肥应根据土壤条件、作物对缺铁的敏感性和铁肥的种类采取适宜的施肥方法，提高铁肥效果。

作物缺铁症状多见于偏碱性、通气良好的石灰性土壤，含有较多游离碳酸钙时，铁一般以氧化铁、氢氧化铁和碳酸铁存在，溶解度很低。此外在土壤中磷、锌、锰、铜等含量高、钾含量低时都可加重作物缺铁，施用硝态氮肥也会使土壤铁的有效性减少和影响作物对铁的吸收。因此，在有效铁含量低的土壤上可施用铁肥以矫治作物缺铁症状。

不同种类作物对土壤缺铁的利用能力相对铁肥反应的敏感性不一样。一般多年生作物比一年生作物更易发生缺铁，双子叶植物比单子叶植物对缺铁反应更为敏感。对铁敏感的作物有苹果、香蕉、柑橘、桃、梨、葡萄、高粱、花生、大豆、玉米、甜菜、马铃薯、花卉及某些蔬菜等。对缺铁敏感的作物施用铁肥，效果显著。

六、铁肥的施用方法

铁肥的施用方法：可基施或根外追肥。

1. 基施

硫酸亚铁直接施入土壤后，容易被土壤固定或转化成不溶态的高价铁，作物难以吸收利用。因此，将硫酸亚铁与有机肥、腐殖酸或尿素混合施用效果较好，可条施或穴施，果树采用环施法。硫酸亚铁与有机肥（家畜粪尿）按（1:10）～（1:20）比例沤匀，在春季萌发前环状根施，成龄果树每株用量20～25kg，萌发后即可长出绿叶恢复正常。还可采用柠檬酸铁或尿素铁根部埋瓶法，使根从瓶中不断吸取铁素养分，免除铁在土壤中沉淀固定，对控制果树缺绿病有较明显效果。

2. 根外追肥

易溶无机铁肥或有机络合态铁肥均可作叶面喷施，配成0.1%～

1.0%的溶液，与1%尿素混合喷施效果更好。由于铁在植株内移动性较差，喷到的部位叶色转绿，而未喷到的部位仍为黄色，有必要连续喷施2～3次（每隔5～7d喷施一次）。叶片老化后喷施效果较差。喷施可避免土壤对铁的固定，能直接被植物吸收，肥效快，省肥，对价格贵的络合态铁肥尤为重要。另外，采用注射输液法，向树枝内注射0.3%～1%硫酸亚铁溶液或涂树干等方法也有较好效果。

第八节　铜肥施用技术

铜早在1931年就被证实为植物必需的营养元素，铜也是人、畜所必需的。1933年瑞典、德国等国相继在新开垦的泥炭土、沼泽土上种植农作物，当时燕麦出现一种缺素症，经试验确定为缺铜症，施用铜肥即可防治。此后开始在农业生产中施用铜肥。20世纪中期，我国进行了铜对棉花、茶树等的幼苗生长和抗旱能力的影响研究。直到70年代末在福建发现水稻大面积施铜有明显的增产效果，随后在浙江、江苏等地的山地酸性粗骨性砾质土上冬小麦出现缺铜症（穗而不实）。长年渍水的水稻土，施用铜肥有良好效果。

一、植物的铜营养作用

植物吸收的铜是Cu^{2+}和络合态铜。在植物体内铜以结合态存在，通过本身的价变起氧化还原作用。植物体内有许多种含Cu酶或Cu蛋白起着重要的生理作用。

1. 铜参与植物的光合作用

植物体内有许多含铜蛋白。如质蓝素可以通过铜的价变，参与光合系统的电子传递，铜还与叶绿素的前体卟啉的形成有关。严重缺铜时光合作用急剧减弱。可见，铜在植物光合作用中起着重要作用。

2. 铜参与呼吸作用

铜是许多氧化酶的成分，如细胞色素氧化酶、抗坏血酸氧化酶、多酚氧化酶、漆酶、超氧歧化酶等都是含铜的酶。其中细胞色素氧化酶除含有两个铜原子外，还含有两个铁原子，在植物呼吸的末端氧化过程中起重要功能；抗坏血酸氧化酶和多酚氧化酶都是呼吸作用的末端氧化酶之一。多酚氧化酶能将多酚氧化成醌，醌可进行聚合作用而形成暗棕色的黑素。当马铃薯或水果切开时，一接触氧就变成暗棕色就是此缘故。含铜的酶类还能催化脂肪酸的去饱和作用和羟基化作用，例如饱和硬脂酸的去饱和作用是由饱和酶所催化，生成油酸的过程中需要铜和氧。因此，铜能加强脂肪酸的合成。

3. 铜参与植物的氮代谢

铜参与硝酸还原作用。因为亚硝酸还原酶、次亚硝酸还原酶和氧化氮还原酶都含有铜。所以，缺铜时植物体内蛋白质合成受阻，可溶性氨基酸积累。同时缺铜还影响 RNA 和 DNA 的合成。铜对于豆科植物根瘤的形成与固氮作用是必需的。铜可能参与豆血红蛋白的合成，植物缺铜时根瘤形成减少；缺铜会降低根瘤内末端氧化酶的活性，使固氮系统内的氧分压增大，而抑制固氮作用。

二、作物的缺铜症状

作物缺铜的一般症状是叶片叶绿素减少，新生叶失绿发黄呈凋萎干枯状，叶尖发白卷曲，生殖器官发育受阻。但不同作物对缺铜的敏感性不一样，表现的症状亦有差异。如烟草对铜不敏感，而麦类对铜极为敏感，故把燕麦和小麦作为缺铜的指示植物。果树中的桃、李、杏、苹果、柑橘、梅、橄榄等发生的枝枯病或顶端黄化病都是由缺铜所致。

1. 麦类作物缺铜症状

麦类需铜并不多，但对铜敏感，容易出现缺铜症状。其中小麦比大麦、燕麦更为敏感。缺铜时新叶呈灰绿色，下位叶前半黄化和上位叶常干卷（旋转）成纸捻状；穗发育不齐、大小不一，花粉细胞不育，穗而不实是缺铜的典型症状。

2. 果树缺铜症状

柑橘类果树缺铜时新梢丛生，新梢上长出的叶片小而畸形，果皮上出现褐色赘生物。梨树缺铜症状为新梢萎缩、枯干，称顶枯症。苹果和桃等果树缺铜时，树皮粗糙易出现裂纹，常分泌出胶状物，果实

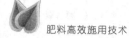

小而硬，易脱落。

3. 蔬菜缺铜症状

洋葱缺铜时鳞片较薄，鳞茎生长缓慢，松散不坚实。番茄缺铜，小叶叶缘向内卷，顶部凋萎下垂。青椒缺铜时，刚伸展的幼叶脉间失绿黄化，易于萎蔫。

植物缺铜也会影响动物和人体健康。牲畜食用缺铜牧草会贫血、生长衰弱；人体缺铜可引起遗传性铜代谢障碍。但在植物体内含铜量过高时，动物摄取过量的铜，也会毒害动植物或造成环境污染。

三、土壤中的铜及其有效性

土壤中的铜主要来源于成土母质中的原生矿物和次生矿物。在成土过程中，矿物风释放出的铜主要被土壤黏粒吸附和土壤腐殖质对铜的富集作用。因此，土壤中铜的含量除了决定于母质外，还与土壤黏粒和腐殖质含量有关。土壤中的铜以各种不同的形态存在，可分为水溶态、代换态、有机态和矿物态。

1. 水溶态铜

水溶态铜指存在于土壤溶液中的铜。浓度很低，常在 0.01mg/kg 以下，溶液中铜的形态因 pH 值而异，pH<7.3 时 Cu^{2+} 占优势；pH>7.3 时，则以 $Cu(OH)^+$ 为主。溶液中大部分铜是可溶的有机络合态。水溶态铜能被植物直接吸收利用。

2. 代换态铜

土壤无机胶体和有机胶体所吸附的 Cu^{2+} 和 $Cu(OH)^+$，又称吸附态铜，部分可以被其他阳离子交换出来，称为代换态铜。

3. 有机态铜

铜可与土壤有机质中的—SH、—OH 及—COOH 等基团形成稳定的络合物。有机态铜有的对植物是有效的，有的则要通过有机质分解才能为植物吸收利用。

4. 矿物态铜

土壤含铜矿物中，主要是铜的硫化物，以黄铜矿（$CuFeS_2$）最多，还有铜的氧化物、碳酸盐、硅酸盐、硫酸盐、氯化物和自然

148

铜等。

以上几种形态的铜对植物的有效性不一样，但是能互相转化。水溶态铜和代换态铜为有效态铜。土壤溶液中铜减少时，主要由吸附在铁、铝氧化物表面以及有机质络合的铜来补充。矿物态铜的溶解性很低，难以为植物利用。

土壤有效态铜的测定，通常酸性土壤用 $0.1mol/L$ 盐酸提取，缺铜的临界值为 $2mg/kg$；中性和石灰性土壤用 $0.05mol/L$ DTPA（二乙三胺五醋酸）$+0.01mol/L$ $CaCl_2$ $+0.1mol/L$ TEA（三乙醇胺）溶液（pH=7.3）浸提，缺铜的临界值为 $0.2mg/kg$。

四、铜肥的品种和性质

我国常用的铜肥是硫酸铜，其他还有氧化铜、氧化亚铜、碱式硫酸铜和含铜矿渣等，均难溶于水。只能用作基肥硫酸铜的分子式为 $CuSO_4 \cdot 5H_2O$，含铜量为 25%，呈深蓝色结晶或蓝色颗粒状粉末，溶于水。可用作基肥、叶面喷施和种子处理等。

五、铜肥的合理施用与肥效

铜肥应首先施用在缺铜的土壤和对铜敏感的作物上。一般泥炭土、沼泽土等富含有机质的土壤及长期渍水的土壤，由于土壤中的铜与腐殖质形成稳定的络合物而降低铜的有效性；南方丘陵地区的酸性砾质土、石灰岩发育的砾质土，土壤本身铜含量贫乏；pH 高的碱性土和施用石灰过量的土壤，土壤中的铜转化为难溶态铜。在这些缺铜土壤上施用铜肥有良好效果。

据作物对铜反应的敏感性和需铜状况可分为：需铜最多的作物：如小麦、洋葱、菠菜等；需铜较多的作物：如大麦、燕麦、水稻、花椰菜、向日葵等；需铜中等的作物：如马铃薯、甜菜、亚麻、黄瓜、番茄等；需铜较少的作物：如玉米、豆类和油菜等。一般在需铜量多和对铜敏感的作物上施用铜肥的效果好。正常生长的作物叶片含铜量多在 $5\sim20mg/kg$，当叶片含铜量低于 $4mg/kg$ 时，施用铜肥有良好效果。

铜肥的施用方法：可施入土壤中作基肥和追肥，也可作根外追肥、叶面喷施或浸种和拌种。

1. 基肥

铜肥作基肥有效而且肥效持久。硫酸铜每亩用 $1\sim1.5kg$，最好与其他酸性肥料配合使用，肥效可持续 $2\sim3$ 年。含铜矿渣也可作基肥，一般在冬耕或早春耕地时，均匀施入土中，每亩用 $30\sim50kg$，肥效可持续 $4\sim5$ 年。由于铜在土壤中移动性很小，土壤对铜的吸附能力强，铜肥有较长的后效（铜易在土壤中积累）；作物对铜的需求量较少；所以，土施铜肥的用量宜少，要施均匀。特别是在砂性土施用时，尤其注意，不必连续施用。铜肥施用过多会影响种子发芽，抑制作物生长。另外，硫酸铜的价格较贵，故一般用作种肥和根外喷施。

2. 根外追肥

叶面喷施是矫治作物缺铜常用的方法。硫酸铜溶液浓度为 $0.02\%\sim0.05\%$，每亩喷量 $50\sim100kg$（视苗大小）。用硫酸铜溶液直接喷施易使作物发生肥害，可加 $0.15\%\sim0.25\%$ 的熟石灰，或配成波尔多液农药施用，既可避免叶面灼伤，又可起杀菌作用。喷施的时期宜早不宜晚，麦类作物不应晚于分蘖末期。

3. 种子处理

浸种，硫酸铜溶液的浓度为 $0.02\%\sim0.05\%$，浸 12h 后，捞出阴干再播种。

拌种，每千克种子用硫酸铜 1g，拌种前将肥料用少量水溶解后，均匀地喷洒在种子上。边喷边拌、阴干后播种。种子处理时，硫酸铜的用量要严格控制，否则会影响发芽。

参 考 文 献

[1] 张道勇，王鹤平. 中国实用肥料学. 上海：上海科学技术出版社，1997：119-142.

[2] 陆欣. 土壤肥料学. 北京：中国农业大学出版社，2002：261-276.

[3] 王介元，王昌全. 土壤肥料学. 北京：中国农业科技出版社，1996：261-269.

[4] 桂松龄，吴会昌. 锰元素与蔬菜生产关系研究. 北方园艺，2009（4）：116-117.

[5] 宋超. 锰与社会及人类. 科技资讯，2009（12）：238.

[6] 姚元涛，张丽霞，宋鲁彬，田丽丽. 茶树锰素营养研究现状与展望. 中国茶叶，2009（4）：18-19.

[7] 王志春. 硼肥的应用技术与施用效果. 现代农业，2007（11）：152.

[8] 王玉堂. 铁肥及其施用技术. 科普长廊，2003（11）：29.

[9] 伊霞，李运起，敖特根白音，徐敏云等. 五种微肥配施对紫花苜蓿干草产量的影响. 河北农业大学学报，2009，32（3）：21-25.

[10] 李电文. 蔬菜缺硼及防治措施. 河北农业科技，2008（11）：25.

[11] 徐爱东. 增施铁肥提高小麦抗盐性研究. 安徽农业科学，2009，37（9）：3898-3899.

[12] 刘荣根. 硼对棉花生长发育及其产量的影响. 上海农业科技，2009（3）：58-59.

[13] 杨丽兰，叶彬，文新安，朱新林. 棉田叶面喷施锌肥试验报告. 新疆农业科技，2009（3）：50-51.

第九章
复混肥料及其施用

第一节 复混肥的特性

一、复混肥料概述

复混肥料指由化学方法或混合方法制成的含作物营养元素氮、磷、钾中任何两种或三种的化肥。我国复混肥料与复合肥料概念以前用得比较混乱，有时候两个含义相同，有时又不同，2002年的国家标准将复混肥料定义为复合肥料和混合肥料的统称，而复合肥料指的是化成复合肥。但在生产应用中，依然习惯上将复混肥统称为复合肥料，本书依国标除化成复合肥称为复合肥，而一般用统称为复混肥。生产复混肥料可以简化施肥技术，提高肥效，减少施肥次数，节省施肥成本，生产和施用复混肥料引起世界各国的普遍重视。复混肥料是世界化肥工业发展的方向，2005年，复混肥产量约占国内化肥总消费量的33%，我国作物多样化，土壤也由过去克服单一营养元素缺乏的所谓"校正施肥"转入多种营养成分配合的"平衡施肥"。为此，加速发展复混肥工业已是势在必行。随着农业集约化的发展与科学技术水平的提高，世界化学肥料的发展向高效化、复合化、液体化、缓效化的方向发展，这样可以节省能源，减少运输费用，减少肥料的副成分，提高肥效。复混肥料按制造方法可细分为化成复合肥、混成复混肥、掺合复混肥和有机无机复混肥。

（一）化成复合肥

化成复合肥是由化学方法制造出来的，是由几种化学原料经过化学反应后形成的，获得的肥料一般是某种化合物，养分含量和比例决定于生产工艺流程和化合物的种类。一般是二元复混肥，如磷酸铵类肥料、硝酸磷肥、硝酸钾和磷酸二氢钾等。

（二）混成复混肥

混成复混肥料是将两种或三种单质化肥，或用一种复混肥料与一两种单质化肥，通过机械混合的方法制取不同规格即不同养分配比的肥料，以适应农业要求，尤其适合生产专用肥料。混成复混肥往往要经过加湿、造粒等过程，也可能会发生一定的化学反应，但其养分的基本形态和有效性不变。一般制成颗粒肥，由于受工艺的限制，一般含有副成分。产品大多是三元复混肥，如：硫磷铵钾、氯磷铵钾、硝酸铵钾、尿素磷铵钾及各种硫基、氯基氮磷钾三元复混肥等。

（三）掺合复混肥（BB肥）

掺合复混肥是将颗粒大小比较一致的单元肥料或化成复混肥为基础肥料，直接由肥料销售系统或工厂按当地农作物和土壤要求确定的配方，经称量配料和简单的机械混合而成，又称BB肥，名称来源于英文BulkBlending Fertilizer。其特点是氮、磷、钾及微量元素的比例容易调整。可以根据用户需要生产各种规格的专用肥。比较适合测土配方施肥的需要，正因为其灵活多变的特点，在微机的控制下，用户所需肥料在几分钟之内即可生产出来。BB肥在国外发展很快，这种掺混工艺在20世纪50年代在美国兴起。目前BB肥在美国的销售量占施肥总量的45%，在复混肥中的比例超过60%。我国的BB肥起步较晚，市场占有率很低。BB肥在国外是散装混合肥料，它的生产是由销售部门（配肥站）完成的，是和当地的大规模集约化农业有关，而我国由于农业主要是以家庭为单位小型农业，限制了这种肥料的应用。我国市场上散装混合肥料很少见，BB肥也是带包装的，和混成复混肥区别不大。它们的区别主要在于混成复混肥经过了造粒等加工过程，而 BB 肥只是简单的掺合。经常这两种肥料并不仔细区分，统称混合肥料。

（四）有机无机复混肥

有机无机复混肥是近年来才兴起的一种新型肥料，它既包含化肥成分，也包含有机质，其中有机物质大都采用加工过后的有机肥料（如畜禽粪便、城市垃圾有机物、污泥、秸秆、木屑、食品加工废料等）以及含有机质的物质（草炭、风化煤、褐煤、腐殖酸等），并按一定的标准配比加入无机化肥，充分混匀并经过造粒等流程生产出来的既含有机质又含有化肥的产品。有机无机复混肥不同于其他无机复混肥，有专门的国家标准。

复混肥有许多种分类方法，如复混肥按所含元素的种类可分为二元复混肥、三元复混肥和多元复混肥，只含有氮、磷、钾三要素中两种元素的为二元复混肥，含有三种的称为三元复混肥，在二元、三元复混肥的基础上加入了中量或微量元素称作多元素复混肥。如果肥料中加入了生长素、农药等，这种复混肥称多功能复混肥。按形态又可分为固体复混肥和液体复混肥。

复混肥料中营养元素成分和含量，习惯上按 $N-P_2O_5-K_2O$ 的顺序，分别用阿拉伯数字表示，"0"表示无该营养元素成分。如 18-46-0 表示为含 N 18%，含 P_2O_5 46%，总养分 64% 的氮磷二元复混肥料；15-15-15 表示为含 N、P_2O_5、K_2O 各 15%，总养分为 45% 的三元复混肥料。上述表示方法称配合式。商品复混肥料的营养元素成分和含量应该在肥料口袋上明确标示。复混肥料中含有中、微量营养元素时，则在后面的位置上表明含量并加括号注明元素符号。如 12-12-12-5(S) 表示复混肥料含有 N、P_2O_5、K_2O 各 12%，还含有 S 5%，18-18-12-1.5(Zn)，表示复混肥料含有 N、P_2O_5、K_2O 分别为 18%、18%、12%，同时含有微量元素 Zn 为 1.5%。复混肥总养分包括总氮、有效五氧化二磷和氧化钾含量，以质量分数计，其他的中量微量元素不计算在内。

二、复混肥料的国家标准和优缺点

（一）复混肥料的国家标准

复混肥是肥料的一个发展方向，相关部门对此也很重视，并在

2009 年制定了新的国家标准（GB 15063—2009），掺混肥料更是在 2001 年的标准上制定了新标准（GB 21633—2008）。表 9-1 为 2001 年复混肥料的标准，达不到标准的肥料为不合格。如总养分含量低于 25%的复混肥为不合格。

表 9-1　复混肥料国家标准（GB 15063—2009）　　单位：%

项　目		高浓度	中浓度	低浓度
总养分(N+P₂O₅+K₂O) ≥		40.0	30.0	25.0
水溶性磷占有效磷百分率 ≥		60	50	40
水分(H₂O) ≤		2.0	2.5	5.0
粒度(1.00～4.75mm 或 3.35～5.60mm) ≥		90	90	80
氯离子(Cl)	未标"含氯"的产品 ≤	3.0		
	标识"含氯(低氯)"的产品 ≤	15.0		
	标识"含氯(高氯)"的产品 ≤	30.0		

注：1. 组织产品的单一养分含量不得低于 4.0%，且单一养分测定值与标明值负偏差的绝对值不得大于 1.5%。

2. 以钙镁磷肥等枸溶性磷肥为基础磷肥并在包装容器上注明为"枸溶性磷"，"水溶性磷占有效磷百分率"项目不做检验和判定。若为氮、钾二元肥料，"水溶性磷占有效磷百分率"不做检验和判定。

3. 水分为出厂检验项目。

4. 特殊情况或更大颗粒（粉状除外）产品的粒度可由供需双方协议确定。

5. 氯离子的质量分数大于 30.0%的产品，应在包装袋上标明"含氯（高氯）"，标识"含氯（高氯）"的产品，氯离子的质量分数可不做检验和判定。

（二）复混肥料的优点

（1）养分种类多、含量高　复混肥料中所含养分种类较多，有效成分含量也高，不含或少含有生产上不需要的副成分，施用方便，节省运输、贮存和施用的劳力和成本。

（2）物理性状好、施用方便　复混肥料的颗粒比较坚实、无尘，粒度大小均匀，吸湿性小，便于贮存和施用。复混肥料既适于机械施肥，也便于人工撒施。

（3）提高肥效、省工省时增效　施用复混肥料可以同时满足作物对几种营养元素的需要，相当于多种单元肥料，比施用单元肥料对作物增产效果好，既增产又增收

（4）具有针对性和灵活性 复混肥料可以针对某种土壤、某一作物、某一特定品种调整养分含量与配方。生产数量可多可少，灵活性比较强。

（三）复混肥料缺点

复混肥料的优点很多，但也存在一些缺点。主要的缺点有两个：其一，许多植物在不同的生育期对养分的数量与种类有不同的要求，各地的肥力水平，不同元素的供应能力有较大的区别，因此养分相对固定的复混肥，不能满足各种植物、不同土壤上作物对养分的需要。特别是化成复合肥，本身就是二元复合肥，不能同时供应 N、P、K 三要素。三元复混肥的种类虽然很多，有高氮、高磷、高钾等诸多品种，但由于市场的原因，能买到的品种往往有限。因此，将复混肥与单元肥料配合，制成适宜于某种土壤气候条件下的某种植物专用肥，这样既可减少肥料成分的浪费，又能最大限度地发挥复混肥料的优越性。其二，难以满足不同施肥技术的要求。复混肥料中的各种养分只能采用同一施肥时期、施肥方式和深度，这样不能充分发挥各种营养元素的最佳施肥效果。

第二节　复混肥的主要品种

一、化成复混肥

（一）磷酸铵

磷酸铵是由氨和浓缩磷酸反应生成的一组化合物，由于氨中和程度不同，主要商品肥料有磷酸一铵和磷酸二铵，其反应如下：

$$NH_3 + H_3PO_4 \longrightarrow NH_4H_2PO_4（磷酸一铵）2NH_3 + H_3PO_4 \longrightarrow$$
$$(NH_4)_2HPO_4（磷酸二铵）$$

磷酸一铵和磷酸二铵都是含氮、磷的二元复混肥，都是水溶性肥料，磷酸一铵又称磷酸二氢铵，是含氮、磷两种营养成分的复混肥。市场上常见的磷酸一铵总养分含量在 55%～60% 之间，含氮量11%～13%，P_2O_5 含量 41%～48%。磷酸一铵有效磷（P_2O_5）与总氮含量的比例约 4.6 : 1，磷的比例高，是高浓度磷复合肥的主要品种。

磷酸二铵又称磷酸氢二铵，是含氮、磷两种营养成分的复合肥。市场上常见的磷酸二铵总养分含量在 57%~65% 之间，其中氮含量 14%~18%，P_2O_5 含量 42%~50%，有效磷（P_2O_5）与总氮含量的比例约 2.8：1。

磷酸铵纯品为白色晶体，商品肥料由于含有杂质，外观呈灰白色或深灰色，生产时都进行了造粒，呈颗粒状，改善了肥料的物理性质，有利于施用与贮藏。它们均易溶于水，其中磷酸二铵溶解度更大，25℃时溶解度为 72.1g/100g 水，磷酸一铵为 41.6g/100g 水。磷酸二铵有一定吸湿性，在潮湿空气中易分解，挥发出氨变成磷酸二氢铵。而磷酸一铵化学性质更稳定，氨不容易挥发。它们都可以做为肥料直接使用，磷酸铵是以磷为主的二元复合肥，对作物的需求并不适合，应注意与其他单元肥料配合施用。磷酸铵也作为配制其他二元、三元复混肥的原料，如可以加入尿素制成尿素磷铵或加入硫酸铵制成硫磷铵，也可以加入硝酸铵制成硝磷铵，这些肥料的氮、磷比例更适合一般作物的需要。

（二）硝酸磷肥

硝酸磷肥是用硝酸分解磷矿粉制得的磷酸和硝酸钙溶液，反应式为：

$$Ca_{10}F_2(PO_4)_6 + 20HNO_3 \longrightarrow 6H_3PO_4 + 10Ca(NO_3)_2 + 2HF$$

其中的硝酸钙存在会影响肥料的物理性质，大部分要除去，采用不同的方法加工处理这种溶液，就形成不同的硝酸磷肥生产工艺。它们差别只在于除去溶液中的硝酸钙的方法不同。分离钙以后溶液的后加工步骤基本相似，主要是溶液用氨中和，进行蒸发、造粒、干燥和筛分即得成品。硝酸磷肥的生产中分离硝酸钙的方法有冷冻法、混酸法和碳化法。碳化法先氨化，然后再通入氨和二氧化碳，钙与二氧化碳生成碳酸钙沉淀而被除去，此法简单，生产费用低，但产品中的磷酸盐不溶于水，只溶于枸橼酸铵溶液，颗粒产品肥效差。混酸法要加入硫酸，大部分钙与硫酸生成硫酸钙沉淀，此法的缺点是要消耗硫酸，生产的肥料总养分量偏低，在 24%~28% 之间，水溶性磷的比例一般在 30%~50% 之间。冷冻法是用低温使硝酸钙生成结晶而被除去，分离后的母液用氨中和。反应式为：

$$6H_3PO_4 + 4Ca(NO_3)_2 + 2HF + 11NH_3 \longrightarrow$$

$$3CaHPO_4 + 3NH_4H_2PO_4 + 8NH_4NO_3 + CaF_2$$

中和料浆，经蒸发、造粒、干燥和筛分即得硝酸磷肥产品。主要成分是二水磷酸二钙、磷酸二氢铵、硝酸铵，其中的磷主要是水溶性的，可达全磷的 75%，硝态氮 25%左右，铵态氮 75%。总养分含量高，可达 40%。这种硝酸磷肥生产工艺应用广泛，典型产品规格（以 N-P_2O_5-K_2O 表示）有 26-13-0、20-20-0。还可以在生产过程中添加氯化钾调理剂，其典型产品规格是 15-15-15、13-13-20。最大的硝酸磷肥厂是山西化肥厂，年产 90 万吨，就是用的这种方法。

（三）聚磷酸铵

聚磷酸铵又称多聚磷酸铵或缩聚磷酸铵，聚磷酸铵无毒无味，不产生腐蚀气体，吸湿性小，热稳定性高，作为一种性能优良的非卤阻燃剂而大量应用。农用聚磷酸铵聚合度低，主要含二聚磷酸铵、三聚磷酸铵和四聚磷酸铵等多种聚磷酸铵，低聚合度聚磷酸铵是一种含 N和 P 的聚磷酸盐，已逐渐进入复混肥和液体肥料的生产，特别是在发达国家已得到广泛应用。20 世纪 70 年代初，美国将湿法磷酸浓缩成过磷酸，在管式反应器中与氨反应，生成高浓度聚磷酸铵，加水冷却生成品级为 10-34-0 的液体肥料。基础液肥可与氮溶液、钾肥生产液体复混肥。而固体的多聚磷酸铵含 N 12%～18%，含 P_2O_5 58%～61%，是一种浓度非常高的 N、P 复混肥，多聚磷酸铵易溶于水，养分有效性高，其中的焦磷酸铵能被作物能直接利用，在大多数土壤条件下，能很快水解成正磷酸盐，因此，施用聚磷酸铵，作物吸收的可能是正磷酸盐。聚磷酸铵的分子比较特殊，能够与许多微量元素形成络合离子，从而避免了微量元素被土壤固定，而微量元素被土壤固定是某些微量元素缺乏的重要原因，如中国北方土壤缺铁比较普遍，而铁在土壤中是四大元素之一，含量很高，但有效性低，施入易溶性的铁盐在土壤中很容易被氧化成高价铁而被固定。络合后的铁则不容易被固定，因此多聚磷酸铵可作为多种微量元素的载体。聚磷酸铵也是液体复混肥的主要原料，美国生产的农用聚磷酸铵主要是液态的。农用聚磷酸铵目前在中国仅有少量生产，应用也非常有限。

磷酸铵和硝酸磷肥是常见的两种化成复合肥，而三元的复混肥以化成复合肥和单元肥料混配而成的。化成复合肥还有磷酸二氢钾、硝酸钾、氨化过磷酸钙等，但这些生产量小，都不是大宗肥料。聚磷酸铵在我国很少作为肥料使用，生产量也很少，而发达国家用的很多，因为它配制的液体复混肥性质优良。

二、混合肥料

混合肥料是混成肥与掺混肥的统称，是将两种或两种以上的单质化肥，或用一种复混肥料与一两种单质化肥，通过机械混合的方法制取不同养分配比的肥料，以适应农业生产的要求。生产工艺流程以物理过程为主。按制造方法不同又可以分为粉状混合肥料、粒状混合肥料和掺合肥料。

（1）**粉状混合肥料**　采用干粉掺合或干粉混合，这是生产混合肥料中最简单的工艺，但这种肥料机械施用不便，物理性质也差，容易吸湿、结块，但其生产成本低，可以在农村随混随用，2001年开始禁止作为商品在市场上流通，所以商品用的混合肥料都是粒状。

（2）**粒状混合肥料**　它是在粉状混合肥料的基础上发展起来的。肥料先通过粉状搅拌混合后，造粒，筛选再烘干，是我国目前主要的复混合肥品种，且粒状混合肥料在我国发展方兴未艾，具有很好的发展前景。

（3）**掺合肥料**　也称BB肥。是以两种或两种以上粒度相近的不同种肥料颗粒通过机械混合而成，因此各单个颗粒的组成与肥料的整个组成不一致。产品可散装或袋装进入市场。BB肥在国外是散装肥料，这样可以节约成本，而我国由于农业经营是以家庭为单位的，规模小，散装肥料并不适合我国国情，BB肥一般也是袋装的。

混合肥料种类很多，一般是三元肥料，它们或者用单元肥料混合而成，或者在生产硝酸磷肥、磷酸铵的过程中加入硫酸钾、氯化钾及尿素、硫酸铵等氮肥配成。根据原料不同，可以分为三类。

（一）硝磷钾肥

它是在制造硝酸磷肥的基础上添加硫酸钾或氯化钾后制成。生产时可按需要选用不同比例的氮、磷、钾。硝磷钾肥的有效成分包括硝酸铵、磷酸铵、硫酸钾或氯化钾等。养分含量一般为10-10-10或15-15-15，是三元氮磷钾复混肥料。

硝磷钾肥呈淡褐色颗粒肥料，有吸湿性，磷素中有30%～50%为水溶性，50%～70%为枸溶性，不含氯离子的硝磷钾肥，如10-10-

10（S），已经成为我国烟草生产地区的专用肥料，作烟草的基肥或早期追肥，效果显著。每亩用量 30～50kg。

（二）铵磷钾肥

铵磷钾肥是用磷酸铵、硫酸铵和硫酸钾铵按不同比例混合而成，养分含量有 12-24-12（S）、10-20-15（S）、10-30-10（S）等多种，是三元氮磷钾混合肥料。

铵磷钾肥的物理性状良好，易溶于水，易被作物吸收利用。它以作基肥为主，也可作早期追肥。不含氯的混合肥料，目前主要用在一些忌氯作物上，施用时可根据需要选择其中一种适宜的养分比例或在追肥时用单质氮肥进行调节。

（三）尿磷钾肥

尿磷钾肥由尿素、磷酸一铵和氯化钾按不同比例掺混、造粒制成单含氯的三元氮磷钾混合肥料，因为含氯，不用在烟草等对氯敏感作物上。典型的品种有 19-19-19、27-13.5-13.5、23-11.5-23、23-23-11.5 等。

混合肥料调整比例容易，所以种类繁多，我国主要品种见表9-2。

表 9-2　我国复混肥料代表产品

养分浓度 N+P_2O_5+K_2O	三元复混肥料（N-P_2O_5-K_2O）/%				二元复混肥料 （N-P_2O_5-K_2O） /%
	高磷高钾	高磷低钾	低磷高钾	低磷低钾	
低浓度	11-7-7 9-9-7 11-8-6	13-8-4 11-10-4	14-6-8 10-5-10	15-5-5	12-8-0 10-0-10
中浓度	5-15-12 8-8-16 10-8-20	16-10-4 18-8-4	16-4-10 18-4-8	16-7-7 18-8-8	15-10-0 12-0-8
高浓度	15-15-15 12-12-24	22-12-6	18-8-18 20-9-13	20-10-9	23-12-0 10-40-0 13-32-0

三、有机无机复混肥

有机无机复混肥的有机物质大都采用加工过后的有机肥料（如畜

禽粪便、城市垃圾有机物、污泥、秸秆、木屑、食品加工废料等）以及含有机质的物质（草炭、风化煤、褐煤、腐殖酸等），按一定的标准配比加入无机化肥，充分混匀并经过造粒等流程生产出来的、既含有机质又含有化肥成分的产品。有的还加入微生物菌剂和刺激生长的物质，称其为有机活性肥料或生物缓效肥。

有机无机复混肥是近年兴起的一个复混肥品种，在我国商品肥料中已占了相当的比例，如北京市现有登记肥料生产企业 187 家，其中有机无机复混肥生产企业 24 家，占肥料生产企业总量的 12.8%。有机无机复混肥的兴起与中国现阶段中国的施肥情况有关，农民往往常年使用无机肥料而不施用有机肥，致使土壤有机质下降，土壤结构变差，土壤板结，土壤肥力下降，产量难以提高，单位肥料的报酬下降，经济效益越来越差。而有机无机复混肥的施用，可在一定程度上缓解上述情况，有较高的经济回报。国家也发布了相应的国家标准，见表 9-3。

表 9-3　有机无机复混肥国家标准

项　　目	指　　标
总养分($N+P_2O_5+K_2O$)质量分数/%	$\geqslant 15.0$
水分(H_2O)质量分数/%	$\leqslant 10.0$
有机质的质量分数/%	$\geqslant 20$
粒度(1.00~4.75mm 或 3.35~5.60mm)/%	$\geqslant 70$
酸碱度 pH	5.5~8.0
蛔虫卵死亡率/%	$\geqslant 95$
大肠杆菌值	$\geqslant 10$
含氯离子(Cl^-)的质量分数/%	$\leqslant 3.0$
砷及其化合物(以 As 计)的质量分数/%	$\leqslant 0.0050$
镉及其化合物(以 Cd 计)的质量分数/%	$\leqslant 0.0010$
铅及其化合物(以 Pb 计)的质量分数/%	$\leqslant 0.0150$
铬及其化合物(以 Cr 计)的质量分数/%	$\leqslant 0.0500$
汞及其化合物(以 Hg 计)的质量分数/%	$\leqslant 0.0005$

注：1. 标明的单一养分的质量分数不得低于 2.0%，且单一养分测定值与标明值负偏差的绝对值不得大于 1.0%。

2. 如产品氯离子的质量分数大于 3.0%，并在包装容器上标明"含氯"，该项目可不做要求。

有机无机复混肥也是一种复混肥，但由于加入了有机物料，总养分浓度较低，对总养分要求标准比无机复混肥低，便于利用一些有机肥料，对我国环境改善有利。有机无机复混肥可能存在有害生物，标准中都作了相应的规定。有机无机复混肥市场上种类繁多，有效成分含量差别也非常大，高的总养分可达50%以上，低的只有百分之十几，这还是标称量，实际上抽检不格的，低于国标15%的劣质肥料也常在市场上可见。市场上有机质含量高的在50%以上，低的只有10%，有机质高则总养分含量低，（有机质含量10%的品种不符合国家标准，是按普通无机复混肥生产的）再加上生产肥料的有机物来源千差万别，所以不同的有机无机复混肥差别很大。

　　大量实验证明，有机无机复混肥与具有相同养分含量的无机复混相比，能够提高作物产量，改善作物品质，原因可以归纳如下。

1. 有机无机养分供应平衡

　　有机复肥既有化肥成分又有有机物，两者的适当配合，使之具有比无机复肥和有机肥更全面、更优越的性能。有机复肥既能实现一般无机复肥的氮、磷、钾等养分平衡，还能实现独特的有机-无机平衡。有机复肥中来源于无机化肥的速效性养分，由于有机肥的吸附作用，肥效较一般的无机肥料慢，克服了一般无机肥料肥效过猛的缺点，而其中有机肥要经过微生物的分解才能被作物利用，属于缓效性养分，能保证有机无机复混肥养分持久供应。使其具有缓急相济、均衡稳定的供肥特点，既避免了化肥养分供应大起大落的缺点，又避免了单施有机肥造成前期养分供应往往不足，或者需要大量施用有机肥费工费时的弊端。而且，有机无机复混肥保肥性能强，肥料损失少。磷和微量元素容易被土壤固定，利用率低，而复混肥中的有机成分，能减少它们的固定，因此，肥料利用率高。

2. 兼顾培肥改土与养分供应

　　只施无机复混肥，很难提高土壤有机质，无法改善土壤理化性质，有机肥改善土壤理化性质作用虽大，但施用量大，人工成本高，而且肥效缓慢，作物的前期养分供应往往不足。有机复混肥则兼有用地养地功能。因为有机复混肥中通常含有占总质量20%～50%的有机肥，含相当数量的有机质，有一定改善土壤理化性质的作用。

3. 具有生理调节作用

有机无机复混肥中本身含有或其中的有机物经过分解可生成一定数量的生理活性物质，如氨基酸、腐殖酸和酶类物质。它们有独特的生理调节作用，例如，腐殖酸的稀溶液能促进植物体内糖代谢、能加强作物的呼吸作用，增加细胞膜的透性，从而提高对养分的吸收能力等。

另外，有机复混肥可增强土壤中微生物的数量与活性，有利于土壤中的养分循环，另外有机质分解产生的有机酸对磷也有明显的活化作用。

有机复混肥有许多优点，但它的作用与无机复混肥相比究竟有多占优势，还是个有争议的问题，虽然大多人试验持肯定的态度，证明了有机无机复混肥与普通无机复混肥相比的优势，但也有相反的结论，有人认为有机无机复混肥只加入了少量的有机质，其作用是有限的。而且有机无机的成分复杂，在推广使用时要注意它的实际效果。特别要注意以下几点，不要盲目相信厂家的宣传。

一是有机无机复混肥料中的有机部分的肥效。目前大多数有机无机复混肥料的有机部分含量在 20％～50％之间。若以 50％计，即使单位面积施用 100kg（折每公顷 3t）有机无机复混肥料，施入的有机物质只有 50kg。有机物料所含养分浓度很低，鸡粪是很好的有机肥，但干鸡粪 $N+P_2O_5+K_2O$ 总量也不超过 5％，50kg 所含总养分不超过 2.5kg，加上三种养分平均利用率不足 50％，真实提供给作物的养分总量只有 1kg 多点，而一季粮食作物需要的总养分大概在 20～30kg，所以有机部分带来的养分是有限的。许多经验表明，每亩施入有机肥 1500kg 才有效，由此可见，有机无机复混肥料施入的有机物质所能起到的肥效是有限的，起主要作用的是其中的化肥。有机物质在有机无机复混肥料中最大的作用可能是对无机养分的吸附，有机物质是分散的多孔体，会吸收一部分化肥养分。有机无机复混肥料施入土壤后，化肥部分被水溶解，一部分被作物吸收，一部分被有机物吸收，对化肥的供应强度起到一定的缓冲作用。有机质对减少磷和微量元素的固定也有一定的作用，许多有机无机复混肥料的肥效都表现出 10％左右的增产效果（与等量无机养分相比），可能就是这个原因。另外。从土壤学的基本知识可知，施用少量的有机物，对提高土壤有机质作用很有限，所以它对土壤的培肥作用也有人质疑。

二是有的生产厂家在有机无机复混肥中加入微生物，微生物的作用也值得怀疑，因为众所周知，微生物在一定环境下才有活性，这个环境要求是很高的。化学肥料大多数是盐类，溶解度很高，对微生物的活性肯定会起杀灭或抑制作用。有机无机复混肥料加工过程中化肥采用的是干物料，对微生物的活性起抑制作用。这种肥料施入土壤后，水分充足，高浓度的肥料溶液不可能复活加入的微生物，还有可能将加入的微生物杀死，所以活性有机复混肥和生物有机复混肥的肥效不能肯定。

所以我们在施用有机无机复混肥料时，首先要注意肥料中的 N、P、K 的含量和比例，同时要考虑价格。由于加入了有机物质，有机物质的费用及其加工量，增加的费用都会附加到有机无机复混肥料的单位养分价格上，使这种肥料的单位养分价格高于一般复混肥料，这也是施用有机无机复混肥料时应当注意的。

四、液体复混肥

液体复混肥料从形态上是液体，与固体复混肥相同，也是含有 N、P、K 中两种或两种以上营养元素的肥料。常用作底肥或叶面喷施，或随灌溉水施用或直接施入土中。液体混合肥料在发达国家是一种很重要的肥料。液体混合肥料根据其溶解度又分为清液肥料和悬液肥料两种。

液体复混肥优点是：①生产费用低，因为省去蒸发及干燥，造粒等过程；②制造和使用中无烟尘问题；③不存在吸湿结块等物理问题；④只要能从原料产家获合适的原料则制造液体混合肥设备简单、廉价；⑤不会像固体肥料在贮运中产生离析而质量参差不齐。所以液体肥料是当今世界化肥工业发展的趋势之一。目前，液体肥料在国外已得到了较为广泛的应用。如在美国，液体化肥占化肥总量的 30% 左右。英国、德国、比利时、荷兰、墨西哥、俄罗斯等国也都在大量使用各种液体肥料。我国发展液体肥料较晚，近几年，由于叶面肥料和灌溉技术特别是滴灌技术的应用，液体肥料才得到了发展，但应用依然很有限。

液体复混肥虽然有许多优点，但也有缺点，正是这些缺点限制了它的应用。其缺点是：①原料必须是水溶性的，有些组分价格较高，因此受到一定的限制；②液体复混肥养分浓度较固态掺混肥低，所运输成本相对增加；③包装成本高；④除随水施用，其他方式需要专用设备。

液体复混肥用含氮、磷、钾原料配制，含氮原料可以用尿素、硝铵，含磷原料为磷酸一铵、磷酸二铵，含钾原料为氯化钾、硝酸钾或磷酸二氢钾。但上述原料制备的液体肥料养分含量较低，且结晶温度高，生产应用不方便。而用聚磷酸铵为磷源配制的液体复混肥性质更优，也是液体复混肥的主要品种，如上海化工研究院研究开发的聚磷酸铵液体复混肥料，是焦磷酸铵、尿素和磷酸二氢铵的清液复合体，约含 N 15%，P_2O_5 30% 和少量 Fe、S、Mg 等元素，相对密度 1.3～1.4，pH 可在 5～7 调节，是一种高浓度的液体复混肥。其中聚磷酸形态的 P_2O_5 占总 P_2O_5 的 36% 左右；用聚磷酸铵为磷源配制的液体复混肥，可根据作物对营养成分的要求，在生产过程中适当加入 K、Cu、Mo、Zn、Mn、B 等元素。由于聚磷酸具有螯合金属离子的良好性能，故适量的营养元素不易沉淀析出，它与农药或除草剂可互混，进行根施或喷施。美国的聚磷酸铵通常为液体肥料，养分含量通常为 11-37-0 或 12-40-0。

液体施用方法多样，可以叶面喷施，随水冲施，也可以加到喷灌、滴灌或浇灌的水中随水施用，其中叶面喷施人工成本高，随水冲施局限性大，与固体肥料相比也不具有优势，而如果事先将肥料稀释成一定浓度的溶液，通过滴灌或喷灌系统施肥，则施肥方便快速，清液型肥料全部溶于水，没有残渣，配制溶液比固体肥料更方便，这才是液体复混肥的优势所在，由于灌溉系统的限制，我国液体复混肥应用面积很小，没有形成规模。但改进灌溉系统，发展节水农业，是农业发展的一个必然方向，也会促进肥料的液体化，这也是当前世界上肥料发展的一个趋势。在美国等发达国家，农业高度集约化，液体复混肥的施用除了可以与灌溉系统结合外，还有专门的大型施肥机械，而我国不具备这种条件，这也是液体肥料没有得到发展的原因。

除了清液型复混肥，还有悬液型复混肥肥料，悬液肥料浓度大，因而常形成肥料盐的小结晶。为防止结晶析出，采用 2% 的硅镁土作悬浮剂。它的优点：除具有清液肥料的优点外，悬液肥料的吸引力在于这种肥料能利用比清液肥料物质纯度低的廉价原料。同时，也因为可以生产出 3-4-25（3-10-30）和 5-6-25（5-15-30）等高钾品级产品而使之得以推广。悬液肥料的养分含量高，悬液肥料的植物养分平均含量可达 45% 以上，而清液肥料平均只有 28%。悬液肥料易于掺入添加剂，更经济且可更随意地配制多种配方的肥料。但悬液肥料在混合、泵送及施入土壤过程中必须充分保持流体状态，在施肥机械里才不会有大的变化。在施用期间，还必须保持均质性，定期搅拌可使其保持数周至数月。在美国悬液肥料的占液体肥料的 40% 左右，其比例有提高的趋势。

除了普通液体复混肥，我国市场还有很多种冠以液体复混肥的新型肥料，但这些肥料和上面所说的液体复混肥差别很大。这些液体复混肥种类很多，从包装上看，一般采用小包装，每瓶（包）一般在几十克到几百克之间，它们不仅含有大量元素，也含有微量元素，但一般没有 N、P、K 含量的明确标示。许多含有螯合剂以提高微量元素的有效性；许多含有多种有机活性物质，可以促进植物的生长；有的含有植物提取物、稀土元素、植物激素等，成分十分繁杂。这类东西从性质上不同于一般的肥料，是多功能的东西。施用方式多采用喷施，它们多属于叶面肥，用量也很少，它提供的 N、P、K 微乎其微，它主要起作用的可能是微量元素和生理活性物质。这类东西还有一个共同的特点，单位质量的肥料较贵，施用这类叶面肥料要注意，它们不能代替土壤施肥，因为作物所需要的养分总量很大，绝不是一点叶面肥能满足的，它只能是对大宗肥料的补充。这类肥料的宣传常常含有误导的成分，误导内容主要有：①产品标有生产许可证。叶面肥料目前还没有建立类似复混肥料所具有的"三证制度"，该类产品加上生产许可证是"画蛇添足"。②"高倍数稀释"的叶面肥料。喷施时施用浓度太低，如何会有效果。③效果描述不切实际：如"叶面肥可代替施肥"，"可抗病、抗虫"，等等。

五、专用复混肥

市场上经常可以见到某某专用肥，如小麦专用肥、棉花专用肥等，这种肥料也是复混肥的一种，它的各种养分比例更适合它对应的作物，是化肥工业的进步。普通复混肥料虽然品种很多，如：有高氮品种，适应于喜氮作物；有高钾品种，适应于喜钾作物。但专用肥更专一，更科学。专用肥的配制一般是利用平衡施肥法的原理，要考虑几方面的因素来配制。第一，它要考虑土壤的供肥特性，因为作物所吸收的养分一部分是由土壤供给的，不够的部分才由施肥来补充，而不同的土壤供应养分的能力差别很大。当然，作为一个肥料企业，不可能将土壤的供肥能力考虑的过细，必定土壤是很不均一的，即使相距很近的地块，地力上也可能存在很大的差异，这个土壤的供肥特性只能是一个较大面积的平均水平。但如果一个专用肥用一个配方面向全国，这个专用肥就不可能是科学的，即使面向一个省，也很难说是科学的。第二，它要考虑植物对养分的需要总量和不同养分的比例，不同的作物对养分的需要量和 N、P、K 的比例差别很大，如玉米喜N，每产 100kg 玉米需要 N、P_2O_5、K_2O 分别为 2.57kg、0.86kg、2.14kg。块根、块茎类喜 K，如红薯每百公斤需要 N、P_2O_5、K_2O 分别为 0.35kg、0.18kg、0.55kg，马铃薯每百公斤需要 N、P_2O_5、K_2O 分别为 0.5kg、0.5kg、1.06kg。第三，养分的利用率，施入的养分，不可能全部都被吸收，有些被土壤固定，有的随水流失，有的变成气体进入了空气中，如 N 肥的利用率不足 50%，作物吸收 1kgN，则通过施肥补充的 N 超过 2kg；磷肥非常容易被土壤固定，其利用率更低。有了这三个因子，再加上目标产量，就可以计算出所需要施用的 N、P、K 的比例。当然，上述方法有点复杂，参数的获得也很麻烦，配方也可以根据当地的施肥田间试验，得出最佳的三要素的比例。但有些专用肥配方的计算不考虑土壤的供肥和肥料利用率，而是作物吸收多少养分就补充多少，这种做法很不科学。如北方比较常见的冲积土壤，特别是黄土冲积物母质上发育的土壤，有效 K 很丰富，对谷物类施用 K 肥一般无效，如果按植物吸收的全量补充，将是一种浪费。专用肥一般还含有该作物需要较多的微量元素。如玉米专用肥，玉米需要 Zn 较多，而我国北方地区缺 Zn 比较普遍，配方中应该加入 Zn。另外，不仅不同的作物需要 N、P、K 的比例不同，同一种作物不同时期也有区别。如西瓜，后期需 K 比前期多，有些西瓜专用肥就将西瓜生长分成几个时期，分别制出不同配方的专用肥。如日樱液体复混肥，是我国很少见的液体复混肥，其西瓜专用

肥分为如下三类：①壮苗肥（即西瓜一号专用）（配比 15-15-15），从定植到传粉期施用。②膨瓜肥（西瓜二号专用液肥）（配比 20-8-16），从坐瓜后至瓜长大 2～2.5kg 期间施用。③果肥（即西瓜三号专用肥）（配比 16-P8-20），从 2～2.5kg 瓜果至 5kg 以上施用。

第三节　肥料的混合与复混肥的施用技术

一、肥料混合的原则

将不同的肥料混合制成混合肥料，这个过程可以在工厂加工中进行，也可以由农民根据需要自己混合，肥料混合后，最主要的是可以节省劳动力，但肥料的混合并不是能够任意进行的，有些可以相互混合加工成掺混复合肥，而有的则不能混合，若将其制成复混肥料，不但不能发挥其增产效果，而且会造成资源浪费，因此，在选择生产原料时必须遵循以下原则。

（一）混合后肥料的临界相对湿度要高

肥料的吸湿性以其临界相对湿度来表示，即在一定的温度下，肥料开始从空气中吸收水分时的空气相对湿度。一般来说，肥料混合后的临界湿度比组分中的单一成分吸湿度大，即临界相对湿度比其组分中的单元肥料降低。因为肥料混合后吸湿性增强，所以选择肥料时临界湿度尽可能高些。尿素与氯化钾混合使用时，必须随混随用，因为混合后吸湿性增强，久存会结块。实验发现，二者分开存放 5d，尿素吸湿 8%，氯化钾吸湿 5.5%，而混合后吸湿达 33%。

（二）混合后肥料的养分不受损失

在肥料混合过程中由于肥料组分之间发生化学反应，导致养分损失或有效性的降低。主要反应介绍如下。

（1）氮的挥发损失　铵态氮肥含有铵态氮，腐熟度高的有机肥也含有较多的铵态氮（如堆肥、鸡粪等）与钙镁磷肥、石灰、草木灰等碱性肥料混合时易发生氨挥发，造成养分损失，这两类肥料是不能混合的。

$$2NH_4Cl + CaO \longrightarrow CaCl_2 + 2NH_3\uparrow + H_2O$$

尿素与钙镁磷肥混合时虽不会发生氮素损失，但施入土壤后，尿素在尿酶作用下水解生 $(NH_4)_2CO_3$，而且水解吸收土壤中 H^+，使施肥点附近土壤 pH 升高，再遇上碱性的钙镁磷肥极易造成 NH_3 挥发损失，因此，尿素最好不要与钙镁磷肥混合或制成钙镁磷肥包膜尿素。

$$CO(NH_2)_2 + 2H_2O \xrightarrow{\text{尿酶}} (NH_4)_2CO_3 \longrightarrow 2NH_3\uparrow + H_2O + CO_2$$

（2）硝态氮肥的气态损失　硝态氮肥与过磷酸钙混合久存，易生成 N_2O 而使氮损失，物理性质也会变坏，与未腐熟的有机肥（如植物油粕等）混合易发生反硝化脱氮。

$$2NH_4NO_3 + Ca(H_2PO_4)_2 \longrightarrow Ca(NH_2)(HPO_4)_2 + N_2O\uparrow + 3H_2O$$

$$2NH_4NO_3 + 2C(有机物) \longrightarrow N_2O + (NH_4)_2CO_3 + CO_2\uparrow$$

这两个反应都是慢反应，硝态氮肥与过磷酸随混随用，对其肥效的影响并不大。

（3）磷的退化作用　速效性磷肥如过磷酸钙、重过磷酸钙等与碱性肥料混合生成不溶性或难溶性磷酸盐而降低肥效。

$$Ca(H_2PO_4)_2 + CaO \longrightarrow 2CaHPO_4 + H_2O$$

$$2CaHPO_4 + CaO \longrightarrow Ca_3(PO_4)_2 + H_2O$$

尿素与过磷酸钙混合时，若物料温度超过 60℃，会使部分尿素水解进而使水溶性磷活性下降：

$$CO(NH_2)_2 + H_2O \longrightarrow 2NH_3 + CO_2$$

$$Ca(H_2PO_4)_2 \cdot H_2O + NH_3 \longrightarrow CaHPO_4 + NH_4H_2PO_4 + H_2O$$

磷酸二铵与过磷酸钙混合时也会发生类似反应：

$$(NH_4)_2HPO_4 + Ca(H_2PO_4)_2 \cdot H_2O \longrightarrow$$
$$CaHPO_4 + 2NH_4H_2PO_4 + H_2O$$

因此，在选择原料时，必须注意各种肥料混合的宜忌情况。常见肥料混合关系见图 9-1。

二、复混肥料的施用

（一）复混肥料的施用原则

复混肥料具有养分含量高、副成分少、贮存运输费用省、改进肥

		1	2	3	4	5	6	7	8	9	10	11
1	硫酸铵											
2	硝酸铵	△										
3	碳酸氢铵	×	△									
4	尿素	○	△	△								
5	氯化铵	○	△	×	○							
6	过磷酸钙	△	△	○	×	○						
7	钙镁磷肥	△	△	×	○	×	×					
8	磷矿粉	○	△	×	○	○	○	○				
9	硫酸钾	○	△	×	○	○	○	○	○			
10	氢化钾	○	△	×	○	○	○	○	○	○		
11	磷铵	△	△	×	△	○	×	×	○	○	○	
12	硝酸磷肥	△	△	×	△	△	○	×	△	△	△	△
		1	2	3	4	5	6	7	8	9	10	11	12
		硫酸铵	硝酸铵	碳酸氢铵	尿素	氯化铵	过磷酸钙	钙镁磷肥	磷矿粉	硫酸钾	氯化钾	磷铵	硝酸磷肥

图 9-1 矿质肥料的相互可混性

○-可以混合；△-可以暂时混合但不宜久置；×-不可混合

料的理化性状等优点，但除专用复混肥，其他复混肥存在着养分比例固定、难以满足施肥技术的要求等缺点。因此，施用复混肥料要求把握住针对性，如使用不当，就不可能起到应有的作用。科学地施用复混肥料应考虑以下几个方面的问题。

1. 选择适宜的品种

复混肥料的施用，要根据土壤的养分含量和作物的营养特点选用合适的肥料品种。如果施用的复混肥料，其品种特性与土壤条件和作物的营养习性不相适应时，轻者造成某种养分的浪费，重则可能导致减产。科学地选择复混肥料应考虑的因素包括以下几个方面。

（1）根据肥料的特性施肥 复混肥料中的氮包括铵态氮和硝态氮两种，铵态型复混肥和硝态型复混肥在多数旱作物上肥效相当。硝态型复混肥在稻田中氮素易流失，在丘陵茶区，较多的年降雨量也可导致硝态氮的流失。此类情况下，采用铵态型复混肥比硝态型复混肥可获得更好的肥效,多增产5%～24%。对于果树的幼苗及幼龄树,以铵态型复混肥的效果较好;在成龄和结果期以后,硝态型复混肥更有利于果树的吸收和运转。

复混肥料中钾的成分多为氯化钾或硫酸钾或两者兼有。据国外研究报道,大部分作物,特别是谷类作物对复肥中的氯离子没有不良反应,在硫酸钾的价格高于氯化钾的情况下,使用含氯离子的复混肥值得考虑。在水稻田中,施用含氯化钾的复混肥比施用含硫酸钾的复混肥具有更高的增产趋势,这与硫酸根的积累对水稻根系生长不利有关。因而稻田宜选用氯化钾的复混肥料,以获得更大的经济效益。但某些作物对氯反应敏感,如烟草、葡萄、马铃薯等忌氯作物,应使用含低氯或无氯复混肥料。根据以往的试验,在茶园施含氯的肥料容易产生"氯害",将茶树也列入忌氯作物。中国农业科学院茶叶研究试验结果(1981年)表明,成年茶园全年亩施氯化钾10kg以及幼龄茶园亩施5kg均未发现氯害症状,但每亩施用20kg以上,8d左右个别植株出现氯害现象,其程度随时间的延长和用量的增加而加剧。

复混肥料中的有效磷有水溶性和枸溶性两种。水溶性磷的肥效快,适宜在各种土壤上施用,而枸溶性磷适宜在中性和酸性土壤上施用,而在石灰性土壤、碱土等pH较高的土壤上,枸溶磷释放困难、肥效较差。

综合各地的试验结果,磷酸铵及尿素磷铵、尿素重钙、尿素普钙等复混肥料品种的肥效较为稳定,在各类土壤、各种作物上均适宜;硝酸磷肥和硝酸磷肥系复混肥料不宜在水田和多雨的坡地上施用,可在旱地土壤上施用,对于缺磷严重的石灰性土壤则要求施用冷冻法生成的硝酸磷肥,其中的五氧化二磷水溶率高,有利于灰分的吸收;含钙镁磷肥的复混肥,如尿素钙镁磷肥系应限在南方酸性或中性土壤上施用。含氯的复混肥料不宜在烟草、马铃薯、茶等对氯敏感的作物上施用;尽量在降雨量较多的季节和地区施用。在多雨的季节或降水较多的地区施用含氯化肥,氯离子可随水淋失,不易在土壤中积累,因而可避免对作物产生副作用。而无灌溉条件的旱地、排水不良的盐碱地和高温干旱季节以及缺水少雨地区最好不用或少用含氯化肥。

(2)根据作物的需肥特性施肥 根据植物种类和植物营养的特点不同,选用适宜的复混肥料品种,对于提高植物产量、改善农产品品质具有十分重要的意义。一般来说，粮食作物施肥应以提高产量为主，需钾量较少，我国北方土壤含钾较多，可选用氮磷复混肥料。豆科作物能够共生固氮，则以选用磷钾复混肥料为主。施用钾肥不仅可以提高经济作物的产量，更重要的在于改善产品的品质。如烟草施钾可以增加叶片的厚度，改善烟草的燃烧性和香味；果树和西瓜等施钾可提高甜度并降低酸度；甘蔗、甜菜施钾可以增加糖分，提高出糖率。因此，经济作物宜选用氮磷钾三元复混肥料。经济作物中的油料作物，因需磷较多，一般可选用低氮高磷的二元或低氮高磷低钾的三元复混肥料品种。

（3）根据轮作方式施肥　因轮作制度不同，在一个轮作周期中上下茬作物适用的复混肥品种也有所不同。如在小麦-玉米轮作制中，小麦苗期正处于低温阶段，这时磷的有效性很低，而小麦这个时期又对缺磷特别敏感，应选用高磷的复混肥品种；而夏玉米生产期因处于高温阶段，土壤中磷的有效性高，而且又能利用麦茬中施入磷肥的后效，因此，可选用低磷的复混肥品种。在稻-稻轮作制中，在同样缺磷的土壤上磷肥的肥效是早稻好于晚稻，因为早稻生长初期温度低，土壤供磷能力低。而钾肥的肥效则在晚稻上优于早稻，因而早稻应施用高磷的复混肥品种，晚稻可选用高钾的复混肥品种。

2. 复混肥料与单元肥料配合使用

复混肥料的成分是固定的，因而不仅难以满足不同土壤、不同作物甚至同一作物不同生育期对营养元素的需求，也难以满足不同养分在施肥技术上的不同要求（市场虽然有专用肥，但能买到的品种有限）。在施用复混肥料的同时，应根据复混肥的养分含量和当地土壤的养分条件以及作物营养习性，配合施用单质化肥，以保证养分的供应。

单质化肥施用量的确定可根据复混肥的成分、养分含量以及作物对养分的要求来计算。如每亩需施入纯氮 15kg、五氧化二磷 7.5kg、氧化钾 7.5kg，施用比例为 1∶0.5∶0.5，若选用的复混肥品种为含氮 14%、五氧化二磷 9%、氧化钾 20% 的三元复混肥，50kg 肥料含氧化钾 10kg，钾的需要已满足，而氮、磷肥均未得到满足。因此，尚需再施用 8kg 的纯氮、3kg 的五氧化二磷才能达到施肥标准，这就要通过施用单元肥料来解决。

（二）复混肥料的施用方式

复混肥料有磷或磷钾成分，磷和钾在土壤中移动困难，用作追肥肥效差，同时大都呈颗粒状，比粉状单元化肥溶解缓慢。根据中国农业科学院土壤肥料研究所在小麦、玉米、甘薯、谷子等作物上的试验，在作物生育前期或中期附加单质化肥作追肥的条件下，复混肥料无论是二元还是三元，均以基肥为好，因此，一般用作基肥，特别是含有有机质的有机无机复混肥，作基肥施用才能取得最好的效果。

1. 基肥

基肥又称底肥，是整地、翻耕时施用的肥料。施用复混肥料，可以满足作物前期对多种养分的需求，有利于壮苗，所以基肥充足是获得作物高产的基础。基肥的用量与作物种类、土壤性质等关系密切，基肥的用量一般占施肥全量的 $50\%\sim70\%$，是最主要的施肥方式。

不同的作物基肥的施用量和所占的比例是不同的，小麦、中稻等作物生育期较长，在 150d 左右，追肥的比重相对较大，基肥只占全生育期肥料用量 50% 左右。而双季稻、晚稻等，生育期短，壮苗早发是增产的关键，这些作物应重施基肥，基肥占全生育期肥料用量的 70% 左右。基肥用量的确定应考虑到作物不同生育期的营养特性和营养元素在土壤中的变化。以磷为例，磷在土壤中很容易被固定，移动性小，虽然作物后期对磷的需求大，但后期把磷肥追施在根系密集层很困难，施在表层又难以下移，肥效差，所以磷一般作基肥施用。早期磷素充足，植株可吸收并在体内贮存更多的磷素，对植物后期需磷多的时期，如大豆在开花结荚期、甘薯在块根膨大期，贮存的磷可以转移到缺磷的部位。所以要将大部分的磷素作为基肥施入。在土壤有效磷含量中等的一年生作物上，全部的磷均由基肥施入；在土壤缺磷较严重或寒冷的西北方单季作物上，磷肥用量大，可用 70% 的磷肥作基肥。可根据复混肥各成分含量和对作物施肥的要求计算用量，其中不足的养分可通过补充单元化肥而获得。

对多年生的果树等，基肥的施用有所不同，基肥是在垦植或改种换植时结合深耕改土而施用的肥料；基肥主要有两种方式，以果树为例，一种是定植或种子直播时挖深坑施入，另一种是每年秋冬在果树的周围挖放射状沟或环状沟进行深施，两者均称为果树的基肥。

基肥的用量还要考虑土壤条件，应掌握"瘦地或黏性土多施，肥土或砂性土少施"的原则。因为瘦地苗期易缺肥，而砂性土保肥差，在水田或多雨季节易渗漏，故在复混肥施用上宜采用"少量多次"的方法。

2. 种肥

种肥指播种或移栽时施用的肥料。复混肥料原则上讲不宜做种肥，如果一定要做种肥，必须做到"肥、种分开"，相隔 5cm 为宜，以免烧苗。一些价格贵的复混肥料大量施用代价太高，也可用作种肥，如磷酸二氢钾。种肥主要能满足苗期对养分的需求。如磷，苗期作物根系吸收能力较弱，但又是磷素营养的临界期，这时缺磷造成的损失是以后再补充磷也不能挽回的，对严重缺磷的土壤或种粒小、储磷量少的作物，如油菜、番茄、苜蓿等施用磷钾复混肥作种肥，有利于苗齐苗壮。

3. 叶面肥

叶面肥是作追肥用，喷施于作物的叶部和茎部。这种追肥方法称为叶面施肥或根外追肥。作物叶面的表皮和气孔能吸收水溶性的矿质肥料以及某些结构简单的有机态化合物，如尿素、氨基酸等，叶部吸收的营养元素和根部吸收的营养元素一样，都能在作物体内运转和同化。同时，因其养分运转速度快，如尿素叶面施用 30min 就可产生肥效，24h 可吸收 $60\% \sim 75\%$，而施在土壤中要 $4 \sim 6d$ 才能产生肥效。但是，根外追肥可供给作物的养分量很少，所费劳力支出多，所以叶面施肥只能作为根部追肥的补充，在加强作物营养，特别是根部营养无法进行的情况下具有一定的意义。

叶面肥残效时间短，一般需要多次喷施。常用作叶面肥的复混肥料包括磷酸二氢钾、硝酸钾等二元复混肥料以及聚磷酸铵等液体复混肥。目前，叶面肥常与农药和作物生长调节剂等混合使用，使之具有多种功能。叶面肥的施用应根据作物的种类和肥料的养分组成及比例，选择适宜的喷施浓度与施用方法。

在基肥不足或未施基肥时，采用复混肥作追肥也有增产效果，实验证明，复混肥作追肥时虽然能供给作物生育后期对氮素的需求，但复混肥中磷钾往往不如早施时的肥效好。所以，对于生育期较长的高产作物，用复混肥作基肥，再以单质氮素化肥作追肥，经济效益更好。对不施基肥或基肥不足的间套种作物，需要追施磷钾复混肥时，可早追施复混肥。用复混肥追施水稻、小麦分蘖肥，晚玉米追施攻秆肥，棉花追施蕾肥，豆类在开花前追施苗肥，都有较好的效果。对茶树宜在生产前期追施。

（三）复混肥料的施用位置与方法

1. 基肥

旱地的基肥采用全耕层深施的方法，是在耕地前将复混肥均匀地撒施于田面，随即翻耕入土，做到随撒随翻，耙细盖严。也可在耕地时撒入犁沟内，边施边由下一犁的犁垡覆盖，也称"犁沟溜施"。水田的基肥施用也可采用类似全耕层深施的方法，先把肥料撒在耕翻前的湿润土面上，然后再把肥料翻入土层内，经灌水、耕细耙平。也可采用面施，面施效果与深施效果无明显差异。面施的方法是：在犁田或耙田后，随即灌浅水，撒施复混肥，然后再耙1～2次，使肥料能均匀地分布在7cm深的土层里。

2. 种肥

种肥的施用包括拌种、条施、点施、穴施和秧田肥等施用方法。

拌种：将复混肥与1～2倍的细干腐熟有机肥或细土混匀，再与浸种阴干后的种子混匀，随拌随播。

条施、点施、穴施：条播的小麦、谷子用条施；穴栽的马铃薯、甘薯用穴施；点播的玉米、高粱、棉花用点施。具体的方法是：将复混肥顺着挖好的沟、穴均匀撒施，然后播种、覆土。要求肥料施于种子下方2～8cm为宜，避免肥料与种子直接接触而影响种子的发芽率，否则作物的出苗率下降、产量减少。

参 考 文 献

[1] 许秀成.再议"我国复混肥行业现状及发展机遇".磷肥与复肥，2008，23（1）：1-5.

[2] 常清琴，侯武群，王志宏，苏建军.清液型液体复合肥料的应用与研制.磷肥与复肥，2003，18（6）.

[3] 崔振岭，张清伟，陈新平.北京市有机无机复合（混）肥资源变化情况.磷肥与复

肥，2008，23（5）：47，48.

[4] 杨荣生等．新型有机无机复混肥对烤烟部分生理指标的影响．云南农业大学学报，
2006，21（4）：475-478.

[5] 范美蓉，汤海涛等．有机无机复混肥对柑橘产量和品质的影响．中国土壤与肥料，
2009，（4）：71-73.

[6] 马光辉．有机无机复混肥肥效试验研究．磷肥与复肥，2003，15（2）．

[7] 郑桂英．有机无机复混肥料在西瓜上应用效果．福建热作科技，2005，30（2）：
12，13.

[8] 赵定国．有机无机复混肥料推广中的问题．磷肥与复肥，2000，15（6）．

[9] 赵定国，许蔚文．有机无机复混肥中有机肥的效果．上海农业科技，2003（5）：
52，53.

[10] 李韬．国产液体复合肥简介．新疆农业科技，1993，（6）：24，25.

[11] 刘淑英，王平．液体复合肥绿迪乐在春小麦上施用实验．甘肃农业大学学报，1998
（1）：74-78.

[12] 阿布力孜等．棉花叶面喷施绿色有机高效液体复合肥试验．现代农业科技，2009，（4）．

[13] 张振威，唐国昌．油桃专用肥的配方设计．磷肥与复肥，2006，21（6）．

[14] 王雅萍，柴晓芳．玉米专用肥最佳配方的检测．牡丹江师范学院学报：自然科学版，
2008，3.

第十章
微生物肥料

　　微生物肥料是一类应用于农业生产，能获得特定肥料效应且含活性微生物的特定制品，该制品中活性微生物起关键作用。微生物肥料施入土壤后能活化土壤养分，改善植物营养环境或产生生理活性物质，刺激调节植物生长，具有低投入、高产出、高效益和无污染等特点。

　　20 世纪 60 年代左右，世界各国都在加强对微生物肥料领域的研究，国内外研究微生物肥料在农业上的应用已经有多年的历史。目前世界上有 70 多个国家在推广应用微生物肥料。

　　微生物肥料产业已成为我国农业生物产业的重要组成部分，2007年国内微生物肥料生产企业已达 500 个以上，年产量约为 500 万吨，在我国肥料家族中所占比例逐年增加，应用面积累计近 700 万公顷。

　　农业部为加强对微生物肥料的管理和引导，已经出台了 10 个微生物肥料的行业标准，它们分别是：NY/T 227—94《微生物肥料》、NY 410—2000《根瘤菌肥料》、NY 411—2000《固氮菌肥料》、NY 412—2000《磷细菌肥料》、NY 413—2000《硅酸盐细菌肥料》、NY 527—2002《光合细菌菌剂》、NY 609—2002《有机物料腐熟剂》、GB 20287—2006《农用微生物菌剂》、NY/T 1114—2006《微生物肥料实验用培养基技术条件》、NY/T 1113—2006《微生物肥料术语》。

这些行业标准的颁布对规范市场，引导科研生产，提高产品质量和安全都起到了积极的监督、引导作用。

第一节　微生物肥料概述

我国对微生物肥料的研究应用已有近 50 年的历史，其在持续农业中的作用日益显著，目前已成为国内外研究的热点。

一、微生物肥料的概念

NY 227—94《微生物肥料》是我国第一部微生物肥料行业标准，该标准将微生物肥料分为五大类：根瘤菌肥料、固氮菌肥料、磷细菌肥料、硅酸盐细菌肥料、复合微生物肥料。

GB 20287—2006《农用微生物菌剂》的微生物菌剂的定义为：目标微生物（有效菌）经过工业化生产扩繁后加工制成的活菌制剂，它具有直接或间接改良土壤、恢复地力，维持根际微生物区系平衡，降解有毒、有害物质等作用；应用于农业生产，通过其中所含微生物的生命活动，增加植物养分的供应量或促进植物生长、改善农产品品质及农业生态环境。NY/T 1113—2006《微生物肥料术语》中微生物肥料的定义为：含有特定微生物活体的制品，应用于农业生产，通过其所含微生物的活动，增加植物的养分供应量或促进植物生长，提高产量，改善农产品品质及农业生态环境。（注：目前微生物肥料包括微生物接种剂、复合微生物肥料和生物有机肥）。

在农业生产中，微生物肥料的传统概念是接种剂，通常是指利用发酵技术生产出的含有特定有益微生物的液体活菌制剂，或该菌液经无菌载体吸附后而制成的固体活菌制剂。微生物肥料产品中必须含有活的特定微生物，在农业生产中应用能够获得特定的肥料效应，并且这种效应的产生主要来自于制品中的活性微生物。合格的微生物肥料产品应该符合国家 NY 227—94 行业标准，同时需要在农业部微生物肥料检验中心申报登记。

二、微生物肥料的特点与作用

微生物肥料作为一种新型肥料，施入土壤后，通过其特定菌株的快速繁殖，能固定大气中的氮素，释放土壤中固定态的磷、钾元素，使得环境的养分潜力得以充分发挥，并为作物生长营造一个良好的土壤微生物环境，在减少化肥用量、降低环境污染、提高农作物品质等方面具有重要意义。尤其是集固氮、解磷、解钾和作物生长刺激素于一身的复合微生物肥料的研发，在农业可持续发展中有举足轻重的作用。

1. 微生物肥料的特点

① 使用量少。作为微生物肥料，一般每公顷用量 4～8kg。如果用量是这个值的 10～100 倍而产生肥效，则不是微生物肥料，而是普通肥料了，或者无效填充剂占据肥料的 99.99%。

② 含菌量高。国外菌肥含菌量一般在 10^8～10^{10} 个/g。我国农业部部颁标准 NY 227－94 规定有效菌数对液体菌剂应为 $(5～15)×10^8$ 个/g，固体菌剂应为 $(1～3)×10^8$ 个/g。由于有些厂家生产技术不过关或管理不严，杂菌污染严重，虽然总菌数很高，有效菌数确很低，不能产生菌肥作用。

③ 具有特定生理功能。微生物肥料的关键是依靠特定微生物的生长、繁殖，表现特定生理功能，例如固氮、解磷、解钾等，提供作物生长所需营养成分，或促进植物吸收营养，抑制病原菌的致病作用，起到增产效果。微生物肥料不依靠添加到菌肥中的 N、P、K 来起到增产效果。

④ 使用特定的菌种。根据农业部部颁标准 NY 227—94，生产微生物肥料应该使用登记、鉴定过的菌种，杜绝可能的病原菌，保证"无害、有效"原则，便于质检部门监督、检验。以上 4 条是相辅相成、缺一不可的主要原则。其核心是因微生物的生命活动而产生增产效果。

另外微生物肥料还具有无污染、无公害、提高产品品质、低投入高产出的特点。

2. 微生物肥料的作用

微生物肥料主要有以下作用。

第一，增加土壤肥力，这是微生物肥料的主要功效之一。如各种自生、联合、共生的固氮微生物肥料，可以增加土壤中的氮素来源。

多种解磷、解钾微生物的应用，可以将土壤中难溶的磷、钾分解出来，从而能为作物吸收利用。

第二，产生植物激素类物质刺激作物生长。许多用作微生物肥料的微生物还可产生植物激素类物质，能刺激和调节作物生长，使植物生长健壮，营养状况得到改善。

第三，对有害微生物起到生物防治作用。肥料中的有益微生物生长繁殖，在作物根际土壤微生态系统内形成优势种群，限制了其他病原微生物的生长繁殖机会，有的还有拮抗病原微生物的作用，起到了减轻作物病害的功效。

第四，提高了作物的抗逆性。由于微生物肥料的施用，其所含的菌种能诱导作物产生超氧化物歧化酶，在植物受到病害、虫害、干旱、衰老等逆境时，消除因逆境而产生的自由基来提高作物的抗逆性，减轻病害。

施入土壤中的微生物不断增殖，可改善作物根际生态环境，有益微生物和抗病因子的增加，还可明显地降低土传病害的侵染，降低重茬作物的病情指数，连年施用可大大缓解连作障碍。而且施用微生物肥料可以节约能源，降低生产成本，不仅用量少，而且本身具有无毒无害、没有环境污染的特点。

三、微生物肥料的有效施用条件

微生物肥料是一种活菌制剂，要达到相应的施用效果，必须注意以下几个方面。

① 产品各项指标必须符合微生物肥料农业行业标准（NY 227—94）的各项规定，生产企业要有生产许可证。

② 产品种类和使用农作物必须相符，这一点对根瘤菌肥料十分重要。

③ 要在产品有效期内使用。

④ 贮存温度要合适。气温过低冻结或气温过高都可造成肥料中的微生物大量死亡，一般以 4～10℃为宜。

⑤ 使用时应严格按照说明书要求去做。

⑥ 配伍禁忌。微生物肥料不宜与消毒剂、杀菌剂合用，有些品种忌与速效氮肥配合使用，最好分开或错开时期使用。

⑦ 最佳使用地区。一般来说中低肥力的地区应用效果较好。

⑧ 使用微生物肥料应在农业技术推广部门指导下进行。

四、购买和应用微生物肥料时应注意的问题

微生物肥料是一类活菌制品，它的效能无不与其菌类活性及使用方法有直接的关系。所以购买微生物肥料时应注意以下几个问题。

① 活菌含量是否达到国家标准。微生物肥料的核心是指品种特定的有效的活微生物，任何一款产品的有效活菌数都有明确的规定，有效活菌数降到一定数量时，它的作用也就没有了。

② 说明是否完善。微生物肥料是一类农用活菌制剂，从生产到使用都要注意给产品中微生物一个生存的合适环境，主要是水分含量、酸碱度、温度、载体中残糖含量、包装材料等等。

③ 在产品有效期内购买，开袋后要及时应用。微生物肥料作为活菌制剂有一个有效期问题。此类产品刚生产出来时活菌含量较高，但随着保存时间和不同的运输、保存条件的变化，产品中的有效微生物数量逐渐减少，当减到一定数量时其有效作用显示不出来。因此，规定产品的有效期和正确使用意义重大。

④ 注意适用作物和适用地区，是保证微生物肥料有效作用的重要保证。提倡有针对性地选育生产菌种，例如针对碱性土壤、酸性土壤的菌种，或是针对某特定作物的菌种。

⑤ 生物肥料不能当作化肥应用，它不可以也不可能取代化学肥料。农作物增产主要靠化肥。不论是发展中国家还是先进的发达国家在农业生产中主要通过施用化肥来实现增产增收。

⑥ 切莫盲从非豆科植物固氮类微生物肥料。微生物肥料中非豆科作物的结瘤固氮作用，并没举世震惊的突破，国际上还处于研究阶段。微生物肥料的菌种很杂，使用的菌种不是越多越好，科学合理的菌种组合还要深入地研究。因此，切不可过于轻信名人效应、领导批示及被各种"金奖"等言过其实的广告宣传所误导。

第二节　微生物肥料的种类

目前关于微生物肥料分类研究常见的为两种，第一种方法是按照

制品中特定微生物的种类分为细菌肥料、真菌肥料、放线菌肥料等，这种分类方法简单又容易理解，但很难从名称上熟悉其作用，因而不利于实际应用；第二种方法是以微生物肥料的作用机制划分为根瘤菌肥料、固氮菌肥料、解磷菌类肥料、解钾菌类肥料、外生菌根菌肥料等，这种分法功能明确，便于推广，目前较为普及使用。

GB 20287—2006《农用微生物菌剂》将微生物菌剂按内含的微生物种类或功能特性综合分为根瘤菌菌剂、固氮菌菌剂、解磷类微生物菌剂、硅酸盐微生物菌剂、光合细菌菌剂、有机物料腐熟剂、促生菌剂、菌根菌剂、生物修复菌剂等。产品按剂型分为：液体、粉剂和颗粒剂。NY/T 1113—2006《微生物肥料术语》将微生物肥料分为三大类：微生物接种剂、复合微生物肥料和生物有机肥。

我国目前市场上出现的微生物肥料品种主要有：固氮菌类肥料、根瘤菌类肥料、解磷微生物肥料、硅酸盐细菌肥料、光合细菌肥料、芽孢杆菌制剂、分解作物秸秆制剂、微生物生长调节剂类、复合微生物肥料类、与 PGPR 类联合使用的制剂以及 AM 菌根真菌肥料、抗生菌 5406 肥料等。

一、根瘤菌肥料

根瘤菌是一类好气的革兰阴性细菌，它通过豆科植物的根毛，从土壤侵入根内，形成根瘤。豆科植物为根瘤含菌组织，提供生活和固氮作用所必需的能量和矿物营养。目前根瘤菌大面积作为肥料，还只在豆科作物上，其他作物还处在研究阶段。我国的根瘤菌菌剂，要求每克菌肥含活菌 3 亿个，杂菌含量不超过 1%。

根瘤菌制剂的出现已有 100 年的历史，它的普遍应用也有 70 年的历史，是世界上公认效果稳定、最好的微生物肥料。根瘤菌肥料的应用原理是通过肥料拌种、土壤接种后在相应的豆科种子周围存活、繁殖；当豆科萌发出幼根后，肥料中的相应根瘤通过根部，在一系列生理过程和生物化学过程后侵入，在较短的时间后即可在豆科植物根部形成根瘤；侵入的根瘤菌在根瘤内生存，依靠豆科植物提供的营养，可实现生物固氮。一个根瘤的寿命大约是 60d，在这 60d 中将源源不断地给豆科植物提供优质的氮素营养，豆科植物在生长过程中不断生成新的根瘤，老的根瘤衰老后破溃。一般来说，豆科植物的根瘤向其提供的氮素营养约占其一生中氮素总需求的 1/2～2/3。不仅如此，老根瘤破溃后，它所含有的根瘤则回到土壤，可提供给下茬植物氮素。

根瘤菌可通过种子或土壤接菌。在生产上采用的是种子接种，即泥浆法接种根瘤。拌种方法：先将 1 份菌剂加入 0.5～1 份水或米汤调成糨糊状，然后拌在大豆种子上。搅拌中要使每粒种子上都沾上菌剂，但也不损伤种皮。拌种时不要阳光直射，拌后应用湿布或其他物品盖上。最好当天拌种当天使用，也可在播种前一天晚上拌种。一般每亩地大豆种子用菌剂 250～500g。种子拌菌后不能再拌杀虫剂等化学农药，也不能与化肥混播。施化肥时，应将种子与化肥隔开，化肥要施在种子下 4cm 处为好。

要获得良好的施肥效果，在施用根瘤菌的时应注意以下 7 个方面的问题：①注重大豆根瘤菌与大豆品种的有效组合。不同的大豆品种对大豆根瘤菌菌种有一定的选择性。据黑龙江省农业科学院土壤肥料研究所试验表明：在黑农 26 号大豆上使用复合菌种和 61A76 增产效果好；在合丰 22、23、26 号大豆上，以使用 110 和复合菌种效果好；在丰收 10、12、17 号大豆上，使用 110 和 2028 增产效果好；在绥化 4 号大豆上 61A76 和 2028 菌种增产效果好。②选择优质菌种，在保质期内应用。③按照技术说明进行操作。种植豆科作物的老区还要加大菌种剂量，以确保接种优势，根据各地栽培条件，适当增加钙镁磷肥、碳酸钙或硼钼等元素，最好在菌肥前后施用，有利于提高菌的成活率和种子发芽率。④控制接种时的土壤水分。根据试验，主、侧根的感染菌一般在接种后 10d 内最高，所以在这段时间内要求土壤水分在田间持水量 40%～80%，以利根瘤菌侵染。⑤注重根瘤菌剂与氮、磷、钾肥的合理施用。前期要施用少量氮肥供应作物苗期氮肥需求，磷肥可施用磷酸二铵，过磷酸钙中的游离酸对根瘤有害，所以不宜将菌肥与过磷酸钙拌种，同时配合施用钾肥。⑥根瘤菌剂与微量元素的配合使用。钙肥：在酸性土壤中施用少量石灰，在碱性土壤上施用少量石膏，对大豆增产都有良好效果。一般每亩地施 15～25kg 为宜。钼肥：菌剂配合钼肥拌种好于单施根瘤菌或单施钼肥。钼酸铵每亩用量10～20g，加水后与根瘤菌剂及种子混合搅拌。⑦根瘤菌剂与其他菌肥的复合使用。根瘤菌剂与其他菌肥复合使用，可以提高肥效。根瘤菌与磷细菌肥、钾细菌肥复合拌种的效果优于其他菌肥。试验表明,根瘤菌拌种比不拌种增产 6.9%;根瘤菌与磷细菌混合拌种,比不拌种平均增产 10.5%;而根瘤菌与磷、钾细菌混合拌种比对照平均增产 16.5%。

二、自生及联合固氮菌肥料

自生和联合固氮微生物单就固氮而言,比起共生固氮的根瘤菌,其固氮量要少得多,而且施用时受到更多条件的限制,如更易受到环境条件中氮含量的影响。但在实践中发现,它们对作物的作用除了固氮外,更重要的是它们能够产生多种植物激素类物质,有使植物根、叶重增加的效果。它能利用土壤中有机碳化合物为碳源,独立地将空气中的分子态转化为有机态氮,增加土壤中的氮素含量,为作物生长提供氮素营养。但是自生或联合固氮微生物固定的氮素一旦能满足自身的需求后,固氮活动就立即停止,只有菌体死亡后氮素才能被植物吸收,而且目前还没有证据证明这类微生物有泌氨功能。选育一些抗氨、泌氨能力强和产生植物生长调节物质数量大,并能耐受不良环境影响的菌株是此类制剂的研究方向。同时,其代谢产物含有维生素物质,可以促进植物生长。

自生联合固氮菌肥料的施用方法为:基施、追施和拌种。一是基施:和有机肥拌匀,随耕地时翻入土中。二是追施:和混肥土混合均匀,堆放三五天,加稀粪水拌和,开沟浇在作物根部后盖上。三是拌种:将菌剂加入到一定量种子内拌和,在阴凉处晾干后播种。

现在人类生产氮肥使用的化学方法不仅需要高温、高压等非常苛刻的条件,而且还浪费大量原料,氮分子的有效利用率很低。根瘤菌及自生或联合固氮菌每年从空气中约固定 1.5 亿吨氮肥,是全世界生产氮肥总量的几倍。所以,科学家正在研究固氮酶的构成。

三、磷细菌肥料

我国土壤缺磷的面积较大,据统计约占耕地面积的 2/3。除了人工施用化学磷肥外,施用能够分解土壤中难溶态磷的细菌制造的解磷细菌肥料,使其在作物根际形成一个磷素供应较为充分的微区,改善作物磷素供应也是一个途径。一些研究人员将这些分解利用卵磷脂类的细菌称为有机磷细菌，分解磷酸三钙的细菌称为无机磷细菌，实践中往往很难区分。

磷细菌是指具有强烈分解含磷有机物或无机物或促进磷素有效化作用的细菌。分为两种：一种是有机磷细菌，它是巨大芽孢杆菌，有芽孢，细胞大小为（2.6～6.0）μm×（1.5～2.0）μm，芽孢大小为1.1μm×1.2μm×（0.7～1.7）μm。在相应酶的参与下，能使土壤中的有机磷水解，转变为作物可利用的形态；另一种是无机磷细菌，短而小的无芽孢杆菌，它能利用生命活动产生的二氧化碳及各种有机酸，将土壤中一些难溶性的矿质态磷酸盐溶解成为作物可利用的速效磷。

磷细菌在生命活动中除具有解磷的特性外，尚能形成维生素、异生长素和类赤霉素一类的刺激性物质，对作物的生长有刺激作用。有一类磷细菌在溶解无机磷的同时可固定氮气。有资料报道，经过磷细菌活动可使1g磷矿石放出3～5mg水溶性磷。

磷细菌属好气性细菌，要求的适宜的温度为30～37℃，适宜的pH值为7.0～7.5。因此，磷细菌肥料应使用于土壤通气性良好、水分适当、温度适宜（25～37℃）、pH值为6～8条件下的富含有机质的土壤，在酸瘠土壤中施用，必须配合施用大量有机肥料和石灰。

磷细菌的施用方法以种肥为主，也可拌种、浸种、蘸根，也有作基肥、追肥用的。一般每亩用量30亿个/g的菌剂2.5kg左右，就可取得较好的增产效果。但在使用时要注意三点：一是磷细菌贮存时不能曝晒，应放于阴凉干燥处，拌种时应随用随拌，暂时不播，放在阴凉处覆盖好再用；二是磷细菌不能和农药及生理酸性肥料（如硫酸铵）同时施用；三是磷细菌与农家肥料、固氮菌肥等肥料配合使用效果会更好。

四、钾细菌肥料

钾细菌是指能分解长石、云母等矿物，使其中的难溶性矿物中的钾转化为植物能吸收利用的有效钾的一类芽孢细菌。这类细菌往往能同时分解磷矿石中的磷，使其成为有效态磷。

试验证明，施用钾细菌，可改善作物的营养条件，土壤中磷、钾、硅等营养元素的水溶性增加了，有利于作物健壮生长和提高抗病能力。

钾细菌在农作物的根际成活率较高，施用量可比其他菌肥少一些。它可作基肥、追肥，也可蘸秧根、拌种，使用方法与其他菌肥相似。

五、抗生菌肥料

抗生菌肥料系指用分泌抗菌物质和刺激素的微生物制成的肥料产品，使用菌种通常是放线菌，如细黄链霉菌（*Streptomyces jingyangesis*）。我国应用多年的"5406"即属此类，应用后不仅有肥效作用而且能抑制一些作物病害，刺激和调节作物生长。由于生产过程的诸多不便，其土法制剂已几乎无人生产，现在工艺有新的发展，出现了以原菌种生产作物促生菌剂的产品。

"5406"抗生菌肥可用作拌种、浸种、浸根、蘸根、穴施、追施等。

施用中要注意以下几个问题：掌握集中施、浅施的原则。"5406"抗生菌是好气性放线菌，良好的通气条件有利于其大量繁殖。因此，使用该菌肥时，土壤中的水分既不能缺少，又不可过多，控制水分是发挥"5406"抗生菌肥效的重要条件。抗生菌适宜的土壤 pH 为 6.5～8.5，酸性土壤上施用时应配合施用钙镁磷肥或石灰，以调节土壤酸度。"5406"抗生菌肥可与杀虫剂或某些专性杀真菌药物如三九一一、氯丹等混用。"5406"抗生菌肥施用时，一般要配合施用有机肥料、磷肥，但忌与硫酸铵、硝酸铵、碳酸氢铵等化学氮肥混施。此外，抗生菌肥还可以与根瘤菌、固氮菌、磷细菌、钾细菌等菌肥混施，一肥多菌，可以互相促进，提高肥效。

第三节　微生物肥料施用技术

中国微生物肥料生产经过几十年的研究和探索取得了很大的进展，在长期的农业生产应用中取得了较好的效果，它既可作基肥、追肥，也可用于浸根、浸种、拌种或与绿肥、厩肥和化肥等混用。微生物肥料是生物活性肥料，有其特定的施用要求。用户在应用微生物肥料前应详细了解产品的特点、功能、作用和施用方法。微生物肥料的种类繁多，目前在农作上大面积使用的还很少。

微生物肥料剂型主要有 3 种。液体类，即将菌种投放到无菌中进行工业深层发酵而成，它的含菌量直接影响到在农作物上的应用效果；粉剂类，是由液体微生物肥料和草炭土等载体混合均匀而产生的，它具有运输方便、含菌量高、增产效果明显的特点；颗粒类，是液体微生物肥料经过造粒设备进行喷雾、造粒、低温烘干而产生的，具有运输方便、施用方便、保质期长的优点。微生物肥料在实际应用中有多种施用方法，如用作拌种，用液体适时和种子拌匀，放在阴凉干燥处阴干，然后播种；用作种肥，在播种之前和其他种肥混匀播下；用作基肥，即和其他化肥混匀，施入土中作基肥；用作蘸根，这主要在苗床上施用，用液体蘸根后移栽。

一、使用微生物肥料时应注意事项

一是避免开袋后长期不用。开袋后长期不用，其他菌就可能侵入袋内，使微生物菌群发生改变，影响其使用效果。因此最好是现开袋现用，一次性用完。

二是避免在高温干旱条件下使用。在高温干旱条件下使用微生物肥料，它的生存和繁殖就会受到影响不能发挥良好的作用。应选择阴天或晴天的傍晚使用这类肥料，并结合盖土、盖粪、浇水等措施，避免微生物肥料受阳光直射或因水分不足而难以发挥作用。

三是避免与未腐熟的农家肥混用。这类肥料与未腐熟的有机肥堆沤或混用，会因高温杀死微生物，影响微生物肥料肥效的发挥。同时也要注意避免与过酸过碱的肥料混合使用。

四是避免与强杀菌剂、种衣剂、化肥或复混肥混合后长期存放，应随混随用。化学农药都会不同程度地抑制微生物的生长和繁殖，甚至杀死微生物。若需要使用农药，也应将使用时间错开。需要注意的是，不能用拌过杀虫剂、杀菌剂的种子拌微生物肥料使用。

五是不要减少化学肥料或者农家肥的用量。大多数微生物肥料是依靠微生物来分解土壤中的有机质或者难溶性养分来提高土壤供肥能力，固氮菌的固氮能力也是有限，仅仅靠固氮微生物的作用来满足作物对氮素的需求是远远不够的。要保证足够的化肥或者农家肥与微生物肥料相互作用补充，以发挥更好的效益。

六要注意营造适宜的土壤环境。土壤不能过酸过碱，注意土壤的干湿度，积极通过农艺措施改良土壤，合理耕作，使得微生物肥料能够充分发挥其效果。

二、微生物肥料的施用条件

对土壤的要求：保持土壤适宜的温、湿度条件，生物菌肥在土壤持水量 30% 以上、土壤温度在 10～40℃、pH 值在 5.5～8.5 的土壤条件下均可施用。在土壤持水量小于 30% 时要及时浇水，并及时中耕松土以保持土壤墒情、提高土壤温度。另外，土壤中应含有微生物繁殖所必需的碳源和养料，因为生物菌剂本身不含养分，生物有机肥只含有部分养分，所以要根据菌种组成、土壤营养及作物需肥特点配施适量化肥，使它能更好地发挥作用。

对温度及水分的要求：在施用过程中，微生物肥料对环境温度的要求比较严格。为了保证微生物群的活跃度，施用微生物肥料的最佳温度是 20～40℃。若是温度低于 5℃ 或是高于 45℃，微生物群无法存活，微生物肥料的施用效果较差。另外，有些微生物肥料对土壤的水分还有要求。例如，施用固氮菌时，最好保持土壤的湿润，保证土壤的含水量达 50%～70%。

三、施用技术要点

施肥次数：由于生物菌具有较强的生命力，一般肥效可达150～180d，一季蔬菜只施用 1 次即可满足作物一生的生长发育的要求。

施肥方式：生物菌肥是一种活性菌，施用时必须埋于土壤中，不能撒施于地表，一般深施 7～10cm。由于生物菌对蔬菜的根系和种子不造成任何伤害，所以生物菌肥施用时应最大限度地靠近蔬菜根系，让其与蔬菜根系最大限度地接触，才能充分发挥生物菌肥的肥效。作种肥时，施于种子正下方 2～3cm 处；作追肥时尽量靠近根系为好；叶面喷施时，应在下午 3 时后进行，并喷施于叶的背面，防止紫外线杀死菌种。

按使用说明施用：无论是作拌种、基肥还是追肥施用，都应严格按照使用说明书的要求操作。如根瘤菌肥适宜于中性微碱性土壤，多用于拌种。用量 15～25g/亩，加适量水混匀后拌种。拌种时及拌种后要防止阳光直射，播后立即覆土。剩余种子放在 20～25℃背光地方保存。若用农药消毒种子，要在拌种前 2～3 周拌药。固氮菌肥特别适合叶菜类。作基肥应与有机肥配施，施后立即覆土。作追肥用水调成稀泥浆状，施后立即覆土。作种肥加适量水混匀后与种子混拌，稍后即可播种。磷细菌肥拌种时随用随拌，不能和农药及生理酸性肥料施用。拌种量为 1kg 种子加菌肥 0.5g 和水 0.4g。基肥用量 1.5～5kg/亩，施后覆土。追肥宜在作物开花前施用。钾细菌肥作基肥与有机肥混施，用量 10～20kg/亩，施后覆土。拌种时加适量水制成悬液喷在种子上拌匀。蘸根时 1kg 菌肥加清水 5kg，蘸后立即栽植。

　　不同蔬菜应采用不同施用方法：茄果类、瓜菜类、甘蓝类等蔬菜，可用微生物菌剂 2kg 与一亩育苗床土混匀后播种育苗，也可用微生物菌剂 2kg/亩与农家肥或化肥混合后作底肥或追肥；微生物肥料穴施，深度 10～15cm，施入 100kg/亩，也可与有机肥、化肥配施，施用时避免与植株直接接触。在苗期、花期、果实膨大期进行适当追施氮肥和钾肥。芹菜、小白菜等叶菜类，可将复合微生物肥料与种子一起撒播，施后及时浇水。此外，由于生产微生物肥料菌种过程中分离出来的上清液中含有生长激素、赤霉素、抗生素等大量的微生物代谢产物，而这些代谢产物对植物的生长、抗病能力均有显著的效果，所以除直接施用微生物肥料能促进瓜果蔬菜类作物增产外，施用上清液制成的叶面肥也能促进瓜果蔬菜类作物对养分的吸收利用，从而更充分地发挥肥料的作用。

四、根瘤菌与固氮菌施用技术

　　根瘤菌剂的用量根据作物种类、种子大小、施用时期和微生物肥质量而定，理想条件下一粒种子粘有 50 个根瘤菌便可结瘤，但由于各种因素的影响，种子上的菌数会不断减少。因此一般要求大粒种子每粒粘 10 万个，小粒种子粘 1 万个根瘤菌为好。通常情况下每 500g 合格的草炭菌剂可拌大粒种子 25～50kg，可拌小粒种子 15～25kg，每亩豆科作物拌种约需 50～75g 草炭菌剂，新鲜菌液（每毫升约含 10 亿个活菌）拌种，每亩约需 8～12mL。

　　根瘤菌剂主要用于拌种，其方法是：先将菌剂（每亩用量100～

250g）用水（每亩用量 250～500g）调成糊状，然后将供试作物种子拌入拌匀，立即播种，随即覆土。在拌种和播种过程中勿与农药接触，不要在太阳下暴晒。为了根瘤菌在土壤中较快的侵染作物，必须为它提供一些条件。试验证明，当土壤 pH 为 5.2 时，施入的根瘤菌将有 65％死亡；如果 pH＜4.5，则根瘤菌难以在土壤中存活。因此对于酸性土壤，在作物种子和根瘤菌剂拌种后，再与泥浆、钙镁磷肥或石灰物质拌和，形成丸衣，以利于根瘤菌在土壤中存活。

要发挥固氮菌的固氮特性首先必须使它们在土壤中占优势，其次要有适宜的环境条件。大多数固氮菌生长的土壤 pH 为 5.8～8.5，最适的 pH 为 10.0～10.5。酸性土壤施石灰可提高固氮效率。固氮菌对湿度要求较高，土壤中的水分含量为田间持水量的 60％～70％时生长较好。最适合生长的温度为 25～30℃。45℃条件下 30min 后就会死亡。土壤中碳氮比为 （40∶1）～（70∶1） 时固氮作用迅速停止，为提高固氮菌固氮效果需增施有机肥。

固氮菌的用量根据菌剂中所含的活菌数来确定，一般要求每亩施 500 亿～1100 亿活菌。一般用于拌种，随拌随播，随即覆土，避免阳光照射，也可蘸根或作基肥施在蔬菜苗床上，或与棉花种肥混施。

第四节　微生物肥料的应用现状与存在问题

一、微生物肥料生产应用现状

生物肥料从最初的根瘤菌剂到细菌肥料，再到今天的生物肥料，从名称上的演变已说明我国生物肥料逐步发展的过程。目前国际上已有 70 多个国家生产、应用和推广生物肥料，我国目前也有 500 家左右企业年产约数百万吨生物肥料应用于生产。这虽与同期化肥产量和用量不能相比，但的确已开始在农业生产中发挥作用，取得了一定的经济效益和社会效应。随着研究的深入和应用的需要，应不断扩大生物肥料新品种的开发，其发展趋势如下。

由单一菌种向复合菌种转化。在这个转化过程中，一是不要单纯去追求营养元素供应水平的提高，要追求多功能，例如抗病、避虫等，如5406菌种可增强作物的抗病能力，减少化学农药的使用；联合菌群的应用可使菌种某种或几种性能从原有水平再提高一步，使复合或联合菌群发挥互惠、协同、共生、加强、同位作用，排除相互拮抗的发生。二是要延长微生物在土壤中的存活时间，微生物存活的时间越长，生物肥的特效期越长。微生物在土壤中存活时间的长短，主要取决于土壤中可利用的碳源水平，可在生物肥中加入一种能够分解土壤中含碳化合物的菌株，以不断供应其他微生物碳源营养，达到延长微生物在土壤中存活时间的目的。

由单纯生物菌剂向复合生物肥转化。由过去单纯的硅酸盐菌剂、土壤磷活化剂、根瘤菌剂、固氮菌剂等向生物菌剂与营养元素（氮、磷、钾等元素，微量元素）、有机肥、抗生素等复合的复合生物肥转化。这种转化有利于实现生物肥与生物药的结合，增强肥料的多功能作用效果。

由单一剂型品种的向多元化转化。为适应不同的条件，生物肥料除有液体剂型、草炭载体的粉剂，还有颗粒剂型、冻干剂型、矿油封面剂型等。生物肥料作为生物技术的发展及其在农业生产中应用，正在酝酿一个良好的发展空间，由低级向高级、由低效到高效并向产业化方向发展。

目前随着研究不断深入，美国、德国、日本、加拿大、澳大利亚等许多国家都已逐步用各种缓效肥料和生物肥料替代无机肥料，对草坪进行营养肥料养护管理。相比之下我国起步较晚。

目前微生物肥料在蔬菜生产行业已得到广泛的应用，施用微生物肥料不但可减少肥料施用量，还可提高蔬菜品质。在水产养殖中施用的微生物肥料，一般由有机无机营养物质、微量元素、有益菌群和生物素、肥料增效剂等复合组成。既能培肥水体，促进鱼虾等生物饲料的大量繁殖，又能改善水质、减少病害，有效避免泛塘。

二、微生物肥料研究和应用中存在的问题

我国微生物肥料虽然有了一定的发展，但由于多方面的原因，生产及应用效果和开发等诸多方面仍然存在一些明显的不足。

我国微生物肥料应用历史虽然很长，但存在很多未解决的理论问题，很少有正式的科研小组立项进行理论方面的研究。现有微生物行业生产过程中存在菌种退化问题或缺乏合适的菌种，使其产量和效果都不稳定。近 10 年来国外的一些微生物肥料产品许多是未经批准在国内生产销售，其生产效果存在故弄玄虚之嫌。另外微生物肥料市场相对较为混乱，难免存在一些伪科学或伪劣产品。

　　21 世纪，生物肥料开发对我国农业可持续发展具有重要意义，生物肥料将与化肥、有机肥一起构成植物营养之源。因此，生物肥料与化学肥料是相互配合、相互补充的，它不仅是化肥数量上的补充，更主要的是性能上的配合与补充。生物肥料只有与有机肥料和化学肥料同步发展，才更具有广阔的应用前景。

参 考 文 献

[1] 葛均青，于贤昌．微生物肥料效应及其应用展望．中国生态农业学报，2003，3：87-88．

[2] 孟瑶，徐凤花，孟庆有等．中国微生物肥料研究及应用进展．中国农学通报，2008，24（6）：276-283．

[3] 牛翠芳．我国微生物肥料行业现状及其发展趋势．农业技术与装备，2007，10：36-37．

[4] 张强，秦涛，张红艳等．微生物肥料的研究应用进展．新疆农业科学，2005，42（增）：159-160．

[5] NY 227—94．

[6] GB 20287—2006．

[7] NY/T 1113—2006．

[8] 葛诚．微生物肥料概述．土壤肥料，1993（6）：43-46．

[9] 宁国赞．微生物肥料的质量管理．土壤肥料，1993（6）：46-47．

[10] 沈阿林，王永歧，王守刚等．微生物肥料研发现状及其应用前景．河南农业科学，2004，4：34-36．

[11] 唐欣昀，张明，赵海泉等．微生物肥料及其生产应用中的问题．生物学杂志，2002，1：32-34．

[12] 葛诚．微生物肥料生产及其产业化．北京：化学工业出版社，2007．

[13] 龙明华，于文进，唐小付等．复合微生物肥料在无公害蔬菜栽培上的效应初报．中国蔬菜，2002（5）：4-6．

[14] 葛诚．微生物肥料的核心是特定的有效菌种．中国农资，2005（6）：50-51．

[15] 庄绍东．微生物肥料开发利用现状、问题与对策．福建农业科技，2003（1）：34-35．

[16] 顾淑娟，叶玫，袁勇．微生物肥在大叶菠菜上的应用效果．上海蔬菜，2003（2）：39-40.

[17] 唐欣昀，张明，赵海泉等．微生物肥料及其生产应用中的问题．生物学杂志，2002，18（1）：32-33，86.

[18] 刘凤莲．微生物肥料的应用．北方园艺，2007（12）：85-86.

[19] 刘爱民．生物肥料应用基础．南京：东南大学出版社，2007.

第十一章
叶 面 肥

第一节　叶面肥的种类

　　以叶面吸收为目的，将作物所需养分直接施用于叶面的肥料，称为叶面肥。叶面施肥见效快、利用率高、用量少、施用方法简便、增产效果明显，广泛应用于农业生产。目前，我国叶面肥的种类和成分暂时没有统一的标准，但一般应符合3个条件：对某些作物有稳定的增产或改善产品品质的作用；对作物和土壤没有毒害作用；叶面肥是肥料，养分应起主要作用。

　　根据叶面肥的作用和所含主要成分可将叶面肥划分为六大类。

一、营养型叶面肥

　　此类叶面肥中氮、磷、钾及微量元素等养分含量较高，主要功能是为植物提供各种营养元素，改善作营养状况，尤其是适宜于植物生长后期各种营养的补充。

　　这类叶面肥简单的只加入1～2种化肥，如氮元素以尿素为佳，因为尿素属于中性分子，电离度小，为1.5×10^{-4}，其溶液渗入叶片内部后，使细胞原生质分离的情况很少，一直广泛作为叶面肥的主要成分；磷钾肥料用磷酸二氢钾为多，一般不用普通过磷酸钙；钾素还可以选择硝酸钾、氯化钾、硫酸钾。叶面肥中微量元素多选用硫酸锌、硫酸锰、硼砂、硼酸、钼酸铵、硫酸铜、硫酸亚铁、柠檬酸铁等。

复杂的营养型叶面肥是多种元素混合配制而成，市场上销售的叶面肥多为此类。可以是几种微量元素相加，国家标准要求各种微量元素单质含量之和≥10％；也有的是几种大量、微量元素相加，国家标准要求大量元素含量之和≥50％，微量元素单质含量之和≥2％；也可以是大中微量元素相加。目前生产实践中应用较多的则是以微量元素为主。

二、调节型叶面肥

此类叶面肥中含有调节植物生长的物质，如生长素、激素类等成分，主要功能是调控植物的生长发育等。适于植物生长前期、中期使用。

植物在生长过程中，不但能合成许多营养物质与结构物质，同时也产生一些具有生理活性的物质，称为内源植物激素。这些激素在植物体内含量虽很少，但却能调节与控制植物的正常生长与发育，诸如细胞的生长分化、细胞的分裂、器官的建成、休眠与萌芽、植物的趋向性、感应性以及成熟、脱落、衰老等，无不直接或间接受到激素的调控。在工厂人工合成的一些与天然植物激素有类似分子结构和生理效应的有机物质，叫做植物生长调节剂。

植物生长调节剂和植物激素一般合称为植物生长调节物质。目前生产上常用的植物生长调节物质有①生长素类：如萘乙酸、吲哚乙酸、防落素、2,4-D、增产灵、复硝钾、复硝铵（多效丰产灵）等；②赤霉素类：赤霉素化合物种类较多，但在生产上应用的赤霉素主要是赤霉酸（GA_3）及 GA_4、GA_7 等；③细胞分裂素类：如 5406；④乙烯类：乙烯利（乙烯磷、一试灵）；⑤植物生长抑制剂或延缓剂：有矮壮素、比久（B9）、缩节胺、多效唑、整形素等。除以上外，还有油菜素内酯、玉米健壮素、脱落酸、脱叶剂、三十烷醇等。

三、复合型叶面肥

这一类叶面肥所加的成分较复杂，凡是植物生长发育所需的营养均可加入，或者是在微量元素中添加含氨基酸、核苷酸、核酸类的物质，是目前叶面肥品种最多的一类，复合混合形式多样，是人工制造型，最大特点是加入一定量的螯合剂、表面活性剂或载体。此类叶面肥种类繁多，其功能有多种，表现为既可提供营养，又可刺激生长调控发育。生产上常用的有氨基酸复合微肥、植物营养液等。

四、肥药型叶面肥

叶面肥中，除了营养元素成分外，还加入一定数量和不同种类的农药或除草剂，所以喷洒后，不仅有肥效促进作物生长发育，而且还有防病、治虫、除草效果，此类称为肥药型。这类叶面肥类似于复合类，所不同的是加入一定数量的和不同种类抗病抗虫药物。目前种类不多，主要有喷拌灵、肥药灵等。

五、益菌型叶面肥

是利用与作物共生或互生的有益菌类，通过人工筛选培养制成菌肥，用于生产，提高作物产量，改进品质，提高作物抗逆性的肥料。主要有5406菌肥、根瘤菌肥、北京农业大学研制的增益菌（增产菌）。

六、其他类型叶面肥

利用各种作物的幼体或秸秆残体，通过切碎（粉碎）加热浸提、酸解或其他生化过程然后做成的肥料，此类称为天然汁液型，如EF植物生长促进剂（中国林科院林产化学研究所与广东省雷州林业局研制，由桉树提制出来）、702肥壮素等。另外还有稀土型：稀土元素是化学元素周期表第三副族的镧系元素（镧、铈、镨、钕、钷、钐、铕、镝、钬、铒、铥、镱、镥）以及与其性质相似的钪和钇等17种金属元素的总称，简称稀土。1972年我国就已经开始稀土肥料的研究和使用，目前稀土元素对植物的作用机制尚不清楚，但在实践中，合理施用稀土可促进作物生根、发芽和增加叶绿素，从而增加作物产量。因此，在部分叶面肥产品中，也加入稀土元素，但是在施用此类叶面肥时，应注意，稀土元素毕竟不是植物必需的营养元素，代替不了营养元素的作用，同时要注意稀土肥料中的放射性。

为了使读者对叶面肥的类型有一个系统的了解，特将叶面肥的类型归纳见表11-1。

表 11-1　叶面肥的类型

叶面肥种类	主要成分	配制方法	作用与效果	代表性产品
营养型	营养元素	化学肥料溶解于水配制而成	补充根部施肥的不足,需肥关键期喷施效果更好	尿素、磷酸二氢钾、过磷酸钙浸出液、微肥等
调节型	生长调节类物质即激素类物质	人工合成或天然物质中提取	调节作物生长发育,改善作物品质	赤霉素、多效唑、油菜素内酯等
复合型	营养元素＋调节物质	肥料溶解,加入一定量的螯合剂、表面活性剂或载体	补充营养兼有调节根际微环境的功能	氨基酸复合微肥、植物营养液等
肥药型	营养元素＋农药或除草剂	肥料溶解,农药或除草剂加入勾兑而成	补充营养、抗病、抗虫、除草	喷拌灵、肥药灵
益菌型	有益微生物	人工筛选培养或通过转基因工程移植导入	活化土壤养分,增加其有效性	5406菌肥、根瘤菌肥、生物钾肥、增产菌等
天然汁液型	营养成分＋其他一些有机物质	利用各种作物的幼体或秸秆残体,通过切碎(粉碎)加热浸提、酸解或其他生化过程制成的肥料	以调节功能为主,综合效果好	702肥壮素、EF植物生长促进剂
稀土型	有益元素	人工开发的天然矿物质	起辅助效果,必须与大量和微量元素配合施用	稀土

第二节　叶面肥的特点和功能

一、叶面肥的特点

与根系施肥相比,叶面肥有以下特点。

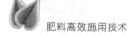

1. 吸收快

土壤施肥后，各种营养元素首先被土壤吸附，有的肥料还必须在土壤中经过一个转化过程，然后通过离子交换或扩散作用被作物根系吸收，通过根、茎的维管束，再到达叶片，养分输送距离远，速度慢。施用叶面肥，各种养分能够很快地被作物叶片吸收，直接从叶片进入植物体，参与作物的新陈代谢。因此其速度和效果都比土壤施肥快。

2. 作用强

施用叶面肥由于养分直接由叶片进入作物体，吸收速度快，可在短时间内使作物体内的营养元素大大增加，迅速缓解作物的缺肥状况，发挥肥料最大的效益。通过叶面施肥能够有力地促进作物体内各种生理过程的进展，显著提高光合作用强度，促进有机物的合成、转化和运输，有利于干物质的积累。

3. 用量省

施用叶面肥一般用量较少，特别是对于硼、锰、钼、铁等微量元素肥料，采用根部施肥通常需要较大的用量才能满足作物的需要。而叶面施肥集中喷施在作物叶片上，通常用土壤施肥的几分之一或十几分之一的用量就可以达到满意的效果。

4. 效率高

采用土壤施肥，由于肥料挥发、流失、渗漏等原因，肥料损失严重，同时还有部分养分被田间杂草吸收。施用叶面肥，则减少了肥料的吸收和运输过程，减少了肥料浪费损失，是经济用肥的有效手段之一。

二、叶面肥的功能

正是由于叶面肥具有上述特点，所以其具有以下功能。

1. 弥补根部施肥的不足

当作物生长处于根系不发达或根系衰退期时，根系吸收养分的能力弱，通过叶面施肥可以起到壮苗和减少秕粒、增加产量的作用。当土壤环境对作物生长不利时，如土壤水分过多、干旱、过酸、过碱，造成作物根系吸收受阻，而作物又需要迅速恢复生长时；或者在作物生长过程中，作物已经表现出某些营养元素缺乏症。在上述两种情况下，由于采用土壤施肥需要一定的时间养分才能被作物吸收，不能及时满足作物需要或及时缓解作物的缺素症状，这时采用叶面施肥，则能使养分迅速进入植物体，补充营养，解决缺素的问题，满足作物生长发育的需要。

2. 避免养分在土壤中固定或转化

土壤是一个复杂的胶体，肥料施入土壤后，某些营养元素被土壤胶体吸附，或因为土壤酸碱度的变化形成沉淀物。如 P、Zn、Cu、Mo 等，施入土壤时易被固定而降低肥效，叶面施肥可避免固定而提高肥效。一些生理活性物质在土壤易分解、转化而影响效果，叶面肥施于叶片上，通过筛管、导管或胞间连丝进行转运，距离近、见效快，从而避免养分在土壤中的转化、淋溶，提高肥效和肥料利用率。

3. 减轻对土壤的污染

对土壤大量施用氮肥，容易造成地下水和蔬菜中硝酸盐的积累，对人体健康造成危害。人类吸收的硝酸盐约有 75% 来自蔬菜，如果采取叶面施肥的方法，适当地减少土壤施肥量，能减少植物体内硝酸盐含量和土壤中残余矿质氮素。在盐渍化土壤上，土壤施肥可能使土壤溶液浓度增加，加重土壤的盐渍化。采取叶面施肥措施，既节省了施肥量，又减轻了土壤和水源的污染，是一举两得的有效施肥技术。

4. 防治生理性病害

施用叶面肥后可满足其对有关营养元素的需要，改变叶表面微生物菌群的组成，如可使禾白粉菌的孢子萌发和群落生长下降等；促进脲酶、磷酸酶、抗坏血酸氧化酶、碳酸酐酶、精氨酸酶等活性的提高，从而防治某些生理性病害。

叶面肥尽管有以上诸多优点，但是叶面肥也不能完全替代土壤肥料，因为根部比叶部有更大更完善的吸收系统，尤其是对需求量大的营养元素如氮、磷、钾等，更应以土壤施肥为主。从总体上讲，农作物施肥主要靠土壤施肥，必须在土壤施肥的基础上，配合施叶面肥，

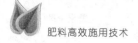

才能充分发挥叶面肥的增产增质作用。

第三节　叶面肥的施用技术

一、叶面肥的施肥原理

从作物叶片结构看，在叶片的表面有一层角质层，角质层下是叶表皮细胞，表皮细胞下面是叶肉细胞。营养物质只有进入细胞后才能起到营养的作用。在叶片的上下表面还有一种称为气孔的结构，气孔是叶片内部与外界沟通的渠道。早期人们认为喷施到叶面上的肥料溶液是通过气孔被动地流入叶片内部，但是水表面张力很大，气孔直径很小，喷施肥到叶片上，肥料溶液在气孔上形成水膜，进入不了叶片的内部。后来研究表明在叶片表面的角质层上有很多裂隙，细胞通过质外连丝与外界相通，喷施到叶片表面的肥料溶液中的营养物质，是通过叶片细胞的质外连丝，像根系表面一样，通过主动吸收把营养物质吸收到叶片内部的。因此，叶片与根系一样，对营养物质也有选择吸收的特点。所以在进行叶面施肥时也应考虑到，植物叶片是有选择地吸收那些能够进入叶片细胞的营养物质的。

二、叶面肥的施用技术要点

1. 选择适宜的肥料品种

叶面肥选择要有针对性。例如根据作物的生育时期选择适宜的叶面肥品种，在作物生长初期，为促进其生长发育选择调节型叶面肥；若作物营养缺乏或生长后期根系吸收能力衰退，应选用营养型叶面肥；根据作物的施肥基本状况选择适宜的叶面肥品种，在基肥施用不足的情况下，可以选用含有大量元素氮、磷、钾为主的叶面肥，在基肥施用充足时，可以选用微量元素型叶面肥；根据作物的生长发育及营养状况选择适宜的叶面肥品种，例如棉花落蕾落铃与硼营养不足有关，所以在现蕾期可叶面喷施硼肥 2～3 次，保蕾保铃效果较好；番茄茎腐病与缺钾有关，可在坐果后 15d 喷施磷酸二氢钾 2～3 次；芹菜的裂茎病也是缺硼所引起的，可以喷施硼砂或硼酸等。

2. 选择适当的喷施浓度

叶面施肥浓度直接关系到喷施的效果。在一定浓度范围内，养分进入叶片的速度和数量随溶液浓度的增加而增加，如果肥料溶液浓度过高，则喷洒后易灼伤作物叶片，造成肥害，尤其是微量元素肥料，作物营养从缺乏到过量之间的临界范围很窄，更应严格控制；若肥料的溶液浓度过低，既增加了工作量，又达不到补充作物营养的要求。另外某些肥料对不同作物具有不同的浓度要求，如尿素，在水稻、小麦等禾本科作物上适宜浓度为 1.5%～2.0%，在萝卜、白菜、甘蓝上为 1.0%～1.5%，在马铃薯、西瓜、茄子上为 0.5%～0.8%，在苹果、梨、葡萄上浓度为 0.5%，在葱、番茄、温室黄瓜上浓度为 0.2%～0.3%。

3. 注意叶面肥肥液酸碱性的调节

营养元素在不同的酸碱度下有不同的存在状态。要发挥肥料的最大效益，必须有一个合适的酸度范围，一般要求 pH 值在 5～8。pH 值过高或过低，除营养元素的吸收受到影响外，还会对植株产生危害。叶面肥肥液酸碱性调节的主要原则是：如果叶面肥主要以供给阳离子为目的时，溶液应调至微碱性；若主要以供给阴离子为目的时，溶液应调至弱酸性。表 11-2 是叶面肥在部分粮食作物上的一般喷施浓度与酸碱性，可供施用时参考。

表 11-2　部分叶面肥在粮食作物上的喷施浓度与酸碱性调节

元素	肥料	酸碱性	浓度/%
氮(N)	尿素	中性	1～2
磷(P)	普通过磷酸钙、重过磷酸钙	酸性	1.5～2
钾(K)	硫酸钾、硝酸钾	中性	1～1.5
锌(Zn)	硫酸锌	酸性	0.2～0.3
铁(Fe)	硫酸亚铁	酸性	0.2～0.5
硼(B)	硼酸	酸性	0.05～0.1
锰(Mn)	硫酸锰	酸性	0.05～0.1
钼(Mo)	钼酸铵	碱性	0.02～0.04
铜(Cu)	硫酸铜	酸性	0.04～0.06

4. 选择适当的喷施时间

叶面施肥时叶片吸收养分的数量与溶液湿润叶片的时间长短有关，湿润时间越长，叶片吸收养分越多，效果越好。一般情况下保持叶片湿润时间在 30～60min 为宜。因此，在中午烈日下和刮风天气时不宜喷施叶面肥，以免肥液在短时间内蒸发变干，导致有效成分损失。在有露水的早晨喷肥，会降低溶液的浓度，影响施肥的效果。雨天或雨前也不能进行叶面追肥，因为养分易被淋失，起不到应有的作用。一般来讲，叶面肥的喷施以无风阴天和晴天早上 9 时前或下午 4 时后进行为宜。若喷后 3h 遇雨，待晴天时补喷一次，但浓度要适当降低。

5. 选择适宜的喷施时期和喷施部位

叶面肥的喷施时期要根据各种作物的不同生长发育阶段对营养元素的需求情况而定，一般禾谷类作物苗期到灌浆期都可以喷施；瓜、果类作物在初花到第一生理幼果形成，再到幼果膨大时，也都可以喷施叶面肥。另外常量元素多在作物生长的中期或中后期，每亩（1 公顷＝15 亩）每次溶液用量 75～100kg；微量元素在苗期和花后期喷施，每亩每次溶液用量 50～75kg。前者喷施 1～2 次，后者 2～3 次，每次喷施间隔 7～10d 为宜。农户在施用叶面肥时最好根据各产品说明书介绍进行喷施。

植物器官部位不同，对外界吸收营养物质的能力强弱差异较大，通常是植株的幼嫩部位如上、中部叶片生命力最旺盛，从外界吸收各种营养的能力也最强。另外，叶片背面的气孔要比叶片正面的气孔多，比正面吸收养分的速度快，吸收能力强，所以叶面喷施肥液时，尤其要注意喷洒生长旺盛的上部叶片和叶的背面，特别是对于桃、梨、柿、苹果等果树，叶片角质层正面比背面厚 3～4 倍，更应注意喷洒新梢和叶片背面，以利吸收。

6. 喷施次数应适宜

作物叶面追肥的浓度一般都较低，每次的吸收量是很少的，与作物的需求量相比要低得多。因此，叶面施肥的次数一般不应少于 2～3 次。至于在作物体内移动性小或不移动的养分（如铁、硼、钙、磷等），更应注意适当增加喷洒次数。在喷施含调节剂的叶面肥时，应注意喷洒要有间隔，间隔期至少应在 7d 以上，喷洒次数不宜过多，防止出现调控不当，造成危害。

7. 注意在肥液中添加湿润剂

作物叶片上都有一层厚薄不一的角质层，溶液渗透比较困难，为此，可在叶肥溶液中加入适量的湿润剂，如中性肥皂、质量较好的洗涤剂等，以降低溶液的表面张力，增加与叶片的接触面积，提高叶面追肥的效果。

三、常用叶面肥的配制及施用方法

为了方便读者熟悉一些常用叶面肥的施用方法，下面介绍几种常用叶面肥的配制及施用方法。

（1）尿素　常用的喷施浓度为 1%～1.5%（即 100kg 水加 1～1.5kg 尿素）。双子叶植物浓度可取下限；单子叶植物浓度可取上限；幼苗期，浓度可适当低些；成苗期，浓度可适当高些。

（2）磷酸二氢钾　常用的喷施浓度为 0.1%～0.3%。配制的方法是取 100～300g 磷酸二氢钾加 100kg 水，充分溶解后喷施。

（3）过磷酸钙　常用的喷施浓度为 2%～3%，肥料加水后要充分搅拌，静置 24h 后经过滤，取清液喷施。

（4）硫酸亚铁　常用的喷施浓度为 0.1%～0.5%，多施用于果树。

（5）硫酸锌　常用的喷施浓度为 0.1%～0.2%，在溶液中加少量石灰液后进行喷施。

（6）钼酸铵　常用的喷施浓度为 0.05%～0.1%，多施用于豆科作物。

（7）硼砂（或硼酸）　常用的喷施浓度为 0.2%～0.3%，配制溶液时先用少量 45℃ 热水溶化硼砂，再兑足水。多施用于棉花、油菜等十字花科作物。

（8）草木灰　常用的喷施浓度为 3%～5%，用草木灰加水后搅拌，静置 12h 后取上清液。多施用于马铃薯、甘薯等块根作物。

（9）稀土　对蔬菜、粮食作物常用的喷施浓度为 0.05%，果树为 0.08%。

（10）增产菌　大田作物常用的喷施浓度为 15～30mL，兑水

40～50kg 喷施；果树用 80～100mL，兑水 100～150kg 喷施。

(11) 植物动力 2003 营养液　是从德国引进的一种高科技液体肥料，具有促进作物生长发育、改善品质、增强抗逆能力、增产明显等优点，尤其对作物根系有明显的促进作用。一般蔬菜作物在定植后和开花时叶面喷施，浓度以 1000 倍为宜。

(12) 天达"2116"　农作物抗病增产剂，具有抗病、增产、提高产品质量、增强作物抗逆能力等特点，特别是对作物病毒有一定的抑制作用。作物叶面施用浓度为 500 倍液，间隔期 10～15 天，喷施 1～3 次。

(13) 云大-120　其有效成分是"芸苔素内酯"，它是一种甾醇类化合物，广泛存在于自然界的植物体内，每亩有效成分用量 0.25～2.5mg。它对作物根系生长的促进作用显著，能增强光合作用，提高光合效率，且能增强作物抗逆能力，减轻作物病害发生程度。

(14) 绿风 95 植物生长调节剂　叶面喷施后能迅速进入植物细胞，促进细胞的新陈代谢，增强光合作用，利于作物的生长发育。且有促进作物伤后自愈、提高作物的抗逆能力的作用。一般每亩每次用量 50mL，喷施 2～3 次即可，多在幼苗期喷施，间隔期 15d 左右。

参 考 文 献

[1]　徐秀华. 土壤肥料. 北京：中国农业大学出版社，2007.
[2]　李燕婷等著. 作物叶面施肥技术与应用. 北京：科学出版社，2009.
[3]　赵贵，刘文杰. 浅析叶面肥的施肥原理及特点. 农村实用科技信息，2009 (4)：19.
[4]　周星明. 叶面施肥技术. 现代农业科技，2009 (7)：182.

第十二章
缓控释肥料

　　施用化学肥料是粮食增产的主要措施。在农业生产中，由于施肥不当和肥料利用率不高等原因，造成了一定的经济损失和对环境的污染。近十年来，我国粮食总产量随化肥施用量增加而增长，但单位肥料增产率却随化肥施用量增加而明显递减，究其原因是肥料利用率低，损失严重。我国化肥当季利用率氮约为 30％～35％，磷约10％～20％，钾约 35％～50％。"十五"期间我国对新型肥料的研制与产业化进行了大量的研究，取得了一些重要成果。新型缓控释肥料能有效控制养分释放速度，延长肥效期，满足作物整个生育期对养分的需要，能最大限度地提高肥料利用率，提高施肥的经济效益、社会效益和环境效益，因而成为世界肥料研究的热点。

　　缓释控释肥目前已列为我国中长期科技发展农业优先主题。国家中长期科学与技术发展规划纲要（2006～2020 年）安排了 8 个重点领域的 27 项前沿技术及 18 个基础科学问题。作为重点领域的农业，安排了 9 个优先主题，其中第 6 个优先主题为环保型肥料创制和生态农业。重点研究开发环保型肥料、农药创制关键技术，专用复（混）型缓释、控释肥料及施肥技术与相关设备。

　　缓控释肥料是缓释肥和控释肥的统称，是两种不同的新型肥料。

控释肥是指能根据作物生长特性与养分需求，设计、生产的释放速率与植物养分需求曲线相吻合的肥料，也叫"智能肥料"。其核心技术是包膜造孔，这一技术国内目前尚未完全掌握，所以，客观地说，目前中国还没有真正意义上的控释肥。缓释肥也叫长效肥，是通过在普通肥料中添加抑制剂，抑制养分在作物生长初期，对养分需求量较少时过快释放，确保作物对养分需求量大时有足够养分供给，达到养分尽可能多地被作物吸收的目的。

我国目前有 70 家企业生产缓控释肥，国内缓控释尿素的产能约 55 万吨/年，缓控释复合肥的产能约 200 万吨/年。目前国产缓控释肥肥效达 120d，研制的缓控释肥在玉米、小麦、蔬菜、果树、花生、花卉、草坪等作物上使用，均有显著的效果，其肥料利用率比普通化肥提高 0.5～1 倍以上，所以施用缓控释肥并不增加成本（施肥量可比普通化肥少 20%～50%），产量和品质可大幅度提高，而且，对环境友好，无污染，是生产绿色农产品的好肥料。

第一节　缓控释肥料种类

中华人民共和国化工行业标准 HG/T 3931—2007《缓控释肥料》中缓控释肥料的定义是：以各种调控机制使其养分最初释放延缓，延长植物对其有效养分吸收利用的有效期，使其养分按照设定的释放率和释放期缓慢或控制释放的肥料。

联合国工业发展组织（UNIDO）委托国际肥料发展中心（IFDC）编写的《肥料手册》（1998 年版）列出了缓释肥料、控制释放肥料定义如下。

缓释肥料（slow-release fertilizer，SRF）：一种肥料所含的养分是以化合的或以某种物理状态存在，以使其养分对植物的有效性延长（国际标准化组织 ISO 的定义）。

控制释放肥料（controlled-release fertilizer，CRF）：肥料中的一种或多种养分在土壤溶液中具有微溶性，以使它们在作物整个生长期均有效。理想的这种肥料应该是养分释放速率与作物对养分的需求完全一致。微溶性可以是肥料的本身特性或通过包裹可溶性粒子而获得。

此外，缓释肥料还包括加工过的天然有机肥料，如氨化腐殖酸肥料、干燥的活性污泥及含作物养分的工农业废弃物加工的肥料。缓释肥料还包括可以延长肥效的硝化抑制剂、尿酶抑制剂等。

必须指出，国际上对缓释肥料与控制释放肥料至今仍没有法定区分，两词常常混用，而以 SRF/CRF 或 S/CRF 表示。因此，我国也常以缓/控释肥料表示。但国际上一些学者遵循下列惯例，将微溶性合成化合物称为缓释肥料，将包膜、包裹与包囊的产品称为控制释放肥料。

目前缓控释肥的控释原理主要有物理法、化学法和生物法。物理法主要是应用物理障碍因素阻碍水溶性肥料与土壤水的接触，从而达到养分控释的目的。这类肥料以亲水性聚合物包裹肥料颗粒或把可溶性活性物质分散于基质中，从而限制肥料的溶解性。即通过简单微囊法和整体法的物理过程来处理肥料达到缓释性。应用这一方法生产的肥料养分控释效果比较好，但往往需配合其他方法共同使用。化学法主要就是通过化学合成缓溶性或难溶性的肥料，将肥料直接或间接的以共价键或离子键接到预先形成的聚合物上，构成一种新型聚合物。如：将尿素转变为较难水解的脲甲醛（UF）、脲乙醛（CDU）、亚异丁基二脲（又称异丁叉二脲，IBDU）、亚丁烯二脲、草酰胺，或使速溶性铵盐转变为微溶性的金属磷酸铵等。如果先用化学法，后在表面形成一层渗透膜所制成的肥料为物理化学性缓释肥料。化学法生产的缓/控释肥料控释效果比较好，但往往作物生长初期养分供应不足，且成本也比较高。生物法就是应用生物抑制剂（或促进剂）改良常规肥料。目前生物抑制剂应用的主要对象是速效氮肥，主要指脲酶抑制剂、硝化抑制剂和氨稳定剂等。生物法生产工艺简单，成本较低，单纯使用时养分控释效果不稳定，肥效期较短，往往需要借助于肥料的物理化学加工和化肥深施技术。

控释方法主要分为包膜法、非包膜法和综合法。根据养分缓控释技术可以把缓控释肥分为三大类：包膜型缓控释肥、非包膜型缓控释肥、综合缓控释肥。包膜法是一种主要的控释技术，通常实现养分控释的方法就是包膜，所以包膜肥是一种常见的控释肥。非包膜法也可以实现控释，通过化学合成法制得的脲醛类肥料就是一例。此外，混合方法也是一种非包膜的控释方法，这一方法简单有效，今后将有较大的发展。有机无机复肥亦是一种非包膜的控释肥。现有的研究表明，采用各种技术组合，有机无机复合肥的控释功能还可以进一步提高。综合法是综合运用上述包膜法、非包膜法进行"纵向复合"及不同释放速率的配合，达到纵向平衡施肥的目的。如：采用某种控释材料与肥料混合造粒（非包膜法），再在表面进行包膜处理。又如：对某一类肥料包裹不同厚度或不同种类的控释材料，或者不同释放速率的肥粒单元，把这类具有不同释放速率的肥粒单元按比例组合（异粒变速），可获得缓急相济的效果。

目前市场上常见的缓控释肥可分为包膜型缓控释肥和非包膜型缓控释肥。

一、包膜型缓控释肥

1. 包膜型肥料的包膜材料

目前控释肥的包膜材料可分为无机包膜材料和有机包膜材料两大类。

无机包膜材料主要类型有硫黄、竹炭、石膏、硅酸盐、磷酸盐、化学肥料、高表面活性矿物。优点是：材料来源广、成本低、不污染土壤、缓释效果明显、为植物提供多种盐基离子。缺点是：成膜时，由于膜存在残缺孔洞，极易被微生物分解带来养分控释性能不稳定，同时弹性差、易脆，因而难以实现真正意义上对养分的控制释放。

有机包膜材料主要是一些高分子材料，可分为天然高分子材料和人工合成高分子材料。天然高分子材料主要类型有松脂、虫胶、淀粉、纤维素、木质素、腐殖酸、壳聚糖、植物油、天然橡胶。其中，以植物油为主要包衣材料的控释肥料在生产过程中无需溶剂，即无溶剂（溶剂包膜在土壤中可降解）的原位表面反应包膜控释材料，由华南农业大学樊小林教授，通过对包膜工艺技术的改造和创新研制出，达到了国际领先水平。此种包膜材料易被生物降解是环境友好材料，它的诞生解决了当前控释肥料制造成本高、产能低、包膜材料创新相对滞后等问题，并大幅度提高了包膜效率，降低了能耗。

人工合成高分子材料主要类型有醇酸类树脂、聚氨酯类树脂、热塑性树脂。优点是：包膜厚度可以控制、对土壤条件不敏感、养分扩散速率由聚合物的化学性质控制，因而可实现对养分的控释。缺点是：包膜材料价格高、包膜工艺比较复杂，并且人工合成高分子化合物一般不溶于水，需要有机溶剂溶解，所以在土壤中分解缓慢，容易对环境造成污染，包膜材料的缓控释效果不明显。

目前控释肥料种类繁多、控释效果参差不齐，因控释肥未来的发展方向集中在包膜材料的选择上，研制出控释效果好、成本低、制备工艺简单、环境友好型控释肥料将有力推动我国农业和环境的协调发展。

2. 包膜型肥料的分类

由于目前包膜肥料还缺乏统一的国家标准和定义，我们根据包膜厚度、质量和成分把包膜肥料又分为包膜肥料、包裹肥料和涂层肥料。

根据《中国农业百科全书》定义，包膜肥料为在肥料颗粒表面涂覆其他物质制成的一类缓释肥料，用于成膜的物质有天然产品和人工合成的多聚体，如聚氨基甲酸乙酯、聚乙烯、石蜡、油脂、沥青和硫黄等。它们成膜后具有减少肥料与外界的直接接触、控制水溶性肥料粒子中养分的释放速率、改善肥料理化性能等作用。根据我们调查，包膜材料除硫黄外，大多为非植物营养物质。因此，包膜层质量不允许太大，但为了形成完整的密封层又不能太薄（颗粒肥料表面并非完全圆润光滑，而存在凹陷与凸起）。通常包膜层质量为肥料总质量的 $10\%\sim30\%$。

包裹肥料是包裹型复合肥料的简称。据中国包裹型肥料制造联合体技术资料定义：包裹型复合肥料是一种或多种植物营养物质包裹另一种植物营养物质而形成的植物营养复合体。虽然符合此定义的肥料早已发明，如美国的包硫尿素，但是包裹肥料这一术语是原郑州工学院磷肥研究室（现郑州工业大学磷肥与复肥研究所）许秀成、樊继轩、王光龙在一项中国发明专利——包裹肥料及其制造法中首次提出。该专利 1985 年 4 月 1 日申请，1987 年 12 月 17 日授权，专利号 85101008.3。该研究所目前已开发了 3 种类型的包裹型复合肥料，即：①以钙镁磷肥为包裹层的第一类产品，该制造工艺 1991 年被中国专利局授予中国专利优秀奖；②以部分酸化磷矿为包裹层的第二类产品，制造工艺 1999 年被国家知识产权局授予中国专利金奖；③以二价金属磷酸铵钾盐为包裹层的第三类产品，经国家石油化工局组织专家评定，其工艺为国际首创，其产品在制造成本低及无污染方面达到国际先进水平。

涂层肥料是在肥料颗粒表面涂覆某些物质以改善肥料的物性或肥料功效。欧洲生产的大多数复合肥均在表面带有涂层，这些肥料的生产工艺是在干燥、冷却后，于包裹机中涂以 0.3%～1.0% 的油及 1%～2% 的黏土，以改善肥料的结块性。广州氮肥厂开发的"涂层尿素"及山西焦化（集团）公司开发的"多元素长效涂层化肥"均为利用压缩空气将一种含有微量元素的有机胶态物质喷入尿素（或硝铵）造粒塔中，与造粒塔顶落下的尿素颗粒接触而均匀地涂布于颗粒表面，形成一层极薄的包膜。借助尿素本身的热量，将涂层材料带入的水分蒸发，使包膜干涸，涂层液中固化剂加调节剂≥30%，每吨涂层肥料耗涂层液 10～12kg。据此推算，干固的包膜涂层质量仅占肥料总质量的 0.5% 左右。如此薄的涂层不足以达到缓释的目的，浸入水中数分钟后即全部溶解。虽然，这类肥料也能改善肥料功效，但其机制不属缓释作用，而是其他因素所致。

3. 缓释型包膜肥料真假鉴别方法

控释肥如何进行质量鉴别是非常重要的，市场上的肥料品种名目繁多，且由于市场利益驱动，很多厂家尽管自己的产品根本不是控释肥，却竞相打出控释肥的招牌。所以需要农民朋友认真去鉴别产品的真伪，那么鉴别真假控释肥最简易的方法是什么呢？

首先，可将缓释肥料和普通复合肥分别放在两个盛满水的玻璃杯里，轻轻搅拌几分钟，复合肥会较快溶解，颗粒变小或完全溶解，水呈混浊状；而缓释肥由于溶解缓慢，水质清澈，无杂质。

其次，缓释肥料的核心是速溶性氮肥、磷肥、钾肥或复合肥料，将剥去外壳的缓释肥放在水中，会较快溶解。若剥去外壳不溶解的，是劣质肥料或假肥料。

再次，不能根据颜色辨别缓释肥。有些厂家仿冒缓释肥料颜色，把普通肥做成与缓释肥料相同的颜色，如果放在水里肥料脱色，水质浑浊带色，也不是缓释肥料，真正的缓释肥料外膜不脱色。

最后，对于掺混型缓释肥（通常情况下，缓释肥料所占比例不少于 30%），可将其中的缓释粒子分拣出来按以上方法鉴定。

真假缓控释肥的鉴别方法见图 12-1。

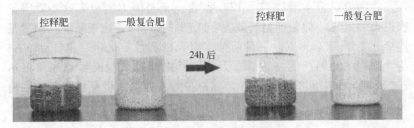

控释肥　　一般复合肥　　　　控释肥　　　一般复合肥

24h 后

图 12-1　真假缓控释肥的鉴别

二、非包膜型缓控释肥

非包膜缓控释肥主要指通过化学合成法制得的脲醛类肥料、混合法生产的有机无机复合肥等，概括起来主要有以下几种类型。

有机合成微溶型缓释氮肥。包括醛缩尿素、草酰胺、亚异丁基二脲（IBDU）和亚丁烯二脲（CDU）等有机态氮肥。该类肥料的养分释放缓慢，可以有效地提高肥料利用率，其养分的释放速率受到土壤水分、pH、微生物等各种因素的影响，人为调控的可能性小，其商品售价也很高，市场发展速度慢。

合成缓溶无机氮肥。如磷酸铵镁（NH_4MgPO_4）等。

胶结型有机-无机缓释肥料。用各种具有减缓养分释放速率的有机、无机胶结剂，通过不同的化学键力与速效化肥结合，所产生的释放速率不同于缓效化的一类肥料。

添加抑制剂改良的缓释肥料。如长效碳铵（添加 DCD）、长效尿素（添加 HQ）等。抑制剂型长效缓释肥是在普通化肥生产过程中，直接加入抑制剂，无需进行二次加工。而且缓释情况可由抑制剂用量多少和选用不同类型的抑制剂进行调节，其成本和产品售价只比普通化肥高 2%～8%，节本增效效果却与控释肥料不相上下，具有良好的性价比，容易被农民接受，因此抑制型长效缓释肥被称为适合中国国情的缓控释肥料。

近几年在东北三省以及河北、山东、甘肃等地示范推广表明：抑制剂型缓释肥料不仅完全可以实现一次施肥一个生长周期不用再施肥的目的；而且与普通化肥相比，可使氮素流失减少 63%，节约化肥用量 20%～30%；在施肥量减少 25% 的情况下，作物增产 8%～

18%，为农民节本增效 75～127 元/亩。正是因为能带来这些看得见摸得着的实惠，抑制剂型长效缓释肥料的推广一直比较顺利，消费量连续三年增长 30% 以上，目前推广面积已超过 1 亿亩。预计到 2015 年，国内缓释肥产能将达 371 万吨，其中抑制剂型缓释肥产量将达 296 万吨，推广面积将达 2.5 亿亩左右，成为我国缓控释肥料的主流品种。

第二节　缓控释肥料施肥技术

缓控释肥用途非常广泛，同时它的施用技术也非常简单，既可以作为基肥、追肥施用，还可以作为种肥施用。具体的施用方法可以进行撒施、条施和穴施以及拌种、盖种施肥等等。作为基肥施用时，根据不同作物的需肥规律，设计合理的智能肥料配方，然后进行加工后，完全能够满足作物一生所需养分，并且在作物需肥的不同时期，具有根据作物需肥特点进行释放的功能。作为追肥，也是根据作物的不同时期制定不同的肥料配方，加工后制作出专门用于追肥的智能肥料。缓控释施肥量可以在作物相同产量的情况下比速效化肥减少 20%～50% 以上的肥料施用量，另外，控释肥的施用量还要根据作物的目标产量、土壤的肥力水平和肥料的养分含量综合考虑后确定。如果作物的目标产量较高，就要相应增加控释肥的施用量。

对于水稻、小麦等根系密集且分布均匀的作物，可以在插秧或播种前按照推荐的专用包膜控释肥施用量一次性均匀撒施于地表，耕翻后种植，生长期内可以不再追肥。对于玉米、棉花等行距较大的作物，按照推荐的专用控释肥施用量一次性开沟基施于种子侧部，注意种肥隔离，以免烧种或烧苗。

对于花生、大豆等自身能够固氮的作物，缓控释肥配方以低氮高磷高钾型为好。作为底肥条沟施用，施用量因产量、地力不同而异，一般每亩施用量为 20～40kg。对于大棚蔬菜可做底肥，适用硫酸钾型控释肥，注意减少 20% 的施用量，以防止氮肥的损失，提高利用率，同时能减轻因施肥对土壤造成次生盐碱化的影响，防止氨气对蔬菜幼苗的伤害。对于马铃薯或甘薯用于底肥，适用硫酸钾型控释肥，每亩用肥 75～90kg，集中条沟施肥。

对于苹果、桃、梨等果树，可在离树干 1m 左右的地方呈放射状或环状沟施，深 20～40cm 左右，近树干稍浅树冠外围较深，然后将控释肥施入后埋土。另外，还应根据控释肥的释放期，决定追肥的间隔时间。施用量：一般情况下，结果果树每株 0.5～1.5kg，未结果树 50kg/亩。

施用缓控释肥注意事项：一定要注意种（苗）肥隔离，至少 8～10cm，以防止烧种、烧苗，作为底肥施用，注意覆土，以防止养分流失。

在花卉育苗基质中混合花卉智能肥料，进行花卉穴盘育苗，然后移栽到花盆中以后，不用再进行施肥，完全能够保证花卉生长所需的养分，不仅不会造成烧苗，而且由于一次性施入，省工省时。作为追肥，施入花盆中，也不会像普通肥料一样对花卉根系造成伤害，妨碍花卉植株生长或者烧苗。尤其是名贵花木，控释肥更是理想的肥料品种。

一、缓控释肥在农作物上的施用技术

1. 水稻

可选择高氮中磷中钾控释肥，对于磷钾含量比较丰富地区或者习惯秸秆还田地区磷钾的比例可适当降低。水稻缓/控释肥推荐施用量为：目标产量（每亩）≤450kg 的常规优质稻，施肥量（每亩用量）为 35～45kg；目标产量 450～600kg 的常规高产稻、杂交稻，施肥量为 45～55kg；目标产量≥600kg 的超高产水稻，施肥量为 55～65kg。各地使用时可根据目标产量、品种特性、土壤肥力状况等具体情况进行调整。该产品按推荐量作基肥一次施用后不再追肥，可以满足水稻整个生育期的营养需求。但是，在天气变化影响较大时（如施肥后短期内遇大暴雨，早春持续低温阴雨天气等）应适当补充追肥，每亩稻田补充追施尿素 3～5kg。肥料于移栽前、犁翻耙田后撒施，施肥后要求再耙 1～2 次，以达到全层施肥目的，充分发挥该产品的长效控释效果。对于砂质田以及保肥保水能力较差的稻田，建议分次施用，一般可以 60% 作基肥施用，其余肥料在移栽后 20～30d 施用。

施肥时要尽量反复均匀撒施，保障水稻植株群体供肥平衡；施肥前必须调节好田间水分，施肥后 3d 内避免排水，早稻移栽初期如遇低温天气，建议增加灌水量。对于每亩产量超过 500kg 的品种，建议分 2 次施用，70％～80％的肥料作基肥，其余在移栽后 30～40d 施用。

另外还可以进行穴盘育苗，经过试验证明水稻专用控释肥料完全可以与水稻种子混合后，在穴盘中进行育苗，而且移栽到大田后可以不再进行施肥，完全可以保证水稻一生中养分所需，只是该技术只针对水稻专用缓控释肥，可以根据肥料施用方法进行实际操作。

袁隆平院士领衔的一项实验结果表明，缓控释肥在中稻上增产效果明显，在等氮量条件下，增产幅度在 12％～15％，在减少 30％氮用量条件下仍能保持稳产或取得 10％左右的增产效果。

缓释尿素又称长效尿素，系由尿素添加一定量的脲酶抑制剂、硝化抑制剂、天然两性有机物、被膜剂和调质剂等作用而成。缓释尿素肥效期长达 110～120d，与普通尿素相比损失可减少一半左右，并且能改变传统的氮肥多次施用的方式。水稻的参考用氮量（纯氮）一般为 12～16kg/亩，缓释尿素的施肥量根据肥料的氮素含量、水稻品种、目标产量、土壤种类等多种因素确定，并根据需要配施农家肥、磷钾肥和中微量元素肥料。施用方法为一次基施于水稻田的还原层，施肥深度约 15cm，传统水稻施肥必须进行 3～4 次，有的地区 5～6 次，造成人工投入多、肥料损失大、生产成本高。

涂层尿素在水稻上的施用方法主要采用全层施肥法，水稻涂层尿素的参考施肥量一般为 16～29kg/亩，同时配合施用农家肥、磷肥、钾肥以及中微量元素肥。在整地时将混匀后的肥料一次基施，使肥料与土壤在整地时混拌均匀，翻入约 15cm 的土壤还原层中，再次放水泡田、整地插秧。广东等地涂层尿素肥效示范试验结果显示，与施用普通尿素相比，涂层尿素肥效较长、稻株生长健壮、叶色鲜绿、叶面积较大、增产效果显著。广东早稻 26 个田间试验和晚稻 41 个田间试验资料统计，涂层尿素和普通尿素相比，早稻平均增产 24.2kg/亩、晚稻平均增产 27.4kg/亩。

2. 小麦

小麦主产区大部分位于我国北部地区，该地区土壤钾含量整体偏高，所以可选择高氮高磷控释肥。汪强等在河南省潮土区进行的缓控释肥实验结果为：施用含钾缓控释肥和不含钾缓控释肥试验田小麦产量差异不明显。

施肥方法：控释肥 40～50kg/亩，作小麦底肥；返青期追施尿素 7～15kg/亩。施用缓控释肥的小麦在生产过程中抗旱、抗寒、抗病虫能力都比较强。

王茹芳等的小区试验表明，在氮磷钾使用量一样的条件下，缓控释肥比普通肥料增产达到 23.77％，而且小麦籽粒的粗蛋白含量、氨基酸含量、容重、湿面筋含量、沉降值、总糖含量均呈增加的趋势，增加幅度分别为 3.49％、21.33％、1.58％、4.58％、10.73％、43.75％。

3. 玉米

选择高氮控释肥，控释肥 30～40kg/亩（或复合肥 50kg/亩），做基肥可一次性施用，穴施或条施均可（盖土）。砂土、盐碱地要少量多次施肥，注意种肥隔离。

施肥时要根据玉米田的保肥水能力确定是否需要追肥，砂性土壤要视苗情追肥；注意种、肥隔离，以 8～12cm 为宜；施肥时如果土壤干旱，要注意配合浇水。

玉米施用缓控释肥的效果见图 12-2。

图 12-2 施用缓控释肥可有效减少玉米秃尖

4. 棉花

选择高氮中磷中钾控释肥，北方地区基施棉花控释肥 30～40kg/

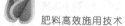

亩；南方地区基施棉花控释肥 30～40kg/亩，花铃期每亩追施棉花控释肥 10～15kg。

5. 大豆

选择高磷高钾控释肥，底施控释肥 15～25kg/亩。在结荚期，可以喷施 0.2%～0.3%的磷酸二氢钾和 1%尿素溶液，起到补磷增氮的效果。

6. 花生和油菜

大田花生宜选择高磷高钾控释肥，底施控释肥 30～40kg/亩；在结荚期，可以喷施 0.2%～0.3%的磷酸二氢钾和 1%尿素溶液，起到补磷增氮的效果。

油菜则选择高氮高磷控释肥，移栽或直播必须施足基肥，施控释肥 30～40kg/亩，加 0.5kg 硼肥，均匀混合，条施或穴施。

陈新颖等的试验结果表明，缓控释肥在花生上的增产效果达到 30%以上。马超等的试验结果表明，在旱薄地配施有机肥，可提高花生产量和品质。

7. 甘蔗、烟草、土豆和甜菜

选择高钾控释肥（硫酸钾型），甘蔗和烟草作底肥施控释肥 40～50kg/亩，土豆作底肥施控释肥 80～100kg/亩，甘蔗可在伸长期追施复合肥 30～40kg/亩。

甜菜可选择高氮控释肥（硫酸钾型），作底肥施控释肥 40～50kg/亩。

二、缓控释肥在蔬菜生产中的施用技术

叶菜类可选择高氮控释肥（硫酸钾型）。

施肥方法：作底肥施控释肥 40～50kg/亩，配合农家肥每亩用 1500～2000kg。

果菜类可选择高钾控释肥（硫酸钾型）。

施肥方法：作底肥施控释肥 40～50kg/亩，配合农家肥每亩用 1500～2000kg（每收获一茬，每亩冲施高氮高钾的冲施肥 15～20kg）。

三、缓控释肥在林果业与花卉苗木生产中的施用技术

1. 果茶类

在林果业生产中，宜选择硫酸钾型控释肥，实现对氮素和钾素的双重控释。

果茶类施肥应以有机肥为主，有机肥与无机肥相结合；以氮肥为主，氮、磷、钾三要素相配合，注意全肥；重视基肥，基肥与追肥相结合；合理施肥，以根际施肥为主，根际施肥与根外施肥相结合。

柑橘、苹果、桃、梨可选择高钾控释肥，氮肥含量约 20%，秋季采果后条沟施控释肥 1～1.5kg/株，配合农家肥 5～10kg/株；春季果树萌芽前条沟施 0.25～0.5kg/株；果实膨大期条沟施 0.5～1.0kg/株。北方地果树如苹果、桃、梨等可以在春季萌芽前后一次性条沟施肥，而南方果树如柑橘则建议采用分期施肥的方式，基肥在秋季采果后施肥，以后根据果树生育期分次施肥。

采用放射沟法施用，即距树干 30cm 向外挖宽 20～30cm、深 20～30cm、长 100～150cm（根据树体大小确定，要求放射沟一半在树冠投影内，另一半在树冠投影外）的放射沟，10 年生以下树挖 3～4 条，10 年生以上树 5～6 条，放射沟的位置每年交替进行。

苹果产量水平在 1500kg 以下的每亩施肥总量为 45kg，产量水平在 1500～2500kg 的每亩施 45～65kg；产量水平在 2500～4500kg 的每亩施 65～115kg；产量水平在 4500kg 以上的每亩施 115～145kg。

桃树产量水平在 2000kg 左右的果园每亩施 55kg，产量水平在 2000～2500kg 的每亩施 65～95kg；产量水平在 2500kg 以上的每亩施 95～115kg。

樱桃产量水平在 500kg 以下的每亩施 55kg；产量水平在 500～1000kg 的每亩施 55～75kg；产量水平在 1000kg 以上的每亩施 75～95kg。

冬枣产量水平在 500kg 以下的每亩施 55kg；产量水平在 500～1000kg 的每亩施 55～75kg；产量水平在 1000kg 以上的每亩施 75～95kg。

梨树产量水平在 1500kg 以下的每亩施 40kg；产量水平在1500～2500kg 的每亩施 45～65kg；产量水平在 2500～4500kg 的每亩施

65～115kg；产量水平在 4500kg 以上的每亩施 95～145kg。

施肥总量根据土壤肥力条件，配合施用有机肥，平衡施肥。沙滩地果园适当多施 20%左右，土壤肥沃的果园适当减少 20%施肥量。

茶园施肥可选择高氮控释肥（硫酸钾型），在春季及采茶后各施控释肥 80～100kg/亩。茶园定植初期可采用穴施，在每丛茶树旁 10cm 处开穴 20cm 左右，根据施肥总量计算每穴施肥量。基肥开沟一般沿茶行的一边开沟 25～30cm 深，黏土宜浅，沙土宜深；追肥开沟只要有 10cm 深即可。开沟后将肥料均匀撒入然后覆土。

2. 葡萄、香蕉和西瓜

葡萄和香蕉可选择高钾控释肥（硫酸钾型），不含氯。

以亩产 3000kg 的葡萄园为例，施肥方法如下。第一阶段：葡萄下架以后，挑出沟来，施有机肥，每亩施 2000～2500kg，同时配施 15～25kg 缓控释肥，采用条沟施比较合适，距离葡萄 40cm 左右，呈三角形犁沟，每棵就是一把肥料，埋好土以后，再跟一遍水，尽量不要透气和干燥。第二阶段：葡萄萌芽以后长到 15～20cm，每亩追施 40kg 缓控释肥和 100kg 碳酸氢铵。第三阶段：葡萄谢花以后，葡萄长到黄豆粒大小时再追施 40～60kg 缓控释肥。第四阶段：葡萄开始膨大时，也就是着色这个阶段，可以再追施 40～60kg 缓控释肥。施肥总量根据葡萄园土壤肥力和目标产量确定，土地肥沃的土地可少施肥 20%。也可简化施肥程序，秋季开沟做底肥施控释肥 80～100kg/亩，膨大期追施控释肥 30～40kg/亩。

香蕉的施肥方法：一年施控释肥 10～12 次，每次 30～40kg/亩。

西瓜的施肥方法：作底肥施用，每亩 40～50kg。西瓜膨大期冲施高钾复合肥 15～20kg/亩。

3. 花卉苗木

包膜缓、控释肥用作盆栽植物基肥时，可与土壤或基质混匀，其施用量根据盆的体积大小和所能装入土壤或基质的体积而定，在室内接受阳光较少的盆用量可减半；用作盆栽作物追肥时的用量与基肥相同，肥料均匀撒施于植物叶冠之下的土壤或基质表层。根据缓、控肥释放期，每 3～9 个月追施 1 次。

园艺移栽作物用作基肥时，先挖一个坑，将推荐量的包膜缓、控释肥料施入坑的底部，加土或基质与肥料混合，将移栽植株放在混合的肥料之上，用土填埋，然后浇水。每年根据肥料说明与植物长势进行追肥管理。

第三节　缓控释肥料的发展前景

缓释肥料能改变传统的施肥方式，在多种作物上可实现一次性施肥，不用追肥，简化施肥程序，使播种与施肥同步进行，从而大大降低了农业劳动强度，提高劳动生产率。但也存在很多应用中的不足。

20 世纪 90 年代，美国消费的缓释/控制释放肥料 92％用于非农业市场，其中高尔夫球场占 24％、专业保养草坪 19％、苗圃及温室 15％，仅 8％用于高价农作物如草莓、西红柿、坚果、蔬菜、柑橘等；西欧与美国相似；日本主要用于农业市场，1995 年包膜肥料的 70％用于水稻，20％用于西红柿、胡萝卜、莲藕等蔬菜。以硫包衣尿素为例，为了确保包膜质量，通常要进行两次包覆，产品中硫含量高达 23％左右。2007 年以来，硫黄价格由 800 多元/吨上涨到 2008 年 7 月的 6000 元/t，使其原料成本增加了 1000 元/吨左右，加上加工等其他费用，完全成本至少增加 1300 元/t，出厂价比普通尿素高 1500 多元/吨，市场价超过 4000 元/t。又由于其增加了 23％的硫，相应减少了 23％的氮养分，折算成单位养分的价格达 113 元每个养分点，比普通尿素高出 1.6 倍，所以农民难以接受。其他树脂包衣肥在成本推动下价格更高，如脲醛树脂包衣尿素价格甚至高达 5500 元/t，这样的高价化肥在大田作物中的推广难度可想而知，只能小范围用于草坪、园艺等领域。

目前世界缓释和控释肥的年消耗总量约 70 万吨，以 4％～5％的速度增长，其中聚合物包膜缓控释肥年消费平均增长 9％～10％。相比之下，氮磷钾化肥世界年消费已超过 10 亿吨，缓控释肥用量还不到 1％。

中国农业大学资源与环境学院曹一平教授认为，包膜控释肥料是植物营养调控技术的物化产品，其特点：一是起始有效性的推迟；二是持续有效时间的人为设计；三是一次施肥提供整个生育期的营养；四是具有最高利用率；五是对环境危害最小。她认为，解决控释肥成

本高的方法之一就是走掺混化，即控释氮肥再加上常规磷钾肥。只有降低缓控释肥的生产成本和销售价格，才能增加缓控释肥的市场占有份额，激励农民施用缓控释肥的积极性。

参 考 文 献

[1] 许秀成．我国资源与环境呼唤优先发展缓控释肥料．中国农资，2006（9）：51-52.

[2] 抑制剂型缓释肥将成主流．中国农资网．http：//www. ampcn. com/news/detail/43874. asp.

[3] HG/T 3931—2007.

[4] 韩晓日．新型缓/控释肥料研究现状与展望．沈阳农业大学学报，2006，37（1）：3-8.

[5] 张夫道，史春余，王玉军等．水稻用缓/控释肥料生产方法［P］. CN200410088479.5、2005-04-27.

[6] 宋媛媛．浅谈控释肥的包膜材料．华南农业大学平衡施肥研究室．http：//www. cncrf. com/newsDetail. asp? id=525.

[7] 许秀成，王好斌等．包裹型缓释/控制释放肥料专题报告．磷肥与复肥，2000，15（3）：1-6.

[8] 包膜肥料真假鉴别方法．中国农资化肥网．http：//www. zgnzhf. cn/showzs. asp? id=1206.

[9] 控释肥简易鉴别方法．山东省控释肥工程技术研究 http：//cnerc-crf. org. cn/xwny. asp? id=53.

[10] 中国缓释肥料研究与生产现状．中国农资网．http：//www. ampcn. com/info/detail/5387. asp.

[11] 抑制剂型缓释肥将成主流．中国农资网．http：//www. ampcn. com/news/detail/43874. asp.

[12] 山东省控释肥工程技术研究中心，缓控释肥施用技．http：//cnerc-crf. org. cn/xwny. asp? id=40.

[13] 超级杂交稻田传喜讯：金正大缓控释肥在超级杂交水稻上应用效果显著．中国农技推广，2009，4：45.

[14] 詹益兴，孙江莉．新型肥料施用技术．北京：中国三峡出版社，2008.

[15] 汪强，李双凌．缓/控释肥对小麦增产与提高氮肥利用率的效果研究．土壤通报，2007，1：47-50.

[16] 王茹芳，刘俊滨．掺混型缓释肥对小麦产量及品质的影响．中国土壤与肥料，2007，2：33-36.

[17] 陈新颖，荆建军．施用缓控释肥对花生产量的影响．农技服务，2009，26（6）：45.

[18] 马超，王德民等．缓释肥对旱薄地花生产量及其性状的影响．作物杂志，2009，1：57-59.

[19] 许秀成．包裹型缓释/控制释放肥料专题报告：第二报　世界缓释/控制释放肥料生

产、消费现状. 磷肥与复肥，2000，15（4）：5-7.

[20] 谈我国缓控释肥的现状与发展——访谈长效复合（混）肥添加剂（NAM）发明人石元亮博士. http://www. iae. ac. cn/2007/6034730. html.

[21] 王亮，秦玉波，于阁杰等. 新型缓控释肥的研究现状及展望. 吉林农业科学，2008，33（4）：38-42.

第十三章
肥料施用新技术

目前生产上应用的肥料施用新技术主要有：平衡施肥技术、灌溉施肥技术、叶面施肥技术和钻孔施肥技术，其中叶面施肥技术在本书第十一章已结合叶面肥的施用做了较全面的介绍，在本章不再赘述。本章重点介绍平衡施肥技术和灌溉施肥技术，对操作简单、易于实施的钻孔施肥技术作简要介绍。

第一节　平衡施肥技术

一、平衡施肥技术的概念

平衡施肥，就是测土配方施肥，测土配方施肥，是从技术方法上命名的，这种命名方法通俗易懂、一目了然，而国际上通称平衡施肥。平衡施肥技术，是综合运用现代农业科技成果，依据作物需肥规律、土壤供肥特性与肥料效应，在施用有机肥的基础上，合理确定氮、磷、钾和中、微量元素的适宜用量和比例以及相应施肥方式方法的一项综合性科学施肥技术。

其内容包括"测土配方"与"施肥"两个程序。"测土配方"是根据植物种类、产量水平、需要吸收各种养分数量、土壤养分供应量和肥料利用率来确定肥料的种类与用量，做到产前定肥定量；"施肥"是测土配方的实施、是目标产量实现的保证，施肥要根据"配方"确定的肥料品种、数量和土壤、植物的特性，合理地安排基肥和追肥的比例、追肥的次数和每次追肥的用量以及施肥时期、施肥部位、施用方法等。同时要特别注意平衡施肥必须坚持"有机肥为基础"、"有机肥料与无机肥料相结合，用地与养地相结合"的原则，以增强后劲，保证土壤肥力的不断提高。

二、平衡施肥的基本原理

配方施肥科学合理。就是因为它能够充分发挥其增产、增质、培肥地力的作用。如果施肥配方不合理，不仅经济效益低下，还会对土壤带来不良影响。因此，配方施肥必须有理论指导，某些学说正确地反映了社会实践中客观存在的规律，至今仍然是指导配方施肥的基本原理。

1. 养分归还学说

养分归还学说也叫养分补偿学说，是19世纪德国化学家李比希提出的。主要论点是：作物从土壤中吸收带走养分，使土壤中的养分越来越少。因此，要恢复地力，就必须向土壤施加养分。

2. 最小养分律

最小养分律是指作物产量的高低受作物最敏感缺乏养分制约，在一定程度上产量随这种养分的增减而变化。为了更好地理解最小养分律的涵义，人们常以木制水桶加以图解，贮水桶是由多个木板组成，每一个木板代表着作物生长发育所需一种养分，当一个木板（养分）比较低时，那么其贮水量（产量）也只有贮到最低木板的刻度。

3. 报酬递减律

报酬递减律最早是作为经济法则提出来的。其内涵是：在其他技术条件（如灌溉、品种、耕作等）相对稳定的前提下，随着施肥量的逐渐增加，作物产量也随着增加，当施肥量超过一定限度后，再增加施肥量，反而还会造成农作物减产。

4. 因子综合作用律

据统计，作物的增产措施中施肥占32％，品种占17％，灌溉占

28％，机械化占 13％，其他占 10％，因此配方施肥应与其他高产栽培措施紧密结合，才能发挥出应有的增产效益。在肥料养分之间，也应该相互配合施用，这样才能产生养分之间的综合促进作用。

三、平衡施肥需考虑的因素

平衡施肥是一项科学性、实用性很强的技术，施肥所要考虑的因素很多，包括技术的、经济的，甚至社会的因素。但最根本的是要考虑作物、土壤、肥料三大因素。

1. 作物因素

施肥的基本目的是为作物创造良好的营养条件，从而获得高产，因此作物是考虑施肥的根本依据。首先要考虑作物的需肥特点，以小麦为例：每吨小麦籽实大概需要吸收 N 素 20kg、P 素 4kg、K 素 5kg，而每吨茎秆需要吸收 N 素 4kg、P 素 0.4kg、K 素 10kg。一般小麦的籽/草比为 1：1.3 左右，因此，每吨地上部分需要消耗 N 素 25kg、P 素 4.5kg、K 素 20kg。从小麦养分的吸收看，其 N：P：K≈5：1：4。

其次要考虑作物的生长期及气候特点。小麦，特别是冬小麦，有很长的生长期，冬前期的小麦，由于气温低，生长很慢，有的地方秋季雨量大，这就决定了小麦的氮肥必须分次施用，而基肥不能施用太多。

2. 土壤因素

前面讲到小麦吸收养分的 N、P、K 比例大体是 5：1：4，但是实际施肥的比例不一定是这个比例，因为还必须考虑到土壤的养分状况。我国土壤几乎全部都缺氮，如果土壤供氮能力很小，就必须施用肥料满足小麦对绝大部分氮素的需要；我国大多数土壤尤其是北方地区土壤含钾丰富，就可不需施钾；如土壤又严重缺磷，按磷肥利用率 10％～20％，氮素利用率 50％考虑，因此，施肥的 N、P、K 比例应该是 50：25：0，即 2：1：0。由于氮肥必须大部分作追肥（假定50％），因此基肥的 N、P、K 就应该是 25：25：0。

3. 肥料因素

平衡施肥时应考虑能充分发挥肥料的效应；还应考虑对土壤肥力

的影响，保证在此用量期间，土壤肥力不会下降，这方面应注意作物对土壤养分的消耗量，定施肥量时，要考虑到养分的平衡状况；同时，还应结合肥料的特性进行施肥，在这里强调几个方面。

（1）有机肥料　有机肥料能促进微生物活动，改善作物营养条件，保持和提高土壤肥力。有机肥料包括厩肥和绿肥，最好在播种前施入，以便能很好地分解和矿化。在温暖湿润地区，如时间允许，可在种前 $20\sim30d$ 翻入为好，使作物旺盛生长期能有充足的养分供应。

（2）氮肥　大多数作物在苗期需要氮素不多，但随后的主要生长期则常需要高量的氮肥。从苗期到主要生长期的间隔时间，不同作物不一样。由于氮肥很容易损失，而损失的机制又与不同土壤特性有关。所有这些都是氮肥合理施用时间的考虑依据。一般来说，在雨量不大的地区，对于生长期短的作物，为了节约劳力，可以在播种时，一次施肥；反之，则应考虑分次施用。当然，也应适当考虑作物的最大养分需要期并避开最大的损失途径。

（3）磷肥　从理论上说，由于磷肥与土壤的固定作用，通常希望在播种时作基肥一次施入。但在固磷能力低到中等的土壤上，可以事先撒入，含磷量中等的土壤，可以每隔 $2\sim4$ 年施用一次磷肥，以保证土壤磷素水平不下降。低磷水平的土壤，一般在播种时集中施用。

（4）钾肥　钾肥一般也应在播种时作基肥施入，钾离子是一种阳离子，在土壤中运动不大，因此，作追肥用的钾肥要经一段时间才可能运动到根系密集区。对于有主根的作物，如花生、油菜等，钾肥能在播种前提早施效果更好，其原因是，钾可以分布在较深土层，而且在整个土层中分布较均匀。

四、平衡施肥技术体系

平衡施肥是一项科学性、实用性很强的技术，在运用过程中主要包括下面内容：根据土壤供肥能力、植物营养需求，确定需要通过施肥补充的元素种类；确定施肥量，根据作物营养特点，确定施肥时期，分配各期肥料用量；选择切实可行的施肥方法；制定与施肥相配套的农艺措施，实施施肥。

具体来讲，其主要技术内容和具体实施步骤如下。

1. 土壤样品的采集

土壤样品的采集一般在秋收后进行，土样采集时要求地点选择以及采集的土壤都要有代表性。为了了解作物生长期内土壤耕层中养分供应状况，取样深度一般在20cm，如果种植作物根系入土较深，可以适当加深土层。取样一般以50亩面积为一个单位，同时也要根据实际情况而定，如果地块面积大、肥力相近的，取样面积可以适当加大一些。取样可选择东、西、南、北、中五个点，用土钻按标准深度取土。然后，将采得的土样全部混匀，取得的土样装入袋内，袋的内外都要挂放标签，标明取样地点、日期、采样人及分析的有关内容。

2. 土壤样品的测试

对采集的土壤样品进行检测，以了解土壤养分状况，确定各种肥料及配方的数量和比例，为科学施肥提供依据。从科学性上来讲，应当是土壤样品营养成分指标测试项目越多，对土壤养分状况摸得越清，越有利于科学确定配方。但考虑到实用性原则，各地普遍采用的是五项基础化验，即碱解氮、速效磷、速效钾、有机质和pH值。这五项之中，碱解氮、速效磷、速效钾是体现土壤肥力不足的三大标志性营养元素；有机质和pH值这两项指标，直接关系到肥料释放能力和作物对养分的吸收能力，也关系到选用适当的肥料种类。土样测试要准确、及时，取得的数据要登记造册，建立土壤数据库。另外根据生产中发现的元素缺乏症表现，有针对性测试土壤中微量营养元素指标也是非常必要的。

3. 施肥量、施肥时期和施肥方法的制定

在充分掌握土壤供肥能力的基础上，根据植物营养需求，确定需要通过施肥补充的元素种类和适宜的施肥量。在根据土壤条件和作物的营养特点选好肥料种类、最适宜施肥量的基础上，还要考虑肥料在各个生育期内的适宜用量和分配比例，以发挥肥料最大利用率。①一般生育期短的作物在肥料分配上应以基肥为主，追肥早施，而生育期长的作物应加大追肥比例，分次施肥。在追肥中，首先要考虑作物营养临界期和最大效率期，保证肥料适时有效地被作物利用。②黏质土壤宜采用重基肥、早追肥（前促后控）的施肥方式，以避免后期贪青。砂质土壤采取追肥为主的"少吃多餐"施肥方式，防止后期脱

肥。壤质土采用基追并重的方式，以防后期脱肥，保持均衡增长。③不同营养元素，施肥方式不同。氮肥在施肥上应强调基肥和追肥两种方式。当季作物的磷肥作基肥，一次集中施用，轮作要把磷肥分配到对磷最敏感的作物上。当季作物施用钾，一般宜全部作基肥，特别是生育期短的作物，钾肥的施用应尽量早施。最后应通过开展肥料试验，整理探索选择切实可行的科学施肥方法。

4. 推广科学的配套耕作栽培措施

农作物是否增产增收是一个综合因素，所以平衡施肥必须与配套耕作栽培措施相结合。

五、平衡施肥的意义

生产实践证明：平衡施肥的推广应用，改以往盲目施肥为定量施肥，同时也改单一施肥为以有机肥为基础、氮磷钾等多种元素配合施用。目前已由单元素化肥品种发展为两元素复合肥，及多元素复合肥和作物专用肥。配方施肥在农业生产上实现了增产、改善农产品品质、节肥、增收和平衡土壤养分等显著效果，具体有以下四个方面的好处。

1. 平衡施肥可以降低农业生产成本

进入市场经济以后，特别是由短缺农业转向农产品剩余，出现农产品买方市场以后，农业生产发生了历史性转折，即由数量型农业转向以经济效益为中心、以农民增收为目标的效益型农业。这样，如何实现农业节本增效就是生产中首先要考虑的大问题。搞好平衡施肥，提高用肥的科学水平，是节约农业成本的关键措施。

2. 平衡施肥增产增收效果明显

通过平衡施肥，满足了农作物对各营养元素的需求，使得农作物能够正常地生长发育，从而获得理想的产量和效益。据大量试验、示范得出的结论，在等量肥料投入的情况下，采用平衡施肥技术，一般可增产10%左右。

3. 平衡施肥可以培肥地力保护生态

配方施肥不仅直接表现在植物增产效应上，还体现在培肥土壤、保护生态、提高土壤肥力方面。例如，河南省博爱县界沟乡通过连续

5年施行配方施肥，全乡的土壤肥力有明显提高：土壤有机质增加2.1g/kg，碱解氮增加11mg/kg，有效磷增加5.2mg/kg，有效钾增加18mg/kg，土壤理化性状得到改善。

4. 平衡施肥有利于农产品质量的提高

我国农田习惯上大多偏施氮肥，造成土壤养分失调，不仅影响产量，而且还影响到产品品质的改善。平衡施肥满足了农作物对营养元素的需求，使之正常发育，完全成熟，提高了农产品的品质。

据农业部汇总资料表明，配方施肥与习惯单施氮肥比较，棉花提高衣分1.3%～3.4%、绒长0.4～1.6mm、单铃重0.1～0.4g，由此可见配方施肥可协调养分提高农产品品质。

总之，平衡施肥就是通过施肥改善土壤理化性状，最大限度地协调作物生长环境条件，充分发挥肥料增产作用。平衡施肥不仅要协调和满足当季作物增产对养分的要求，获得较高产量和最大经济效益，从长远的目标出发，还应考虑通过施肥来改善土壤结构，培肥地力，为农业持续稳定发展奠定基础。

第二节　灌溉施肥技术

一、灌溉施肥技术的概念

灌溉施肥是指肥料随同灌溉水进入田间的过程，施肥是在灌溉的基础上配合作物灌溉用注肥设备和压力灌溉系统，将液态的肥料注入灌溉的管道之中，从而产生含有作物营养需求的灌溉水，完成伴随着灌溉的施肥作业，是施肥技术和灌溉技术相结合的一项新技术。

二、灌溉施肥技术的优点

现代灌溉施肥是利用很多辅助设备如动力机、PVC塑料管道、过滤器、施肥罐、注肥设备、滴灌带、调压阀、各种传感器、喷头、滴头、滴管壁密布的微孔组成，其中重要一点就是现代灌溉系统中一定要有设备施加给水以压力来进行灌溉工作，施肥是在灌溉的基础上配合作物灌溉用注肥设备，进行灌溉施肥。如果是高自动化的作业环境还伴随带有自动化的灌溉施肥控制系统来对各硬件设备驱动控制，实现自动控制下的合理灌溉施肥是现在灌溉施肥技术的最高体现。

灌溉施肥技术是一种先进的现代农业技术，其优点表现在下面几个方面。

1. 提高肥料利用率，节水增产

与普通施肥相比，灌溉施肥具有供肥及时、养分易被作物吸收、肥料利用率高等特点，一般可节省化肥 30％～50％，喷灌、微灌等可节水 30％～40％，并增产 10％。是因为灌溉施肥特别是滴灌和微喷条件下伴随施肥使水缓慢流入根部周围土壤，再借助土壤毛细管作用将水分扩散到整个根系，供作物吸收利用，降低了肥料与土壤的接触面积，减少了土壤对肥料养分的固定，有利于根系吸收养分；由于不破坏土壤结构，保持了根系层内疏松通透的生长环境条件，且减少了土壤表面的水分蒸发损失，因而有明显的节水节肥增产效益。而且将肥料直接随水施入，充分利用水肥同时供应，可发挥二者的协同作用为促进作物生长、提高作物产量奠定基础。还可根据气候、土壤特性及作物不同生长发育阶段的营养特点，灵活地调节供应养分的种类、比例及数量等。

2. 简化田间施肥作业，减少施肥用工

灌溉施肥依靠一些必要的灌溉设备，可做到自动化施肥，将可溶性肥料随水进入土壤，操作用工极少，并可避免作物（特别是大棚内栽培作物）在生长期内因采用常规方法施肥而造成的根、茎、叶的损伤。而且通过对灌溉灌系统的有效设计与管理，可以创造促进作物生长或根据作物需要控制作物生长的土壤水分和肥料条件，使作物的水肥条件始终处在优良的状态下。

3. 适时适量补充养分，防止土壤板结和环境污染

灌溉施肥可以非常精确地在时间和空间上调控土壤水、肥条件，严格控制灌溉用水量及化肥施用量，减少养分向根系分布区以下土层的淋失，防止造成土壤和地下水的污染；有效地控制施肥量和施肥时间，可避免过量施肥带来的土壤板结等土壤退化问题。

三、灌溉施肥技术体系

（一）灌溉系统中的施肥设备

通过灌溉系统施肥需要一定的施肥设备，常用的施肥设备主要有施肥罐、文丘里施肥器、施肥泵、施肥机等。

1. 施肥罐

施肥罐是田间应用较广泛的施肥设备。在发达国家的果园中随处可见，我国在大棚蔬菜生产中也广泛应用。施肥罐也称为压差式施肥罐，由两根细管（旁通管）与主管道相连接，在主管道与两条细管接点之间设置一个节制阀（球阀或闸阀）以产生一个较小的压力差（1～2m 水压），使一部分水流流入施肥罐，进水管直达罐底，水溶解罐中肥料后，肥料溶液由另一根细管进入主管道，将肥料带到作物根区（图 13-1）。

旁通施肥罐是按数量施肥方式，开始施肥时流出的肥料浓度高，随着施肥进行，罐中肥料越来越少，浓度越来越稀。罐内养分浓度的变化存在一定的规律，即在相当于 4 倍罐容积的水流过罐体后，90%的肥料已进入灌溉系统（但肥料应在一开始就完全溶解），流入罐内的水量可用罐入口处的流量表来测量。灌溉施肥的时间取决于肥料罐的容积及其流出速率。

因为施肥罐的容积是固定的，当需要加快施肥速度时，必须使旁通管的流量增大。此时要把节制阀关得更紧一些。在田间情况下很多时候用固体肥料（肥料量不超过罐体的 1/3），此时肥料被缓慢溶解，但不会影响施肥的速度。在流量压力肥料用量相同的情况下，不管是直接用固体肥料，还是将其溶解后放入施肥罐，施肥的时间基本一致。由于施肥的快慢与经过施肥罐的流量有关，当需要快速施肥时，可以增大施肥罐两端的压差，反之，减小压差。

2. 文丘里施肥器

同施肥罐一样，文丘里施肥器在灌溉施肥中也得到广泛的应用。文丘里施肥器可以做到按比例施肥，在灌溉过程中可以保持恒定的养分浓度。水流通过一个由大渐小然后由小渐大的管道时（文丘里管喉部），水流经狭窄部分时流速加大，压力下降，使前后形成压力差，

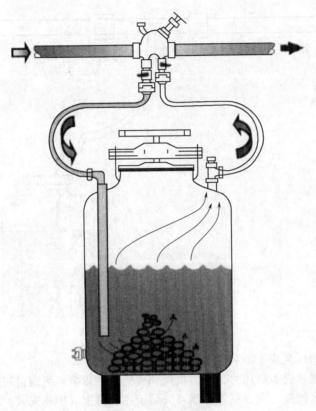

图 13-1　旁通施肥罐示意

当喉部有一更小管径的入口时，形成负压，将肥料溶液从一敞口肥料罐通过小管径细管吸取上来。文丘里施肥器即根据这一原理制成（图13-2）。

文丘里施肥器用抗腐蚀材料制作，如铜、塑料和不锈钢。现绝大部分为塑料制造。文丘里施肥器的注入速度取决于产生负压的大小（即所损耗的压力）。损耗的压力受施肥器类型和操作条件的影响，损耗量为原始压力的 10%～75%。选购时要尽量购买压力损耗小的施肥器。由于制造工艺的差异，同样产品不同厂家的压力损耗值相差很大。由于文丘里施肥器会造成较大的压力损耗，通常安装时加装一个小型增压泵。一般厂家均会告知产品的压力损耗，设计时根据相关参

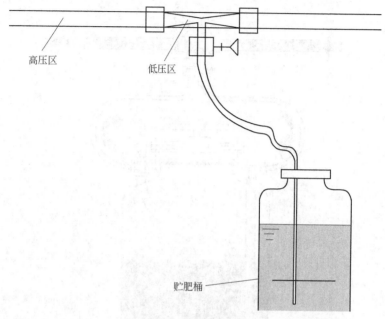

图 13-2　文丘里施肥器示意

数配制加压泵或不加泵。

　　吸肥量受入口压力、压力损耗和吸管直径影响，可通过控制阀和调节器来调整。文丘里施肥器可安装于主管路上（串联安装）或者作为管路的旁通件安装（并联安装）。在温室里，作为旁通件安装的施肥器其水流由一个辅助水泵加压。

　　文丘里施肥器具有显著优点，不需要外部能源，从敞口肥料罐吸取肥料的花费少，吸肥量范围大，操作简单，磨损率低，安装简易，方便移动，适于自动化，养分浓度均匀且抗腐蚀性强。不足之处为压力损失大，吸肥量受压力波动的影响。虽然文丘里施肥器可以按比例施肥，在整个施肥过程中保持恒定浓度供应，但在制定施肥计划时仍然按施肥数量计算。比如一个轮灌区需要多少肥料要事先计算好。如用液体肥料，则将所需体积的液体肥料加到贮肥罐（或桶）中。如用固体肥料，则先将肥料溶解配成母液，再加入贮肥罐，或直接在贮肥罐中配制母液。当一个轮灌区施完肥后，再安排下一个轮灌区。

3. 泵吸施肥法

泵吸施肥法是利用离心泵将肥料溶液吸入管道系统，适合于任何面积的施肥。为防止肥料溶液倒流入水池而污染水源，可在吸水管后面安装逆止阀。通常在吸肥管的入口包上 100～120 目滤网（不锈钢或尼龙），防止杂质进入管道（图 13-3）。该法的优点是不需外加动力，结构简单，操作方便，可用敞口容器盛肥料溶液。施肥时通过调节肥液管上阀门，可以控制施肥速度。缺点是要求水源水位不能低于泵入口 10m。施肥时要有人照看，当肥液快完时立即关闭吸肥管上的阀门，否则会吸入空气，影响泵的运行。

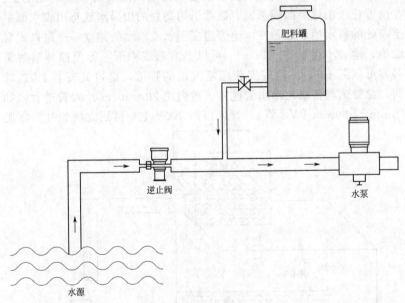

图 13-3　泵吸施肥法示意

用该方法施肥操作简单，速度快，设备简易。当水压恒定时，可做到按比例施肥。

4. 泵注肥法

在有压力管道中施肥（如采用潜水泵无法用泵吸施肥，可用自来水等压力水源）要采用泵注入法。打农药常用的柱塞泵或一般水泵均可使用。注入口可以在管道上任何位置。要求注入肥料溶液的压力要大于管道内水流压力。该法注肥速度容易调节，方法简单，操作方便。

5. 移动施肥机

在没有电源的情况下，可以用柴油机水泵或汽油机水泵加压进行管道灌溉。将施肥桶与水泵组装在一起，成为可移动的施肥设备，该设备可负责几亩至上百亩的施肥任务。

6. 重力自压式施肥法

在应用重力滴灌或微喷灌的场合，可以采用重力自压式施肥法。在南方丘陵山地果园或茶园，通常引用高处的山泉水或将山脚水源泵至高处的蓄水池。通常在水池旁边高于水池液面处建立一个敞口式混肥池，池大小在 $0.5\sim2.0\,\mathrm{m}^3$，可以是方形或圆形，方便搅拌溶解肥料即可（图 13-4）。池底安装肥液流出的管道，出口处安装 PVC 球阀，此管道与蓄水池出水管连接。池内用 $20\sim30\,\mathrm{cm}$ 长大管径管（如 $75\,\mathrm{mm}$ 或 $90\,\mathrm{mm}$ PVC 管），管入口用 $100\sim120$ 目尼龙网包扎。施肥

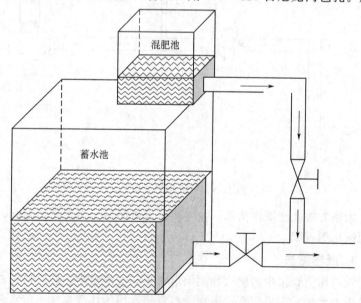

图 13-4　自压灌溉施肥示意

时先计算好每轮灌区需要的肥料总量，倒入混肥池，加水溶解，或溶解好直接倒入；打开主管道的阀门，开始灌溉；然后打开混肥池的管道，肥液即被主管道的水流稀释带入灌溉系统。通过调节球阀的开关位置，可以控制施肥速度。当蓄水池的液位变化不大时（南方地区许多情况下一边滴灌一般抽水至水池），施肥的速度可以相当稳定，保持一恒定养分浓度。施肥结束时，需继续灌溉一段时间，冲洗管道。通常混肥池用水泥建造，坚固耐用，造价低。也可直接用塑料桶作混肥池用。有些用户直接将肥料倒入蓄水池，灌溉时将整池水放干净。由于蓄水池通常体积很大，要彻底放干水很不容易，会残留一些肥液在池中，加上池壁清洗困难，也有养分附着，当重新蓄水时，极易滋生藻类、青苔等低等植物，堵塞过滤设备。应用重力自压式灌溉施肥，一定要将混肥池和蓄水池分开，二者不可共用。

这种注入方法比较简单，不需要额外的加压设备，而肥液只依靠重力作用自压进入管道。如在位于日光温室大棚的进水一侧，在高出地面1m的高度上修建容积为 $2m^3$ 左右的蓄水池，滴灌用水先存贮于蓄水池内，以利于提高水温，蓄水池与滴灌的管道连通，在连接处安装过滤设施。施肥时，将化肥倒入蓄水池进行搅拌，待充分溶解后，即可进行滴灌施肥。又例如在丘陵坡地滴灌系统的高处，选择适宜高度修建化肥池用来制备肥液，化肥池与滴灌系统用管道相连接，肥液可自压进入滴灌管道系统。这种简易方法的缺点是水位变动幅度较大，滴水滴肥流量前后不均一。

（二）灌溉施肥中肥料的选用

一般说来，用于灌溉施肥的肥料应满足以下条件：溶液中养分浓度高，田间温度下完全溶于水，溶解迅速，流动性好，不会阻塞过滤器和滴头；能与其他肥料混合，与灌溉水的相互作用小，不会引起灌溉水 pH 值的剧烈变化；对控制中心和灌溉系统的腐蚀性小。但这些条件并不是绝对的，实际上只要在生产实践中切实可行的肥料都可使用。在生产实践中应注意考虑以下方面：通常条件下所有的液体肥料和常温下可溶解的固体肥料都适用于灌溉施肥。单一肥料使用时只要考虑水质是否合乎要求即可。若两种或两种以上肥料混合时要充分考虑其相溶性，施用时必须保证肥料之间要相溶，不能有沉淀现象生成，且混合后不会降低它们的溶解度。另外，灌溉用水与肥料间的反应也必须考虑，如硬度较高的水与一些磷酸盐化合物很容易产生沉淀。同时温度也是需要考虑的因素，常会出现一种肥料在夏天气温高时可能完全溶解，但冬天气温低时却出现盐析现象，如此必须要酌情处理。

一般常用灌溉施肥的肥料种类：氮肥主要有硝酸铵、尿素、氯化铵、硫酸铵以及各种含氮溶液；钾肥主要为氯化钾、硫酸钾、硝酸钾；磷肥主要有磷酸和磷酸二氢钾以及高纯度的磷酸一铵。目前生产上已推出一些适于灌溉施肥的专用复合肥，用于灌溉施肥的微量元素肥料通常是水溶性或螯合态的化合物。

第三节　钻孔施肥技术

钻孔施肥技术主要适用于果树，这种施肥方法简便易行，容易操作。主要技术方法是：在果树的四周地面树枝滴水处（树冠滴水线下），向下钻直径在 $25\sim30cm$、深 $60\sim100cm$ 的 4 个以上施肥孔，具体操作时可视树的大小灵活掌握。然后用树叶、杂草、腐烂的作物秸秆或有机肥填充入施肥孔内，然后在上面加一个盖子，比如用稻草或水泥袋装上泥土盖上，每次施肥时只要打开盖子即可。肥料要兑水施，施肥后不要填没洞孔，以便长期多次施肥。几年后随树冠扩大再另行钻孔施肥。

这种方法被果农称之为加盖施肥，为果树造几个"胃"，非常简单、有效、实用，有很多的优点。

1. 省工、省时、方便

施肥孔挖好后，可以连续使用 $3\sim5$ 年。

2. 肥料使用率高，而且肥效持久

因为钻孔施入肥料较深，不用担心下雨淋失肥料或高温日晒养分挥发，杂草和灌木等也不会争夺养分。下雨后，施肥孔还有一定的蓄水作用，能使肥料向四周土壤渗透，养分吸收快，尤其对缺素症状，很容易通过补施得到矫治。

3. 有很强的保水作用

施肥孔能聚集雨水，使果树周围深层土壤保持湿润，钻孔施肥使地下微生物活跃，根毛较多，果树根系发达，能增强树体的抗旱、抗寒和抗病能力。

参 考 文 献

[1] 黄元仿，贾小红.平衡施肥技术.北京：化学工业出版社，2001.
[2] 张承林，郭彦彪.灌溉施肥技术.北京：化学工业出版社，2006.
[3] 崔增团.节水灌溉施肥技术在我国的应用研究.中国农村水利水电，2007（4）：56-59.
[4] 徐志龙，乔晓军.自动灌溉施肥机在设施生产中的应用.农业工程技术，2008（6）：15-16.

第十四章
作物施肥

第一节 水稻施肥

一、水稻的营养特性

水稻从种子发芽到成熟，种子的繁殖系数高的可超过万倍；在一般生产条件下，可达 $200 \sim 500$ 倍。若以干物质的生产系数来说，则还可再翻一番。因水稻的生长发育所增加的这些干物质，95％以上来自光合作用制造的碳水化合物，5％左右来自土壤（包括肥料）的矿物质，也即土壤营养。后者虽然所占比例并不大，但它在相当程度上左右着光合产物的累积量。因此，施肥在水稻生产中的地位就显得十分重要。而要把握好施肥技术，首先就得了解水稻的营养特性。

1. 水稻需要从土壤中吸收多种营养元素

通过对水稻植株中矿质营养元素的分析即可发现，除含有大量的氮、磷、钾外，还含有微量和极微量的硼、锌、钼、铜等。这些营养元素对水稻的生长发育都有一定的作用，不论哪一个元素缺少，都会产生不良影响，反映出营养元素吸收上的多样性。

2. 各种营养元素的吸收量很不一致

水稻对各种营养元素的吸收量各有不同，氮、磷、钾、硅等大量元素，吸收量较多，而锌、铜、钼等微量元素，吸收量少；钙、镁等元素的吸收量介于两者之间（表 14-1）。同时，各生育阶段的吸收量也不均衡，有的元素前期吸收多（氮、钾等），有的元素则中后期吸收多（锰、硅等）。

表 14-1　水稻不同生育阶段对各种营养元素的吸收率　　　　　单位：%

生育阶段	N	P_2O_5	K_2O	CaO	MgO	Mn_2O_3	SiO_2
播种至移栽	0.31	0.65	0.37	0.23	0.44	0.27	0.07
移栽至分蘖盛期	37.39	33.09	35.29	23.05	30.79	5.42	11.03
分蘖盛期至穗分化	12.12	23.34	21.30	27.35	27.31	6.23	15.29
穗分化至抽穗	30.55	34.19	13.31	36.38	38.70	49.33	47.22
抽穗至成熟	19.63	8.73	29.73	12.99	2.76	38.75	26.39
成熟期总量/(mg/株)	853.9	263.5	754.0	174.8	112.4	36.9	8578.0

3. 各种营养元素的吸收量有一定比例

由于水稻按一定比例吸收各种营养元素，而生产上往往只注重氮、磷、钾等大量元素的补充，因此，在稻谷产量较低、又有大量有机肥投入时，不平衡的问题不易觉察。随着产量的不断提高，不施或很少施用有机肥的情况下，这一问题就日趋明显。如氮肥的施用效果与钾、氮肥的比值有关，钾氮比值高，则氮肥多施，水稻吸收亦多，产量亦提高；钾肥少时，影响氮的吸收。又如氮和硅酸也有一定的比值，氮多硅少时，则稻秆软，易得病。高产水稻不仅要注意氮、磷、钾三要素之间本身的平衡，而且还要注意三要素和其他元素的配合。如我国有些土壤缺锌的地区，锌便成了限制因素，增施锌肥，增产效果十分显著，表现出养分吸收的平衡性。

4. 水田土壤具相对稳定性

水稻多在土壤维持一定水层条件下生长发育，因此，从土壤的剖面构造到微生物种群和营养状况都与一般的旱地土壤有很大的区别。土壤有犁底层，养分损失少，再加上大量灌溉水中有一定营养成分，因此无肥区的水稻产量远超过其他旱地作物。硅酸大量溶解在水里，随着蒸腾，硅酸就沉积在稻秆、稻叶的表皮细胞里，增强了抗性；由

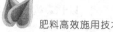

于生育期间长期有水，生态环境比较稳定，土壤微生物种群也相对较旱地土壤稳定，这也造就了水稻根部环境的稳定。这些较为稳定的生态环境对促进水稻高产稳产都极为重要。

二、水稻的需肥规律

（一）水稻的需肥量

前面已经谈到，水稻需要从土壤中吸收多种营养元素。这些元素有的较多地存在于土壤中，能天然地满足水稻需要；有的则供不应求，需通过施肥补充。氮、磷、钾是土壤中最感到不足的元素，通称肥料三要素。根据南开大学对天津小站中粳水稻的分析（表 14-2），平均每生产 500kg 稻谷，需要从土壤中吸收氮 11.9kg、磷 5.5kg、钾 10.2kg，大致为 1∶0.5∶1。

表 14-2　每生产 500kg 稻谷吸收养分的总量及其分布

养分	吸收总量 /kg	谷粒中的养分量		茎叶中的养分量	
		/kg	占总量的/%	/kg	占总量的/%
N	11.9	7.3	61.3	4.6	38.7
P_2O_5	5.5	4.4	80.0	1.1	20.0
K_2O	10.2	1.3	12.7	8.9	87.3

可见，高产水稻需要吸收相当数量的肥料，少了不行，但也不是越多越好。因此，田间施肥量的多少，要根据土壤、气候、品种和栽培技术等具体情况决定，不能一概而论。土壤较肥、雨水较多、品种的耐肥性能差，或栽培技术水平较高的（肥料利用率高），施肥量可以在适宜范围内偏少些；反之，土壤较瘦、日照较充足、品种的耐肥性强，或者栽培管理比较粗放的（肥料利用率低），施肥量需在适宜范围内偏多些。浙江省的水乡河网平原地区，连作稻一季亩产 500kg 水稻的，大多以有机肥 500~700kg 作基肥，20~30kg 碳酸氢铵和 15~25kg 过磷酸钙作面肥，栽后 15d 内施 1~2 次分蘖肥（合计 10~16kg 尿素）；中后期根据稻苗生长情况再施穗肥、粒肥 3~5kg 尿素和 7~8kg 氯化钾。

（二）水稻各生育期的需肥特性

如将表 14-1 的资料分别换算成每日的吸收量，即水稻在不同生育期的吸收速度，则可发现，各种营养元素的吸收速度都在抽穗前达到最大值，抽穗以后的吸收速度均迅速降低。这些营养元素中，以氮、磷、钾的吸收速度最快，吸收时期也较早，抽穗前约 20d 日吸收量达到最大值；硅和锰的最大值出现时间也较迟，尤其是锰要接近抽穗期才达到高峰；而镁、硫、铁等元素的最大值出现时间介于两者之间，在抽穗前的 8～10d。各地高产水稻的施肥技术无不与水稻各生育期的需肥特点相吻合。

（三）稻田中肥料的转化状况

水稻在多数情况下生长在有水层的土壤中，这就使土壤空隙中的气体与空气不能直接交流，形成了缺氧环境。除了土壤表层尚有较充裕的氧气存在为氧化层外，下面都为缺氧的还原层。肥料一进入这种土壤环境后必然会发生与旱地土壤不同的变化，从而影响水稻的吸收。

就以氮肥而论，如将硫酸铵、碳酸氢铵等肥料施于土表，这些肥料都属铵态氮（NH_4^+-N），则一部分转入还原层，为水稻所吸收；一部分在氧化层中有可能转化为硝态氮（NO_3^--N）。这种硝态氮渗入还原层，常为反硝化细菌进行反硝化作用，变成氧化氮和氮气，逸散到空气中，即所谓脱氮作用而造成氮素的大量损失。生产上常采用全层施、深施，或施后耖田等措施来提高肥效，就是为了减少脱氮作用的损失。当然，若直接施用硝态氮肥料，则不仅这种肥料的价格贵，而且损失大。因此，水田多提倡施用铵态氮肥。

水田土壤环境还有利于提高磷的可给态（蒋柏藩，1983）。这是因为一方面使磷酸高铁被还原成易溶解于水的磷酸低铁；另一方面这种磷酸高铁、磷酸铝中的磷酸根也易被其他阴离子所置换。因此，在施用有机物的土壤中，E_h 值从 $+200～-200mV$ 有效磷可增加 13 倍。

此外，在还原性较强的水田土中，由于二氧化碳的溶解效应，还能加速有效硅的释放，土壤溶液中 Fe^{3+}、Mn^{4+} 和 SO_4^{2-} 等几乎消失，并转化成还原型的 Fe^{2+}、Mn^{2+} 和 S^{2-}。从而增加了水溶性铁和锰的浓度。同时在淹水条件下，水溶性钾和代换性钾的移出量也高于旱地土壤。

当然，同任何事物均有两面性一样，淹水土壤不利的一面也是存在的。除上述的脱氮作用易造成氮肥损失外，还由于嫌气性微生物的活动，对土壤反应的适应性增强，硫化氢、甲酸、沼气等还原物质增加，对稻根也可能构成伤害作用。有效锌也会由于在还原性土壤条件下而下降，这些问题需要引起生产上的注意。

（四）无机养分在稻体中的移动

由根系从土壤中吸收的无机养分，是随着蒸腾流沿着木质部导管移动的，然后进入与导管紧靠的筛管再分配到稻体的各个部位。进入到茎、叶等部位的无机养分随着稻体的生长，还会出现再移动的情况。我们可经常发现，当水稻缺氮时，下部叶片首先发黄早衰，而新生叶片仍然是绿色的，这就是原先在老叶中的氮素发生再移动的结果。

不同元素在稻体内再移动的难易相差很大。磷的再移动性最大，可以从老叶不断地向新生组织运送，直至降低到正常代谢所需的水平；氮、钾、镁、锌、钼也属于容易或比较容易移动的一类。钙是最难移动的元素，存在于老组织中的钙一般不能再利用，铁、铜、锰、硼、硅等元素，也属于这一类。这种元素在稻体内移动的难易程度，可以用作诊断元素缺乏症指标的依据。一般容易移动的元素，症状发生于下部，而难于移动的元素，症状多发生于上部。

（五）植稻土壤养分的自然供给能力

与旱地土壤相比，植稻田土壤中的氮磷钾等主要养分，自然供给能力较强。有人曾根据大量资料统计（表 14-3），水稻在不施肥条件下生长，产量可达施肥区的 82% 以上；同样条件下的麦类产量仅为 50%～78%。

表 14-3　稻麦所需三要素的土壤自然供给能力比较

处理	产量百分率/%	
	水稻	麦类
无氮区	82	50
无磷区	95	69
无钾区	96	78
氮磷钾完全区	100	100

浙江省鄞县平原稻区，土壤中的有机质含量常有 5%～6%，无

肥区的水稻第一年亩产可达施肥区的 90％以上，连续不施肥 3 年，仍然有 70％左右的产量；而麦类的产量，第一年仅 70％余，至第三年，就不到 50％了。旱改水的第一年水稻产量常有较好的收成，也与植稻提高土壤养分的自然供给力有关。这也是水稻比其他作物容易高产稳产的重要原因之一。

（六）水稻各生育阶段的碳、氮代谢动态

水稻各生育阶段对各种无机元素吸收的变化规律，与水稻本身在生育过程中的碳、氮代谢变化有关。生育前期，为营养生长阶段，是水稻一生中氮代谢（氮的吸收、同化和运转）最旺盛的时期。由根系吸收的氮素合成蛋白质，用来发根、长叶和分蘖，这是本阶段需要较多氮肥的原因。由于光合产物用于合成蛋白质，因此碳（淀粉）的积累十分少。生育中期，水稻从营养生长转入生殖生长，此时前期迅速生长的茎、叶、根需要相当数量的纤维素等结构物质，以强健组织、增强抗性。另一方面需要大量的糖类，作为幼穗、花器等形成和发育的能源与碳源，从而进入了以碳代谢为主的阶段。茎秆和叶鞘中的淀粉含量也逐渐增加，碳氮代谢调节良好的水稻植株，最后淀粉的积累量可达茎秆总重量的 20％～30％。在本阶段初期还有 3～4 片新叶需要生长，生殖器官的形成也需要相当数量的氮素，因此仍要求有较高的氮代谢水平。生育后期，更要求以碳代谢为主，并继续保持一定的氮素营养水平，以延长叶片寿命，延缓早衰，利于制造更多的光合产物进入谷粒。在一般情况下，此时营养生长基本停止，光合产物主要以糖的形式向谷粒运转，并以淀粉形式贮藏于籽粒中。生产上应根据水稻碳、氮代谢变化规律来把握肥料的运筹，而不同生育时期的叶色变化，就是碳氮代谢变化的一种外观反映。江苏、浙江等地农民，常把叶色变化规律作为肥水管理的依据，就是这个道理。

三、水稻施肥技术的发展

施肥是稻作技术体系的重要组成部分。为有助于全面了解施肥技术的发展，现将稻作技术的发展过程作一个简要的介绍。

（一）稻作技术的发展

近些年来，随着水稻生产的不断提高，稻作技术有着许多新的发

展。自 20 世纪 60 年代初期全面推广矮秆品种到现在，人们根据稻苗群体特征和高产主攻方向的不同，把稻作技术的发展过程归纳为三个阶段，或者称为三代。增密、增肥、扩大田间群体，主要靠通过增加单位面积的个体数量来实现增产，为第一代技术的基本特征。该代技术虽然最后成穗数较多，但每穗粒数却较少，且成穗率只有 50％左右。进入 70 年代后，由于生产水平的提高，一些高产地区常因群体过大，穗多粒不多，病重易倒伏等而不能进一步获得高产。于是在 70 年代末就出现了稀少平栽培法、穗粒兼顾技术等第二代技术。其特征是在一定群体的基础上注意发挥个体生产力的作用，穗数虽比第一代技术减少些，但每穗粒数明显增多，所以第二代技术比第一代技术可增产一成左右。但从高产更高产的要求考虑，第二代技术仍有不足之处，如成穗率尽管已由第一代的 50％左右提高到 60％～70％，但生育中期仍有 30％～40％的无效分蘖存在，影响着有效个体的生育，个体生产力不能得到充分的发挥，最终影响群体产量的进一步提高。目前正在大面积推广的水稻三高一稳栽培法，可谓第三代技术。它是一种高产更高产的稻作技术体系，它的基本特征是在一定个体数量的基础上，主要靠通过个体生产力的进一步开发来提高群体生产水平。表现出无效分蘖明显减少，成穗率明显提高（80％以上），从而使单位面积穗数基本相同，穗型明显增大，实现高成穗率、高实粒数、高经济系数（三高）和稳定高产所需穗数（一稳）的生育目标。近年大面积推广的实践表明，第三代技术又可比第二代技术增产 9％～13％，且在年度间、地区间、稻作类型间表现出稳定的丰产性。

（二）水稻施肥技术的发展

（1）一轰头施肥　肥料多集中在前期施下，希望稻苗能在栽后"一轰而起"，故名之。在第一代"增穗增产"型的稻作技术中所采用的施肥方法，主要是一轰头的施肥方法。90％以上的肥料用在分蘖期以前，旨在快分蘖、多发苗，使单位面积上有尽量多的苗数，以期有尽量多的穗数，尚余 5％～10％的肥料，在中期调节平衡。"基肥足，面肥速，追肥重，穗肥巧"，就是这种方法的施肥要诀。这种施肥方法在当时施肥水平还不高的情况下，主攻分蘖，尽可能先把穗数拿到手，是符合经济效益原则的。但当施肥水平达到一定程度后，如果再将肥料集中在前期施用，就会造成田间总苗数过多，群体过大，不仅最后穗数不会再进一步增多，易遭病虫危害和倒伏，产量不稳且也不高，群众所说的"笑苗哭稻"，就是形象的概括。

（2）平稳促进施肥　稀少平栽培法等第二代稻作技术中所采用的施肥方法，大多为平稳促进的施肥方法。即把原先集中在前期施用的肥料减少到 70%，30% 的肥料用作中后期的穗粒肥。这样，将除有机肥和磷钾肥等以外的化学氮肥在栽秧前（面肥）、分蘖期（分蘖肥）、幼穗形成初期（促花肥）、剑叶露尖（保花肥）和出穗期（粒肥）分次施用，使水稻整个生育过程能得到平稳的促进，一定程度上减轻群体大起大落的状况。"减少基面肥用量，早施紧施促蘖肥，酌施促花肥，施好保花肥，适施粒肥"就是这种施肥方法的技术原则。采用这种施肥方法，单位面积成穗数比前者会减少些，但穗形明显增大，后期抗倒性增强，比较青秆黄熟，能取得较高的产量。

（3）高成穗率施肥　这种施肥方法乃是第三代技术的重要组成部分。它的基本原理是通过基肥和面层肥数量的调节，要求移栽后既能促进水稻早发苗，又能在田间茎蘖总量达到预期穗数时，土壤中的有效肥分已下降到不能足以促进新分蘖的发生，后期分蘖便得到了自然控制，没有或者很少有无效分蘖。原则上不施分蘖肥和促花肥，以避免无效分蘖的发生。在主茎到二叶露尖时施一次相当数量的保花肥，氮肥占氮化肥总量的 20%～30%，并配施适量钾肥。因此时已经开始拔节，适量施肥，不会再发生新的分蘖，且能促使已出生的分蘖健壮成长，提高成穗率；保花肥还兼具减少颖花退化、提高后期叶层光合效率的功用。始穗前后，根据苗情，再施用一定数量（总含氮量的 10%～20%）的粒肥，以延长最后三片叶的光合功能，提高结实率和粒重。这种方法的施肥原则可用"前促蘖、中壮苗、后攻粒"9 个字来表达。采用这种施肥方法，能有效地降低最高苗峰，控制无效分蘖，通过提高成穗率来稳定高产所需穗数，从而使个体生产力得到充分开发，生育健壮，减轻病虫危害，增强抗倒能力，达到稳穗增粒、高产稳产的目的。

（三）简易施肥和计量施肥开始为农民所青睐

随着人们的生活由温饱型向小康型发展，农业正在走上"一优两高"的轨道，因此，省力化的施肥技术逐渐为农民所青睐。诸如全层一次性施肥，将水稻一生所需肥料，都在插秧前施入土中。其中有机肥一般翻入土的下层，化肥通过耖耙均匀地混入表层 10 cm 左右的土层，使整个耕作层全层有肥，且不易流失，能不断供应水稻整个生育过程对肥分的需要。这种方法在四川、浙江等省应用较广，其最大的优点是省工省力，把握得法也能获较高产量。但不同质地的土壤上采用效果不一，且有很强的经验性；年度之间因缺乏中期调节而使稳产性比较差。

又如药、肥混复合肥，是将一种或几种化肥和除草剂按一定比例混合起来制成颗粒状的混复合肥。全国各地都有一定面积应用。一般多在水稻移栽后一周左右施用。既能促进水稻分蘖，又能抑制田间杂草滋生，可获"一投两效"之功能。

运用计算机指导施肥也开始崭露头角。广东省湛江市农业科学研究所根据光照、苗情、土肥与水稻产量形成的相关关系，以及高产水稻生理、生态、个体、群体等有关参数指标，计算出各时期氮、磷、钾的施肥种类及数量的模型，编成计算程序，并固定在电子计算机中。使用时，按顺序输入品种、生育期、光照日、叶色、亩万苗五个水稻生育过程中有关参数，即可算出各时期氮、磷、钾的施肥量，指导农民田间施肥。据近几年在当地农村中大面积示范结果，在一定程度上弥补了农民科学种田知识不足的缺陷，操作简单，农民买得起，收效甚好。

四、高产水稻施肥典型分析

（一）浙江省杭嘉湖平原地区连作早稻施肥技术

地点：湖州市郊区镇西乡社庄土串村。面积 2.85 亩。土质为壤性黏土，有机质含量 3.17%。品种早籼浙作 5 号，平均亩产 589.4kg。

秧田施肥技术：4 月 3 日播种，秧龄 35d。亩播种量 25kg。每亩 700kg 腐熟栏肥作基肥，15kg 碳酸氢铵和 20kg 钙镁磷肥施入毛秧板面层，后耥平秧板。次日秧板起浆耥平后播种。1 叶 1 心期施断奶肥稀人粪 500kg，2 叶 1 心和 3 叶 1 心期分别施促蘖肥尿素 4kg 和 7kg。育成了健壮的带蘖秧。

本田施肥技术：5 月 15 日移栽。栽前亩施 500kg 腐熟栏肥作基肥，18kg 过磷酸钙和 35kg 碳酸氢铵作面层肥。未施分蘖肥和促花肥。栽后 18d，局部田面发现叶色偏淡，每亩用 3～4kg 尿素提黄塘促平衡。50%主茎倒二叶露尖时，施尿素 7kg 和氯化钾 6kg，作为保花肥。接近齐穗时，叶色转淡，再施尿素 5kg 作粒肥。

上述施肥技术在三高一稳的其他技术措施共同作用下，与当地原有施肥技术（对照田）相比，苗峰明显降低，每亩最高苗仅 30.7 万株，比对照降低 6.8 万株；亩有效穗 27.1 万株，与对照基本持平；成穗率达 88.2%，提高 15 个百分点。由于每亩减少了 6.8 万株无效分蘖，因此实际长在田间的无效分蘖仅 3.6 万株，这样就使 27 万株有效茎能健壮成长，整个穗发育过程（扶幼穗分化到成穗抽出的全过程在有效分蘖和无效分蘖共同生长的环境条件中生育）的生态条件大大改善，有效分蘖与无效分蘖之比为 27.1：3.6，而对照田为 27.7：10.4。无效分蘖少，则下位叶受光量增加，表现在群体消光系数减少，分化颖花数增多，退化率降低；茎秆增粗穗形增大；叶片增厚，后期绿叶寿命延长，纹枯病轻，青秆黄熟。致使每平方米实粒数增加到 3.18 万，增 11.8%；经济系数达 0.602，高 4.1%，粒重也略有增加，从而比对照田增产 12.6%。

（二）浙江省南部沿海平原地区连晚杂交稻施肥技术

地点：温州市瓯海县慈湖乡南村。面积 1.15 亩，土种属青紫泥黏土，有机质含量 4.02%。品种汕优 10 号杂交稻，平均亩产 565.2kg。

秧田施肥技术：采用两段育秧。第一段为旱育小苗，6 月 20 日播种，播种前亩施尿素 5kg，过磷酸钙 15kg，拌入土中。7 月 2 日苗龄 2 叶半时单本寄栽。寄秧田亩施 750kg 腐熟栏肥作基肥，15kg 过磷酸钙和 30kg 碳酸氢铵作面层肥，寄栽后 5d 施尿素 10kg 促蘖，寄秧龄 29d，育成多蘖壮秧。

本田施肥技术：7 月 31 日原丛移栽。栽前基肥亩施于稻草约 150kg（1/3 左右早稻草还田），面层肥碳酸氢铵 30kg 和氯化钾 7.5kg，未施分蘖肥。主茎倒三叶约出半张时，见稻苗叶色略有褪淡，补施尿素 5kg；主茎倒二叶露尖后 3d，施保花肥尿素 6kg；抽穗期前后再施尿素 4kg 作粒肥。

杂交晚稻采用以上施肥技术后，获得了与早稻一致的比较效益。苗峰降低，成穗率提高，个体增粗，从而达到了稳穗增粒的明显增产效果。由于杂交晚稻具有5个延长节间，倒三叶露尖后，就已进入了生物学拔节期，此时施肥，在一般情况下，不会再导致新分蘖的发生。因此，当倒三叶出叶后，若发现稻苗叶色褪淡，开始显现缺肥症状时，可将原计划的保花肥之一部分提前施用（正常保花肥施用时间为倒二叶露尖至剑叶露尖），这样既可确保已经出生的分蘖不致因缺肥而夭折，提高成穗率；又不会因提前施肥而增加后发分蘖（后发的分蘖多为无效分蘖，弊多利少），影响群体质量。但不宜施用过量，否则会促使剑叶长得太大，影响株型。尚余一部分保花肥（尿素6kg）再在剑叶将出时施下，以利有效茎的顺利成长，减少颖花退化，提高冠层叶的光合功能。这块田将保花肥11kg尿素分两次施下的道理就在于此。

（三）江苏省太湖稻作区一季粳稻的施肥技术

地点：江苏省丹阳市延陵乡岳西村。面积1.9亩，土质为黏性壤土，有机质含量3％左右。品种武育粳2号，平均亩产595.1kg。

秧田施肥技术：采用稀播旱育小苗移栽。5月16日播种，亩播量100kg，秧本田比为1：50。秧田用菜园肥土。播前10d亩施1000kg栏肥，10kg尿素，与土壤拌匀。冒青后若遇久旱不雨，浇洒稀人粪尿促全苗。

本田施肥技术：2.5～3.0叶龄移栽。基肥亩施麦秸秆250kg，地产复合肥25kg，碳酸氢铵35kg；7月初，局部稻苗叶色出现略有褪淡时，施碳酸氢铵10kg促平衡。50％主茎倒二叶露尖时（8月上旬），施保花肥尿素9kg。亩总用氮量13.8kg。以当地原施肥技术（亩施麦秆250kg，地产复合肥25kg，碳酸氢铵1.5kg作基肥；6月中旬第一次分蘖肥碳酸氢铵25kg，6月下旬第二次分蘖肥碳酸氢铵10kg；7月下旬促花肥尿素9kg，亩总用氮量14.6kg）作对照，进行邻田比较。

一季粳稻采用高成穗率施肥后，同样表现出在有效穗数大致持平的基础上，由于成穗率提高（或者说亩无效分蘖减少，本例比对照减少7万），致使茎秆基部节间增粗，长度变短，提高了抗折力（充实度提高）；秆粗必然穗大，因此每平方米实粒数增加近0.5万粒，产量提高16.3％。分析施肥技术的关键是三条：一是适施栽秧前的基面肥，以满足发够穗苗数的要求；二是原则上不施分蘖肥，但分蘖期若发现田间生长不平衡，宜及时施少量肥料促平田面，这样，穗数苗能稳住，而最高苗峰可大大降低；三是重视保花肥的施用。这样，一方面提高了成穗率。另外，在最高苗数不太多的情况下，倒二叶露尖时适当增施肥料，不仅不会再增加新的分蘖，且剑叶面积适当增大些，也不会导致群体过大，却反而使个体健壮，源库协调，后期光合效率提高。

第二节　棉花施肥

棉花合理施肥就是依据气候条件、棉田地力、棉花需肥规律及棉花长相长势，合理运筹肥料，起到培肥地力、促使土壤养分平衡，改善棉株营养状况的作用；使得棉花个体发育和群体发育、营养器官发育和生殖器官发育协调一致，达到棉花生产的优质、高产、高效益的目的。

一、棉花中熟品种的需肥规律

在安阳中壤质褐土上，利用中棉所 12 品种，研究总结了亩产皮棉 95kg、75kg、60kg 左右；三类产量的棉花需肥规律，如表 14-4 所示列出了各生育时期棉株干物质积累量及养分积累量占一生总积累量的百分率。

由表 14-5 可以看出：

（1）出苗至现蕾　中熟品种的苗期历时 41d 左右。这个时期棉花以根、茎、叶的生长为中心，三类产量的棉花，吸收的氮占一生总量的 4.5%，磷占 3%～3.4%，钾占 3.7%～4%。

这一时期棉花吸收各种养分总量虽少，但对养分却十分敏感。土壤中保证氮、磷、钾的正常供应，可使棉花提前现蕾，增加抗逆能力。

（2）现蕾至开花　蕾期历时 28d 左右。这是棉花营养生长与生殖生长开始同时进行的时期。在这一阶段中，积累的氮占一生吸收总量的 27.8%～30.4%，积累的磷占总量的 25.3%～28.7%，积累的钾占总量的 28.3%～31.6%。氮、磷、钾供应正常，不仅能满足棉株生长发育的需要，而且还能有一定储备，供花铃期再利用。

表 14-4 中熟品种各生育时期棉株干物质及养分积累占总量的百分率

生育时期 (日/月)	94.7kg皮棉/亩				74.3kg皮棉/亩				62.7kg皮棉/亩			
	干物质积累 占总量/%	养分积累占总量/%			干物质积累 占总量/%	养分积累占总量/%			干物质积累 占总量/%	养分积累占总量/%		
		N	P_2O_5	K_2O		N	P_2O_5	K_2O		N	P_2O_5	K_2O
出苗(2/5)至现蕾期(12/6)	2.8	4.6	3.4	3.7	2.6	4.5	3.1	4.1	2.4	4.5	3.0	4.0
现蕾期至开花期(9/7)	23.4	27.8	25.3	28.3	22.9	29.3	27.4	31.0	22.8	30.4	28.7	31.6
开花期至吐絮期(1/9)	64.1	59.8	64.4	61.6	68.5	60.8	65.1	62.5	70.4	62.4	67.1	63.2
吐絮期至收获(17/10)	9.6	7.8	6.9	6.3	6.0	5.4	4.4	2.4	4.5	2.7	1.1	1.2
一生总量/(g/株)	216.00	4.126	1.447	3.521	192.96	3.415	1.177	2.508	173.29	2.825	0.988	1.993

表 14-5 中熟品种棉花吸收养分的数量

皮棉产量 /(kg/亩)	N	P_2O_5	K_2O	MgO	CaO	Fe	Mn	Zn	Cu	B
	/(kg/亩)					/(g/亩)				
94.7	12.20	4.27	10.40	—	—	—	—	—	—	—
74.3	10.20	3.53	7.47	6.2	13.6	0.34	16.9	26.5	4.7	13.7
62.7	8.53	3.00	6.00	—	—	—	—	—	—	—

（3）**开花至吐絮** 此期历时 54d 左右。到开花盛期，出现一生中吸收积累养分的高峰。此后，转入生殖生长占优势，体内的营养物质主要供给棉铃生长。棉花的花铃期是氮、磷、钾的最大效率期，此期内，棉株吸收的氮素占棉花一生吸收积累总量的 59.8%～62.4%，吸收积累的磷占总吸收量的 64.4%～67.1%，吸收积累的钾占总吸收量的 61.6%～63.2%。

（4）**吐絮至收获** 此期历时 45d 左右。棉花生长已经明显减弱，根系及棉叶的营养功能明显下降。棉叶及茎中的营养物质向棉铃转移而被再利用。此期内，棉花吸收积累的氮、磷、钾分别占一生吸收积累总量的 2.7%～7.8%、1.1%～6.9%、1.2%～6.3%。

此时期棉花吸收积累的养分总量，低产的棉花比产量较高的棉花明显偏少，是产量低的重要原因之一。

棉花产量不同，一生吸收的养分数量也不同，从表 14-5 看出，随着产量的提高，吸收氮、磷、钾的数量也在增加。

亩产 62.7kg、74.3kg 及 94.7kg 的棉花，一生中吸收积累的氮、磷、钾总量的比例也不同。$N:P_2O_5:K_2O$ 分别为 $1:0.35:0.71$，$1:0.35:0.73$ 和 $1:0.35:0.85$。三组比例表明，随着产量的提高，棉株吸钾量增加得更多。亩产 94.7kg 的同 62.7kg 的相比，氮素增加了 46.0%，而钾增加了 76.7%，因而高产棉田更应重视钾肥的合理施用。

南北棉区及不同产量类型的棉花一生吸收积累养分的数量会有一定的差别，氮、磷、钾的比例一般为 $1:(0.28～0.36):(0.82～1.02)$。

产量为 94.7kg（1）、74.3kg（2）及 62.7kg（3）的棉花，一生中养分积累的总和（Y），随生育天数（X）的变化，有如下函数关系。

$$Y_1 = 9.0963/(1+1014.0e-0.086175 \times 1) \tag{1}$$
$$Y_2 = 7.1006/(1+1565.7e-0.094861 \times 2) \tag{2}$$
$$Y_3 = 5.8061/(1+3225.2e-0108186 \times 3) \tag{3}$$

对棉株养分积累方程分别求其二阶导数后可知，三种产量的棉花一生中吸收养分的最大加速率，分别出现在开花期之前的 4～6d，而且产量偏低棉田的棉株出现得较早。据此，花铃肥应在始花期之后

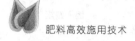

施用。

二、不同地力棉田氮肥施用技术

长江中、下游两熟棉区及黄淮平原一熟棉区 80％以上棉田施用氮肥有明显增产效果，一般增产 6％～20％。

（一）不同地力棉田氮肥适宜用量

在目前生产条件下，每亩纯氮施用量一般不宜超过 12.5kg。在适量氮肥范围内，棉株生殖器官的干物质积累量随施氮量的增加而增加；在施氮过量的情况下，生殖器官的干物质积累量，却随用氮量的增加而下降，导致经济产量下降，甚至减产。

棉田地力不同，氮肥最佳用量及最佳皮棉产量也不相同，现将两大棉区试验研究结果综合列于表 14-6，供参考。

表 14-6　不同地力棉田氮肥最佳用量与皮棉产量

地力水平	土壤类型	最佳氮量 /(kg/亩)	最佳产量 /(kg/亩)	增产皮棉 /(kg/亩)
长江中下游两熟棉区				
中等	潮土类	8.4	75.3	1.98
中等	盐化潮土类	7.5	76.7	1.87
低等	黄棕壤	10.0	65.2	2.86
黄淮流域一熟棉区				
中上等	潮土、褐土类	6.1	97.8	1.26
中等	潮土、褐土类	7.9	71.1	1.56
低等	潮土、褐土类	8.9	59.7	1.76

（二）氮素化肥适宜施用时期及次数

据湖北省棉花研究所资料，在黄棕壤棉田，亩施纯氮 7.5kg 或 10kg，分两次、三次和四次施用时，皮棉产量均为 62kg 左右，三、四次施用无明显增产作用。河南一熟棉区，亩施纯氮 7.5kg 或 10kg，以基施氮肥总量的 45％、花铃期追施总量的 55％左右增产效果最好。山东省棉花研究所在中上等地力土壤上，亩施纯氮 10kg，基施 50％，花铃期追施 50％，皮棉产量每亩 92kg，稍高于一次全部基施及三次和四次施用的，但差异不显著。

　　南、北方棉区试验一致表明：有一定保肥、供肥能力的棉田，氮肥宜分两次施用，一次作基肥，占总量的 45% 左右，另一次作花铃期追施，占总量的 55% 左右。对于土壤肥力较差、质地偏砂的棉田，氮肥宜分三次施用，即播前基施总氮量的 30%，蕾期追施总氮量的 20% 和花铃期追施总氮量的 50% 左右。分期追肥的适宜时期：蕾肥宜在现蕾期以后；花铃肥宜在始花期后。

三、不同地力棉田氮、磷配合施用技术

　　在土壤速效磷（P_2O_5）含量小于 10mg/kg 的棉田，氮、磷配合施用能加快棉花生育进程，吐絮期提前 4～5d，促进棉花早熟，提高霜前花率达 4%～8%，增产皮棉 7.6%～22%。一般每千克 P_2O_5 增产皮棉 1.7～2kg。据山东省棉花研究所资料：在棉花 6 片真叶时，施磷肥的棉株主根长度和侧根数分别比不施磷的增加 18.5% 和 36.3%。山西省棉花研究所研究表明，单施氮肥，生殖器官干重占总干重的 53%，经济系数为 0.32。氮、磷配合占 68.4%，经济系数达到 0.53。在施氮、磷有效而土壤速效钾又比较充足的棉田，氮、磷配合最佳用量、最佳皮棉产量见表 14-7，供参考。

表 14-7　氮、磷配合最佳用量及皮棉产量

地力等级	氮最佳量 /(kg/亩)	P_2O_5 最佳量 /(kg/亩)	最佳产量 /(kg/亩)
黄河流域棉区			
中上等	6.0	4.9	90.8
中等	7.4	5.8	77.6
低等	10.6	9.2	65.7
江苏沿海地区(沿海所)			
中等	7.1	2.8	81.3

　　全国优质棉基地南方棉区亩产皮棉在 75～100kg，纯氮适宜用量范围为每亩 11～7.5kg，$N:P_2O_5=1:(0.30～0.50)$。北方棉区，亩产皮棉在 75～100kg，纯氮适宜用量范围为每亩 8～6.5kg，$N:P_2O_5=1:(0.44～0.90)$。磷肥施用时期不同增产效果也不同。试验表明，一般以做基肥深施效果最好；作追肥时尽量早施、深施为好。

肥料高效施用技术

四、不同地力棉田氮、磷、钾配合施用技术

在速效钾（K_2O）含量小于 80 mg/kg 的棉田，棉花配施钾肥，其长相长势，从幼苗或现蕾起，能一直表现钾的肥效作用，同时棉花生长稳健，抗逆性强，能防止红叶茎枯病发生，从而延长了叶片生理功能而不早衰。在氮钾有效棉田，施钾肥一般增产 5.9%～16.3%。每千克 K_2O 增产皮棉 1.1～2.3kg。在氮磷钾均有效棉田，配施磷钾一般增产 14.0%～27.4%。广大棉区棉田存在着不同程度的土壤缺钾现象，由于生态条件的差异，氮钾和氮磷钾配合的最佳用量及最佳产量也不相同，列于表 14-8。棉花施用钾肥的时期不同，增产效果不同。试验表明，北方棉田，以钾肥全部做基肥增产效果最大，而钾肥适宜用量的一半用作基肥，另一半用作蕾期追肥，也有明显增产效果。

表 14-8　氮钾配合和氮磷钾配合最佳用量及皮棉产量　kg/亩

地力水平	氮钾配合			氮磷钾配合			
	最佳产量	N 最佳量	K_2O 最佳量	最佳产量	N 最佳量	P_2O_5 最佳量	K_2O 最佳量
南方棉区（安徽省农业科学院）							
中上等	99.3	8.6	5.1	—			
中等	—			80.0	10.6	3.8	4.6
低等	67.2	10.3	7.2				
北方棉区							
中上等	93.5	6.1	5.5	100.0	4.6	5.4	5.5
中等	77.8	8.1	5.0	85.1	7.5	5.2	4.6
低等	69.5	11.5	9.3	70.5	10.3	8.2	7.9

五、棉花施用微量元素肥料的技术

（一）棉花施用锌肥的技术

棉田有效锌含量在 0.5mg/kg 以下时，棉花施用锌肥，生育期提前 2～4d，棉花表现早发早熟，霜前花率提高 5% 左右，增产 7%～20%。锌肥可以作基肥或根外追肥。当土壤中明显缺锌时，作基肥效

254

果更好。每亩用量为 1～2kg 硫酸锌。缺锌程度较轻的，可采用叶面喷施 0.1％～0.2％七水硫酸锌溶液，可在棉花苗期至盛花期喷 2～4 次。

（二）棉花施用硼肥的技术

据华中农业大学研究：0.2mg/kg 为土壤严重缺硼的临界指标，0.2～0.8mg/kg 为土壤潜在缺硼的临界指标。土壤速效硼＜0.2mg/kg，棉花常出现蕾而不花的症状，土壤速效硼＜0.8mg/kg，施用硼肥，一般增产 8％～21％。当土壤缺硼时，硼肥作基肥，每亩可施硼砂 0.5～1kg；若采用根外追肥，宜喷 4～5 次。当土壤缺硼程度较轻时，可采用叶面喷施的方法，一般 2～3 次。叶面喷施，以蕾期、初花期和花铃期为主要时期。硼酸适宜浓度为 0.1％；硼砂适宜浓度为 0.2％左右。

六、棉田增施有机肥，实行有机、无机相结合

施用化学肥料是以供给棉花养分为目的，而施用有机肥料除了向棉花提供养分外，重要的是改善土壤容重、增加水稳性团粒、调整三相比例等土壤物理性状及生物、化学性状，从而达到提高土壤肥力的目的。因此，有机、无机相结合，既能获得当季棉花高产，又能改良土壤、提高地力，应当高度重视。

第三节　谷子施肥

一、谷子的营养特性

（一）谷子的氮素营养

（1）谷子氮素阶段营养特性与氮素利用率　谷子对氮的吸收与土壤供氮能力、品种特性以及生育时期均有密切关系。不同研究者报道的数值有一定的差异，但是，也有其共同的特点。即吸氮数量与干物质积累具有协同性。不同生育时期对氮的吸收数量、吸收速率、对氮素的利用率各不相同。

赵镭等研究指出，夏播谷子生长初期（出苗后 32d）干物质积累

速度较慢，出苗后 32～62d 为干物质积累的直线增长期。此期内可积累干物质总量的 68.2%，而吸收氮的主要时期为出苗后 19～51d，即孕穗后期至抽穗后，开花以后氮素吸收速度开始下降。隋方功（1990）进行水培试验，利用[15]N 示踪技术研究证明，夏谷各生育期内以孕穗前期吸收氮的数量最多，其次分别为孕穗期、开花期、灌浆期、抽穗期和乳熟期。从阶段吸氮量占全生育期吸氮总量的比率来看，亦呈现相似的趋势，即孕穗前期最高（18.8%），依次为孕穗期（14.5%）、开花期（11.1%）、灌浆期（7.7%）、抽穗期（7.5%）、乳熟期最低，仅占 5.8%，说明孕穗前期与开花期是夏谷氮素营养的两个重要时期。

春播谷子幼苗阶段生长缓慢，吸氮量较少。拔节以后干物质生产开始迅速增加，吸氮量也随着相应增加，以孕穗期吸氮量最多。产量越高孕穗期吸氮所占的比例越高。据李东辉研究，在孕穗阶段的不同时期，氮素的作用不同。在枝梗分化期氮素供应充足，能增花增粒，而在小穗分化至花粉母细胞四分体初、盛期，则能降低空壳率和秕谷率。因此，孕穗阶段供应充足的氮素是获得高产的关键措施。另外，春谷开花阶段需氮也比较多，开花以后吸收能力大大降低。

（2）氮在体内各器官中的分配与转移　氮素在谷子体内的分配与转移与当时的生长发育中心密切相关。苗期的生长中心是根系，拔节后的生长中心转到地上部分，植株生长迅速，孕穗前主要是营养器官的生长，其中主要以叶片的生长量最大。因此，氮素主要积累分配于地上部营养器官中。

春播谷子于孕穗期茎叶（包括鞘）中积累的氮素占当时整个氮素积累量的 90.2%，其中叶片占一半以上（崔凤会，1977）。抽穗开花以后，营养器官生长缓慢，生长中心转移为穗的生长及籽粒形成。在营养器官中，氮素分配量逐渐减少，而穗部则显著增加。各营养器官中减少最多的是叶片，其次是茎和鞘，根的减少量最少。

谷子开花后穗部含氮量急剧增加。这些氮素仅有少部分是通过根从土壤中吸收的，大部分是来源于体内氮的再利用。据崔凤会（1977）等报道，由营养器官运转到穗部的氮占穗部氮增量的 91.0%。在各营养器官间，氮的转移是各不相同的，其中以叶片的运转率最高，平均为 85.2%，叶鞘次之（75.3%），其次是茎

（66.3%），运转率最低的根也有一半以上的氮素转运到了穗部。整个营养器官的平均运转率为 75.5%。

据隋方功（1991）等报道，夏播谷子苗期根系中的氮素分配比率极高，拔节时达到 71.7%，拔节以后，根中氮素的分配比率逐渐下降，孕穗前期一半以上的氮素分配于叶片内，抽穗开花后吸收的氮素主要用于穗及籽粒的形成。

夏谷开花后穗部氮素含量急剧增加。开花至成熟阶段，穗部增加的氮素量占穗部总氮量的 71.1%，这说明穗部大部分氮素是在开花以后吸收积累起来的，是通过营养器官中氮素的运转获得的。但是，各营养器官间的氮素运转率极不相同，其中叶片与叶鞘的运转率最高，达 65%；茎次之，约 55%；根最低，为 28.5%。然而氮素的运转量却以叶片最多，茎次之，鞘较少，根最少。叶片可提供穗部氮增量的 51.4%，茎可提供 24.1%，鞘为 17.5%，而根仅可提供 3.1%。

（二）谷子的磷素营养

1. 谷子磷素阶段营养特性

由 ^{32}P 示踪（李秋之）观察证明，春播谷子以抽穗灌浆期吸收 ^{32}P 最多，其次是成熟期，再次是拔节期，分蘖期吸磷能力最低。在低产条件下（许怀高）孕穗抽穗阶段积累磷的强度最大，开花以后逐渐降低，乳熟至成熟阶段仍可保持一定水平。而在中、高产条件下，则在生育后期磷的积累强度最大。亩产 $200 \sim 300kg$ 条件下，磷素积累最大强度出现在抽穗开花阶段（王纪泽，1981）。亩产 500kg 条件下，磷素积累强度最大时期是在乳熟期（崔凤会，1977）。

夏播谷子吸收磷的主要时期为出苗后的第 $24 \sim 56d$，即拔节期至开花盛期（赵镭等，1988）。夏谷对磷的吸收强度呈现三个高峰期。第一个高峰出现在出苗后第 29d，第二个高峰在抽穗期，即出苗后第 49d，第三个高峰在灌浆期，出现在出苗后第 69d。因夏谷在生育前期吸磷强度大，再加之磷在土壤中移动速度小，故磷肥以作基肥施用为好。

2. 磷在体内各器官中的分配与转移

谷子吸收的磷主要集中分布于当时的生长中心。苗期根和叶片中较多，大约各占全株的 $1/4 \sim 3/4$。随着茎的不断长高，茎中的比例逐渐增加，而根、叶、鞘中的比例则逐渐降低。进入生殖生长阶段后穗部磷的分配比例不断增加，磷在植株体内迅速向穗部转移，供籽粒形成。穗部的磷素主要来源于生育前期积累于营养器官磷素的再利用，而直接来自土壤的磷素很少。

研究指出，夏谷不同生育期内吸收的磷与氮一样，主要分配在当时的生长中心器官。苗期磷的积累中心在根系，拔节后转移到地上部器官，至孕穗期地上部营养器官磷素分配比率即达 89.27%，其中叶片为 50.13%。抽穗以后分配于营养器官中的磷逐渐减少，而穗中的磷素分配比例迅速增加，从抽穗至成熟增加 4.1 倍。成熟时体内 67.95% 的磷分配于穗部，茎与叶片各占 10% 左右，另有 10% 的磷分配于根部。

(三) 谷子的钾素营养

(1) 谷子的钾素阶段营养特性　春播谷子钾的积累量和吸收强度最大时期在拔节到抽穗阶段。抽穗前的 28d 内积累钾占全生育期积累量的 50.7%，吸收强度是全生育期的最高峰。夏谷体内钾的含量以出苗以后第 64d 为最大，随后逐渐下降。吸收钾的主要时期为出苗后的第 24～51d，即拔节期至抽穗期。夏谷对钾的吸收强度有两个高峰：一是孕穗前期，二是抽穗期。

(2) 钾在体内各器官中的运输与转移　春播谷子生育前期钾在茎和叶片中各占地上部总量的一半，此后叶片中的钾逐渐减少而茎中却显著增加。开花到成熟期间体内的钾主要向穗运转，也有小部分向茎的中上部和根的方向运转。运转量最多的是叶片，其平均运转率为 76.8%，叶鞘的平均运转率为 61.3%，并且下位叶片叶鞘的运转强度较大。茎只有基部第 10～15 节的钾有外运，第 9 节以上茎的钾继续增加。开花以前夏谷吸收的钾素有 1/3 以上分配于叶片，开花后开始减少。分配于根及鞘中的钾前期高、后期低，茎秆中的钾于成熟期达最大值，成熟时穗中的钾占全株的 1/4，开花期体内钾的积累量达到最大值，此后开始减少，几乎有 1/3 的钾由于根系的分泌和雨露的淋失等而排出体外。

二、谷子的肥水管理技术

谷子高产栽培中，肥水管理是非常重要的农业技术措施。根据谷子不同生育期对养分和水分的不同要求，各生育期肥水管理的中心任务是不同的。

（1）苗期　苗期的主要任务是保全苗、促壮苗，出苗后表层土壤被拱成松散状，土壤水分易散失，造成芽干或幼苗生长点被灼伤现象，为此，要进行压青尖，以达到蹲苗、壮苗，促进根系发达的目的。另外，镇压也可压碎坷垃，避免坷垃压芽。但是，生育期短的夏谷则应以促为主，要及时铲除麦茬，浅锄灭草，提高土壤通气透水性能，促进早发根。可结合中耕，追施腐熟的优质有机肥料，以利培育壮苗。

（2）拔节抽穗期　此期是谷子生长发育最快、对养分和水分需求最多的时期。田间肥水管理的主要措施是及时追肥，巧浇水。在施肥不足或地力较差的情况下，拔节后就要立即追肥。在无霜期短的地区，为防止后期贪青晚熟，要重施拔节肥，轻施孕穗肥，若地力较肥，苗长得较壮，而追肥量有限，也可以在拔节后抽穗前集中一次追施。

夏谷若未施底肥或底肥不足，要将全部有机肥料和磷钾肥及 2/3 的氮肥于拔节期追施。此期水分管理也很重要。据研究，孕穗期干旱主要减少小穗数，抽穗期干旱主要减少小花数，同时影响授粉，不孕率增加，秕谷率高。除了适时浇水以外，要及时中耕，疏松土壤，保持适宜的土壤水分。

（3）开花成熟期　要求达到"苗脚清爽、绿叶黄穗、见叶不见穗"的丰产长相。对于后期缺肥的田块，要结合浇水，追施少量的氮肥作攻粒肥，防止早衰。提高叶片的光合作用能力，以减少秕谷率，增加粒重。

此外，施肥还应与其他措施结合。据中国科学院西北水土保持研究所在宁夏回族自治区固源县进行的综合优化栽培试验结果表明：在密度、化肥、施肥深度、保墒次数和有机肥料五个因子中，除了有机肥料无极值点外，其他各单因子的最适用量密度为 1.26 万株/亩，氮肥为 8.8kg/亩，施肥深度 18cm，保墒 3 次。有机肥与无机肥的适宜施用量为 1：0.82，氮与磷的最适比例为 1：0.7，单因子的产量效应最大为 18%，累加为 32%，多因子合理组合后的累加效应为 89%，相当于单因子作用的 1.8 倍，说明综合优化栽培的增产潜力很大。

第四节 大豆施肥

在大豆丰产栽培技术中,施肥是一项关键措施。应根据大豆营养特性为其合理施肥,才能达到高产优质。

一、大豆的营养特性

(一) 大豆对主要营养元素的需求

大豆对主要营养元素的需求依其类型、品种以及所处地区土壤、气候条件的不同而有差异。大豆对氮磷钾三要素的需求比例:N:P:K 为 1:(0.17~0.23):(0.39~0.41)。由此可见,大豆需氮很多。但其可通过根瘤固氮,一般可从大气中获取 5~7.5kg/亩,为大豆需氮量的 40%~60%。

此外,大豆根系吸收磷、钾的能力较强,一般并非特别缺磷、缺钾的土壤种植大豆都能满足其需要。不过,欲达到高产、稳产则必须注意增施肥料。

(二) 大豆生育期内对氮磷钾的吸收、积累和分配

大豆的生长发育分为苗期、分枝期、开花期、结荚至鼓粒期、成熟期。大豆一生分为三个生育阶段,即营养生长阶段(始花前)、营养生长和生殖生长同时进行阶段(始花至终花),生殖生长阶段。

大豆在分枝期、开花期为吸收氮素的两个高峰期,鼓粒期后渐缓。大豆对磷的吸收,只是到结荚至鼓粒期才大幅度增长。大豆对钾的需要集中在前期,分枝期吸钾较多,随后递减。

(1) 大豆的氮素营养 大豆含氮量高,籽粒中含氮量一般为 6.23%~6.59%,高者可达 7.1%,茎秆含氮 1.93%比禾本科作物茎秆高 1.3~3 倍。大豆所需的氮素有三种来源:一是来自土壤,二是取自肥料,三是根瘤固氮。因此,大豆氮素营养较其他作物复杂。

大豆的共生固氮作用是在根瘤中类菌体内进行的。根瘤固氮需要以下条件:

① 需要由大豆植株提供糖类及其代谢产物作为氨的受体。

② 需要大豆植株的光合产物及能量。每固定 1g 氮,需要氧化

15～20g 糖类，每产生 1mol 的氨需 15mol 的 ATP。

③ 需要大豆植株提供充足的磷和钾素。

④ 需要大豆植株提供给根瘤中固氮酶所需的钼和铁等营养元素。

⑤ 需要适宜的土壤环境条件。最适土温 20～24℃，土壤 pH 5.7～7.1。

大豆与根瘤菌结成微妙的共生相互关系，它们的代谢过程也紧密相连。大豆的施肥措施，有许多是为了调节其植株代谢过程，促进根瘤菌的固氮作用，从而进一步改善大豆氮素营养条件。

（2）大豆的磷素营养　大豆吸收磷量虽没有氮多，但与禾本科作物玉米、小麦比较，高 1.3～1.7 倍。在籽粒中含磷量占干物重的 0.4％～0.5％。

磷在大豆植株的分布，叶多于茎，最低的是根；上部叶片多于下部叶片。

在大豆整个生育过程中，生育前期，磷的积累达全生育期的 20％。磷大部用于茎叶的形成，部分用于根和花芽的形成。

开花期间，吸收磷的能力比前期强 10 倍，积累的磷占全生育期的 25％。吸收的磷优先分配给叶，其次是根，最后是茎。这一时期是大豆磷营养最大效率期，既能促进营养器官生长，又能影响繁殖器官的发育，同时还满足根瘤固氮活性最高时期对磷的需要。

大豆进入结荚鼓粒时，营养器官中磷由于向籽粒转移而下降，花荚中的磷却不断上升。此时，磷营养水平将影响花荚脱粒，如磷素不足，则降低糖的含量及运转速率，花荚脱落率增加。

（3）大豆钾素营养　大豆吸钾能力较强，对钾的吸收主要是在幼苗至开花结荚，而在结荚期速度最快，并出现吸钾高峰，以后逐渐降低。到鼓粒期时营养器官的钾向豆粒转移，在豆粒中，40％的钾是由茎叶转移来的。到成熟期大豆的叶片脱落，随之营养器官中剩余的钾也归还给土壤。

大豆体内钾在生育前期集中分布在幼嫩组织中，以生长点和叶片最高，开花期后，钾多集中在荚中。

（4）大豆微量元素营养　大豆在微量元素营养方面，以钼的研究较多，其次是锰、锌。

① 钼是大豆植株中硝酸还原酶和根瘤中固氮酶的组成成分。在

植株体内，钼大部分存在于根瘤和叶片中。大豆植株每生产100kg籽粒需吸收钼154mg。在大豆盛花期，叶片正常含钼量为5mg/kg。当叶中含钼量低于2mg/kg时，施钼肥有增产效果。大豆籽粒中，含钼量在1.2mg/kg以下，土壤中含钼为0.15～0.2mg/kg（含钼临界值）时，施钼肥增产效果显著。

② 大豆对锰的反应比较敏感。当植株中的含锰少于10mg/kg时，就会缺锰。100kg籽粒大豆约吸收8.3g锰。锰在大豆植株中大部分分布在幼嫩器官及生理机能比较旺盛的器官中。

③ 大豆对锌也很敏感，大豆从土壤中吸收锌量较其他作物多。吸收的锌多分布在根，其次为茎及茎尖，这可能与生长素合成有关。

二、大豆施肥技术

大豆对土壤条件的选择并不十分严格，但高产大豆要求土层深厚、土壤有机含量高、土壤结构好、保水保肥力强，土壤pH 6.8～7.5。大豆高产稳产的土壤条件，亦需要长期增施有机肥，并配合化肥的施用以逐步养成。

（一）基肥（底肥）

施用有机肥作底肥是大豆增产的关键措施。从大豆的吸肥规律表明：大豆中后期的无机营养和碳素营养的充足供应，对大豆增产作用大。有机肥在北方7～8月份雨水勤、气温高的条件下，有机质大量分解，能供给较多的磷、钾和微量元素以满足大豆营养需要。

有机肥作为大豆基肥，还可起到培肥改土作用，提高土壤肥力，为固氮菌创造良好条件，增加固氮能力，满足大豆氮素营养要求。有机肥作大豆基肥，可在翻地前撒施，结合翻地翻入土层，与耕层土壤混合。也可用圆盘耙耙入10cm土层中与土壤充分混合。北方地区还常采用做垄时，将有机肥条施在垄沟里而后扣垄，使少量有机肥集中施用。在轮作地上可在大豆作物前茬粮食作物上施用有机肥，而大豆利用其后效。

化学肥料作基肥时，氮肥的施用往往决定于土壤肥力水平，在低肥力土壤上种植大豆，有必要施用氮肥作基肥，一次施用，既不烧苗，又利于机械化作业。磷肥施用与土壤含磷量有密切关系，在土壤有效磷含量低时，一次做基肥施用，有利于大豆根系对磷的吸收，或者将一份磷肥与 10～20 份有机肥混合作基肥施用，也是大豆增产的有效措施。

钾肥的施用：北方大豆产区的土壤供钾能力较强，目前施用钾肥的不多。但从大豆丰产要求看，也应重视钾肥的施用。在我国南方缺钾地区，大豆施用钾肥的增产效果较显著。

（二）种肥

大豆施用种肥是东北地区提高大豆单产的一项有效措施。由于春季气温低，土温也低，大豆苗期根系吸肥能力差，施用种肥能及时满足苗期对养分的需要。常用的种肥有：质量好的有机肥每亩施用 250～500kg 和过磷酸钙 10kg，也可施用磷酸铵 5kg。在未施有机肥作底肥的情况下，可在施过磷酸钙基础上配施 2～2.5kg 的硝酸铵肥料。种肥施于种子下部或侧面，肥料与种子之间保持 5～8cm 距离，肥料勿与种子直接接触。

近年来，在缺锌、缺硼和缺锰的土壤上，大豆施用锌肥、硼肥和锰肥都有一定的增产效果。一般每亩施 0.5～1kg 硫酸锌，1～2kg 硫酸锰。硼砂用来拌种，1kg 种子拌硼砂 2g。

大豆种植地区常采用钼酸铵拌种，就是在播前配制好 1%～2% 钼酸铵溶液。将大豆种子平铺在干燥、硬实的地面上，用喷雾器将溶液喷在种子上，边喷边拌，使肥液全面附着在种子上，而后将种子晾干，即可播种。注意用液量不宜过多，拌后种子一定要晾干。如要拌农药，切忌在种子晾干后再拌。若用根瘤菌剂拌种，则有利于根部结瘤。对于初次种植大豆的地块，更应重视增施根瘤菌剂。

（三）追肥

大豆是否要追肥，决定于土壤肥力与前期施肥情况，如果前期未施肥而土壤肥力又低的情况，可以在初花期酌情施少量氮肥，最好选用尿素肥料，如果大豆植株也表现磷不足时，可改用施磷酸铵肥料，施肥位置应距离植株 10cm。也可在花期进行叶面喷施氮肥，也有增产作用。

第五节　油菜施肥

油菜产量的高低，与油菜品种、土壤、气候、水分、施肥、病虫草害防治等综合因素有关，在诸因素中，施肥对油菜产量的影响起着十分重要的作用。这是因为，肥料是油菜增产 的物质基础，施用肥料，尤其是合理施用化肥是大幅度提高油菜产量水平的一项重要技术措施。通过合理施肥，一方面可以协调油菜对营养元素的需要与土壤供肥的矛盾，从而达到高产优质的目的；另一方面，可用较少的肥料投入，而获得较高的产量和最大的经济收益，实现降本增收的目的。油菜施肥，必须根据油菜的生育特性、营养特点和需肥规律等，进行合理的施用。

一、油菜的生育特性

油菜（指冬油菜，下同）的生育期大致可分为以下四个时期。

（一）幼苗生长期

幼苗生长期从播种、出苗、幼苗生长为 90～100d。这个时期油菜生长主要是胚根发育成直根系，缩茎形成，长柄叶抽生为主要功能叶。此期以营养生长占优势。

（二）越冬期

幼苗越冬期为 50d 左右，此期分化花芽，主茎叶片已分化完成，壮根（养分积累）。当气温降到 3℃ 以下，地上部分基本停止生长，地下部分根系仍然生长，向纵深发展。此期营养生长缓慢，生殖生长开始。

（三）蕾薹期

蕾薹期从返青至开花（包括返青、现蕾、抽薹、开花），为 50d 左右，是油菜营养生长和生殖生长两旺的时期。此期，主茎伸长，分枝增多，叶面积增大。短柄叶、无柄叶相继抽生，根系继续向纵深水平方向发展，根系的活力最强，花序、花芽相继分化形成，是吸收养分最高峰期。

（四）花角期

花角从开花至成熟（包括开花、灌浆、成熟），为 50～60d。此期，花序不断伸长，开花、授粉、受精、角果发育、种子形成，干物质和油分积累，以生殖生长为主。

二、油菜对肥料的需求

油菜是需肥较多的作物，油菜单位面积的产量是随着用量合理增加和氮、磷、钾及硼等元素的适当搭配而上升的。据上海市郊区调查统计，亩产菜籽 100kg 左右，总施肥量折合成猪厩肥需 2000～2500kg；亩产菜籽 125kg 左右，需增加到 2750～3250kg；亩产菜籽 150kg 左右，则需增加到 4000～5000kg。可见，油菜产量越高，需肥愈多，但并不是施肥越多越好，过多的不适当的用肥反而会造成减产。所以，油菜的施肥应根据油菜的需肥规律，因时、因地合理施用，才能取得预期的效果。下面就油菜吸收较多，对产量影响最大的氮、磷、钾三元素及硼的需求情况分述如下：

（1）氮素　氮素是油菜组成蛋白质和达到新陈代谢所必需的物质，油菜各部分器官的形成与发育，都需要大量的氮素。油菜在缺氮的情况下，植株生长缓慢，生长量小，叶片含氮量低，叶绿素含量下降，经济性状差，产量显著下降。

油菜又是需氮水平较高的作物，增大氮肥用量能显著地提高单产，据江苏省邗江县农科所肥料试验资料，在氮、磷、钾、硼等营养元素中，以氮肥的增产效应最为显著。据中国油料作物研究所测定，甘蓝型油菜亩产 101～150kg，生产 100kg 油菜子需吸收纯氮 8.8～11.6kg。据江苏全省多年多点试验结果，油菜亩产 150kg 以上，施入纯氮 16～23kg，平均为 18.2kg。1987 年江苏省宜兴市潘家坝农科站搞的油菜高产田，亩施纯氮 26.94kg，其中无机氮 20.59kg，占 76.4%；有机氮 6.35kg，占 23.6%，亩产油菜子 277.1kg。但氮的用量也不宜过多，过多会引起疯长、贪青、倒伏、病虫害等，而导致减产。

另外，再从油菜各个时期对氮素的吸收量来看是不同的。据多方面试验，在苗期，氮素的吸收量占 25%～45%，返青至终花占 50%～70%，终花至成熟占 5%～20%。总之，以现蕾抽薹至终花期吸收的氮素最多，苗期其次，终花后最少。

（2）磷　磷也是油菜需要的营养元素之一，是合成蛋白不可缺少的养料。核蛋白存在于生活机能最强的细胞中，据用 ^{32}P 观察证明，磷在油菜植株中，以苗期根部累积最多，再从根部转输到叶片，蕾薹期叶片积累最多,开花期由叶片再转至花瓣,最后由花累积到角果中。

磷可以增加细胞原生质的黏性和弹性,促进油菜根系发育,增强抗寒、抗旱能力,提早成熟,提高种子含油量。

高产油菜对磷素的反应是很敏感的,但需求量不如氮、钾高。据中国油料作物研究所测定,亩产为 101~150kg 的甘蓝型油菜,每生产 100kg 菜籽,需吸收磷素(P_2O_5)6~7.8kg;每递增 50kg 的菜籽,需要增施磷素 4~5kg。又据宜兴市试验调查,亩产 250kg 左右,磷素的投入量为 12.5kg,在亩产 150kg 的基础上每递增 50kg 的菜籽,需增施磷素 3.89kg 才能保持土壤磷素的大体平衡。

油菜对磷的要求,以苗期为最重要。据江苏省农业科学院测定,磷素的吸收在播种至返青期占 50% 左右,返青至终花占 40%,终花至成熟占 10%。特别是在缺磷的土壤上,磷肥应在前期施用,作为基肥、种肥或苗肥,蕾薹期施磷肥的增产效果只相当于前期施磷的 60% 左右。据多点试验汇总,亩产 150kg 以上菜籽应施过磷酸钙 30~40kg。在酸性土壤上施用钙镁磷肥效果较好。

(3)钾 钾是油菜生长不可缺少的营养元素,钾对增强光合作用,增加细胞液浓度,提高抗寒性有很好的效果。它对促进维管束的发育、增加厚角组织的强度、提高抗倒伏能力也有很重要的作用。高产油菜对钾的需要量很大,其吸收量接近氮素,而大大超过磷素。据江苏省农业科学院测定,甘蓝型油菜播种至返青、返青至终花、终花至成熟期,钾素的吸收量分别占总吸收量的 45%、40% 和 15%。又据中国油料作物研究所测定,每生产 50kg 菜籽,需吸收钾素(K_2O)4.25~5.05kg,亩产 100~150kg 菜籽,钾素吸收量高达 10.3~14.7kg。

据油菜植株测定,油菜在抽薹期植株含钾最高,到成熟时钾素运转贮藏到种子中的不多,主要分配在茎秆和果壳中。由此可见,要获得油菜高产,必须满足油菜特别是茎秆、果壳的钾素需要,因此,钾肥施用应愈早效果愈好,最迟需在抽薹前施用,每亩用氯化钾 7.5kg 左右。另外,施用钾肥还须与氮、磷肥相配合,才能充分发挥钾的作用。

综上所述,在目前的生产条件下,油菜亩产 150kg 以上,应施纯氮 16~23kg，平均 18.2kg，其中有机氮应占 20%~30%。过磷酸钙 30~40kg，氯化钾 7.5~10.0kg，N：P_2O_5：K_2O 为 1.0：0.5：0.6。

（4）硼   硼是油菜输导系统和受精作用中所必不可少的微量元素，土壤中硼的供应好坏，直接影响到油菜的产量。据有关单位调查，苏、浙、鄂、湘、贵、粤、桂、云、皖等省局部地区，特别是山区、丘陵地区的轻质土壤上，油菜萎缩不实（花而不实）病比较普遍。发病田块一般减产 3~5 成，严重的几乎颗粒无收，严重影响油菜单产的提高。

据浙江农业大学测定，油菜不实病与土壤、油菜叶片（上部叶）中硼的含量有一定的规律性，一般产生缺硼症状的土壤含硼量都在 0.4mg/kg 以下，因此，含硼量 0.4mg/kg 可作为土壤缺硼的临界浓度。

油菜叶片中的含硼量与缺硼症状的关系更为明显，严重缺硼的植株，叶片含硼量低于 5mg/kg；明显缺硼的植株，叶片含硼量在 5~8mg/kg；正常植株或经喷硼处理以后缺硼症状消失的叶片含硼量一般都在 10mg/kg 以上。因此，可将叶片含硼量 8~10mg/kg 作为判断油菜是否缺硼的临界浓度。

在缺硼土壤上，应补施硼肥，硼肥用量一般以每亩 0.25~0.75kg 底施，也可在苗期（花芽分化开始为宜）、抽薹期（薹高16~33cm）用硼砂浸液或硼酸液叶面喷施，浓度为 0.1%~0.2%。喷水用量每亩 50~100kg，以植株充分均匀喷到为宜。喷洒时间在晴天傍晚前为好，一般在干燥和大风时不宜喷施，喷后如遇降雨，需要重喷，确保喷施质量。

根据以上油菜的生育特性、营养特点和需肥规律等，为农田油菜的合理施肥技术提供了科学依据。除上述已提及的磷、钾、硼等施肥技术外，就生产中几次重要施肥技术再作进一步叙述。

三、油菜施肥技术

油菜施肥，一般可分为基（底）肥、追肥和种肥三部分。基肥是指在播种之前或移栽时施入农田的肥料，统称基肥。出苗或移栽之后施入的肥料称追肥。

基肥是为了满足苗期生长的需求和供整个生育过程中吸收利用。

追肥是补充、协调油菜整个生育过程中对养分的需求，在油菜一生中，总的施肥原则是：施足基肥，早施苗肥，重施腊肥和薹肥，巧施花肥。基追肥的一般比例是，基肥占总肥量的60%～40%，追肥占40%～60%，但在具体施用时，应视土壤、品种、肥料数量和种类等而定，有机肥多，施肥水平高，基肥的比重宜大，一般可占总施肥量的60%以上，在低肥水平，可减为30%～40%。基肥应以肥效稳长的有机肥为主，配合适当的速效肥。追肥中，苗肥占20%，腊肥占30%，薹肥占40%，花肥占10%，下面就以上的几次追肥技术分述如下。

（1）及早分次补施苗肥　在地力较差，基肥用量较少，早栽早发引起苗期脱力的情况下，要及早补施苗肥。补肥时间宜在寒流到来之前，肥效已过，油菜叶色褪淡为宜。据江苏省农科院测定：油菜在五叶期以前，出叶较快，体内含氮水平是油菜一生的高峰期。五叶期后，幼苗的出叶速度随气温下降转慢，并且有明显的营养积累，含氮量下降，含糖量增加，叶片变厚，根茎发粗，是形成壮苗的有利时期。因此，可以认为五叶期是油菜幼苗的转折期。五叶期前是迅速增加叶片数，扩大叶面积，大量吸收氮素的时期。五叶期后，主要是积累营养，增加千粒重的时期。所以，五叶期前要适当促进，五叶期后要适当控制，以协调营养体的生长与营养物质的积累关系。故在正常播栽期条件下，一般满月菜秧，可生长5片真叶，所以，在播后1个月之内要以促为主，1个月之后要以控为主。因此，苗床追肥前期要提高苗体内含氮水平，促苗正常生长，后期要降低含氮水平，提高氮碳比，确保秧苗健壮。在没有基面肥时，在播种后，即浇上"盖子粪"，每亩用人（畜）粪尿500kg加水1000kg泼浇，既能供应菜苗生长初期所需养分，又能保持土壤湿度。如果未施盖子粪，可在苗出齐后追薄水粪每亩500kg左右，水肥结合，促苗生长。在每次间苗后，要及时追肥一次，每亩750kg人畜粪或化肥10kg。到五叶期以控为主，要注意看苗补肥，防止追肥过多，秧苗旺长，或是缺肥，秧苗僵老，叶色紫红。移栽前6～7d，看苗施一次"起身肥"，增强发根能力。

（2）看苗追施腊肥　冬壮是高产的基础，春发是高产的关键。冬壮春发既经济又稳产。据中国油料作物研究所调查分析，越冬期油菜植株的绿叶数与年后的分枝数及单株产量成正相关，在4~11片叶的范围内，年前单株每增加1片绿叶（以第4叶为基数），年后单株分枝数可增加0.6~0.7个，单株产量提高1.6~2g。若按亩（实）收万株计算，每亩可增加产量17.5kg，足见冬壮之重要。要使油菜冬壮，应因地制宜，追施腊肥，促进油菜冬壮，为春发打下良好的基础。

腊肥的施用，也要根据苗情灵活掌握，对肥料足，叶色正常的田块，以有机肥为主，每亩施人畜粪750~1000kg；对叶色褪淡，有明显脱力的田块，可亩施粪肥100kg，加碳酸氢铵2~2.5kg或尿素0.5~1kg。对于未施基肥或基肥施用量不足，苗情长势差的三类苗，要增施腊肥促早发，一般亩施人畜粪1250kg加尿素3~4kg或碳酸氢铵7.5~10kg。

（3）早施、重施薹肥，巧施花肥 薹肥是油菜一生中最关键的一次肥料，为了保证油菜春发，春后稳长，须猛攻春发，早施重施薹肥。薹肥施用时间，一般在现蕾至薹茎开始伸长的时候施用，增产率高。中等肥力以上条件下，亩施尿素7.5~10kg。薹肥用量少的，应推迟施用，防止猛抽薹。薹肥也可分两次施用，第一次施总氮量的25%左右，即每亩25~30kg碳酸氢铵，于冬末打洞穴施，采取春肥腊施、腊肥春用的方法，再留总施氮量的5%左右的肥料放在初花时作淋花肥施用。淋花肥的施用也要根据苗情长势和品种而定，概括起来有"四施"、"四不施"。一是薹顶呈"四面峰"的不施，呈"一根葱"的要施；二是薹茎上下一般粗，甚至上粗下细的不施，上细下粗的要施；三是薹茎青壮有力的不施，薹茎上有1/3呈红色的要施；四是早中熟品种可适当多施，晚熟品种宜适当少施。淋花肥的施用方法，一般每亩用尿素2~3kg，拌细土满田撒施。

综上所述，在目前油菜大面积生产中，要使油菜高产稳产，肥料施用上应注意有机、无机肥配合，氮、磷、钾以及微量元素相配合。有机肥与无机肥的比例为（30~40）：（70~60）为宜，若有机肥数量足，可以适当提高有机肥的比例。有机肥、磷、钾和硼肥应以基肥为主。在肥料运筹上，要注意增加基肥用量，补施腊肥，重施薹肥。基、腊、薹肥的比例以5：2：3为宜。

另外，在三熟制地区和晚播晚栽的油菜，由于移栽季节迟、气温下降快、土壤条件又差，还必须加大肥料用量，特别是高产油菜，年前必须在冬壮的基础上，争取冬、春两头发，特别是早中熟油菜品种，年前花芽分化比重要占总数的 60% 左右。因此必须重施底肥和年前肥。高产田块底肥和年前肥（即苗肥加腊肥）要占总施肥量的80% 以上。

种肥，主要是在作物播种时施入的肥料，条施或穴施于种子的一侧，肥料一般不宜与种子直接接触。种肥的具体应用也应视具体情况而定。

第六节　花 生 施 肥

花生在生育过程中所需要的营养元素，主要有氮、磷、钾大量元素，钙、镁、硫中量元素和铁、硼、钼、锌、铜、锰等微量元素。这些元素除部分氮素是根瘤菌供应外，其余的都必须从土壤中吸收。

一、花生对主要营养元素的吸收量

花生对主要营养元素的吸收量，据山东省花生研究所测定，早、中、晚熟花生亩产荚果 264.7～329.7kg 的植株群体，吸收氮素13.4～16.6kg，磷 2.5～3.3kg，钾素 5.1～9.6kg，折合亩产每百千克荚果吸收氮 5.0～5.5kg，磷 0.9～1.0kg，钾 1.9～3.3kg，其三要素比例为 $(5～5.6):1:(2.1～3.3)$。花生对钙的吸收量，在亩产荚果 231.8～382.7kg 范围内，需要钙素 3.6～8.6kg，仅次于钾的吸收量。从花生吸收氮、磷、钾营养元素量的趋势来看，仍然是 $N>K_2O>P_2O_5$。

二、花生各生育期对养分的吸收动态

花生的吸肥能力较强，除根系吸收土壤养分之外。其他器官如叶子、果针及幼果也能直接吸收养分。花生在不同生育期，吸收营养元素有其各自的变化动态。

花生出苗前主要由种子供给所需要的营养物质，幼苗期由根系吸收营养物质来满足其需要，氮、钾素的运转中心在叶部，磷素的运转中心在茎部。这个时期植株体内三要素的累积量和绝对量：氮素早熟种为 7.1%，晚熟种为 4.7%；磷素早熟种为 8.2%，晚熟种为 6.3%；钾素早熟种为 12.3%，晚熟种为 7.4%。

开花下针期，花生植株迅速生长，株丛增大，一边进行营养生长，一边进行生殖生长。这时氮素的运转中心仍在叶部，而钾素的运转中心从叶部转入茎部，磷素营养运转中心则由茎部转入果针和幼果。这个时期三要素的累积量和绝对量，氮素早熟种为 65.5% 和 58.4%，晚熟种为 38.2% 和 33.5%；磷素早熟种为 66.2% 和 58.0%，晚熟种为 27.1% 和 20.8%，钾素早熟种为 87.0% 和 74.7%，晚熟种为 57.2% 和 49.80%。

结荚期是花生营养生长的高峰时期，也是生长中心和营养中心转向生殖体的时期。这个时期，花生吸收氮、磷的运转中心是幼果和荚果，钾素的运转中心仍在茎部。这时三要素的积累量和绝对量，氮素早熟品种为 89.3% 和 23.7%，晚熟种为 92.0% 和 53.8%；磷素早熟种为 81.7% 和 15.5%，晚熟种为 91.8% 和 64.7%；钾素早熟种为 99.4% 和 12.4%，晚熟种为 94.1% 和 36.9%。

饱果成熟期，根、茎、叶基本停止生长，营养体的养分逐步转运到荚果中去，促进荚果成实饱满。氮、磷的运转中心仍在荚果中，钾素的运转中心仍在茎部，三要素绝对吸收量氮素早熟种为 10.8%，晚熟种为 8.0%；磷素早熟种为 18.3%，晚熟种为 8.2%；钾素早熟种为 0.6%，晚熟种为 5.9%。

早熟花生种对氮、磷、钾素的吸收高峰均在开花下针期，晚熟种对氮、磷的吸收高峰在结荚期而对钾素的吸收高峰在开花下针期。

花生对钙素的累积吸收量，从全株、营养体和生殖体，均随生育期进展而累加，全株吸收高峰在结荚期，其绝对吸收量占全生育期总量的 40.3%，营养体吸收高峰在开花下针期，绝对吸收量占全生育期总量的 33.9%，生殖体的吸收高峰在结荚期，其绝对吸收量占全生育期总量的 7.3%。

三、花生施肥技术

（一）花生基肥和种肥的施用

花生基肥用量一般应占施肥总量的 80%～90%，采用腐熟的有机肥为主,配合氮、磷、钾等化学肥料,每亩有机肥用量在2000kg以上,可采取集中与分散相结合的方法施用,如每亩有机肥用量在2000kg以下者可结合播种起垄或开沟,集中条施,以利发苗。一般每亩用纯氮量1~2kg的氮素化肥,结合播种,集中作种肥,效果较好。磷肥最好作种肥,集中沟施。每亩施用过磷酸钙10~15kg,或钙镁磷肥15~20kg。钾素化肥可用硫酸钾、氯化钾或草木灰,均应结合播前耕地时撒施,耕翻入耕层内,每亩用氧化钾5~7.5kg。微量元素肥料可用0.2%~0.3%钼酸铵或0.1%硼酸水溶液浸种,能起到调节花生营养元素的平衡作用。为了调节土壤的酸碱度,促进土壤有益微生物的活动和补充钙素营养,提高花生品质,结合耕地或播种,在酸性土壤,每亩施25~50kg熟石灰粉,微碱性土壤亩施5~7.5kg生石膏粉。

(二)花生追肥

花生追肥应根据地力、基肥施用量和花生生长状况而定。肥料不足,可将基肥与苗期追肥相结合,有利于提高根瘤供氮率。花生不同时期追施氮肥的效果,一般以苗期比其他时期增产明显,苗期追氮和基肥施氮的,在花期及结荚期前干物质积累量比苗花期、花期追氮处理,每亩分别增9.62~34.1kg和21.06~39.5kg。可见,采用前重后轻施氮的效果最好。苗肥一般每亩用硫酸铵或碳酸氢铵5.0~7.5kg,过磷酸钙10~15kg,与优质圈肥250kg混合后施用,钾肥一般每亩追施草木灰50~75kg。

花针期追施氮肥必需根据具体情况,因为这个时期根瘤菌已开始源源不断地供给氮素营养,如果苗期已施足苗肥,一般就不需要追施氮肥,如果基肥不足而又未施足苗肥的,则应根据花生长势追施花肥,其用量和施用方法与苗肥相类似。花针期,根据花生果针、幼果有直接吸收磷、钙营养的特点,此时期在酸性土上可按每亩15~25kg熟石灰,在碱性土壤上可按每亩5~7.5kg生石膏粉混合100~150kg细圈肥,均匀地撒于花生垄上。

花生叶片吸磷能力较强,而且很快就能运转到荚果内,促进荚果成熟饱满。因此,在生育中后期每亩用2%~3%的过磷酸钙澄清液75~100kg作叶面喷施,每隔7~10d喷一次,可使荚果增产10%~17%。如果花生长势偏弱,还可添加0.15~0.2kg尿素混合喷施,效果更好。

（三）花生根瘤菌剂的施用

花生根瘤菌剂是将花生根瘤内的根瘤菌分离出来，加以选育繁殖，制成产品，即是花生根瘤菌剂或称根瘤菌肥料。

花生根瘤菌剂增产的效果高低与土质、肥料和茬口等有密切关系。一般来说，肥力较低的砾质砂土和粗砂壤土接种效果常高于肥力较高的粉砂壤土，生茬地拌菌剂的增产效果常高于重茬地。根瘤菌最适宜的酸碱度是 pH 7 左右。

根瘤菌剂的施用方法有以下几种。

（1）湿菌拌干种　每亩用菌剂 25g，先用 150～250mL 水和匀，然后倒在花生种子上轻轻搅拌，使每粒种子都粘上菌剂后播种。

（2）湿种拌干菌　将花生种子先在水中浸泡半天，滤去水后拌入菌剂，使每粒种子都粘上菌剂后播种。

（3）粘菌种子丸衣　先将花生种子粘菌后，再用 1% 甘薯面浆糊作为菌剂的黏着剂，进行"滚球"，然后播种。

花生根瘤菌剂是一种生物制剂，使用前应妥善放置在阴凉黑暗处保存；施用时不可与硫酸铵、杀菌剂、炉灰等混合拌种，但可分开施用。

第七节　向日葵施肥

一、向日葵的营养特性

向日葵植株高大，茎粗叶茂，需肥量较多，是喜肥作物。向日葵不同的生长发育阶段对营养种类和数量的需要也不同，因而在各部位的矿物质含量也不同（表 14-9）。

向日葵矿物质含量的多少和分布主要决定于向日葵的生物学特性。但是，向日葵灰分元素含量并不是恒定不变的，它和向日葵品种、生育时期和栽培环境有关。元素含量多少和需要不一定成正比。因为其中一些含量较多的元素（如钠）不是很需要，而含量微小的元素（如钼），在向日葵生育中却起很大的作用。

向日葵不同生育时期对氮素需要亦不一样，在向日葵全部营养过

表 14-9　向日葵在不用发育阶段中各部分的氮、磷、钾含量

单位：%

元素	3～4对叶	现蕾期			开花期			生理成熟期				
		茎	叶	全株	茎	叶	全株	茎	叶	花盘	籽实	全株
N	4.41	2.10	4.77	3.65	0.74	3.52	2.66	0.46	1.99	1.22	2.95	1.60
P_2O_5	0.69	0.47	0.64	0.58	0.22	0.55	0.93	0.06	0.34	0.32	1.20	0.49
K_2O	4.12	3.96	2.75	3.16	1.72	2.64	2.60	1.16	1.55	3.67	0.91	1.60

程中，氮素主要集中在叶里，仅在生理成熟时期集中在籽实中。

氮素在向日葵各部位含量见表 14-10。

表 14-10　氮素在向日葵各部位含量　　单位：%

生育时期	植株各部位				
	茎	叶	花盘	籽实	全株
3～4 对叶					4.41
现蕾期	2.10	4.77			3.65
开花期	0.74	3.52	2.66		1.99
成熟期	0.46	1.99	1.22	2.95	1.60

据资料介绍，向日葵某一品种从出苗到成熟，生育期达 117d。从出苗到现蕾 55d 中，需要氮素占全生育期吸收氮素的 55%，而现蕾到开花仅 17d，吸收氮素就占 32%，开花到成熟 45d，吸收氮素占 33%。可见从现蕾到开花是向日葵旺盛生长时期，也是集中需氮时期。

向日葵最容易吸收和利用水溶性和弱酸溶性磷酸盐。磷在向日葵茎叶中相对含量随着植株的生长而降低。在生理成熟时期，花盘里磷的含量减少。磷在开花前主要积累在叶子里，在开花期集中在花盘里，成熟期集中在籽实里。

向日葵整个生育期都吸收磷素营养，特别是后期需要量较多。从出苗到现蕾，吸收磷素占全生育期的 21%；现蕾到开花占 33%；开花到成熟占 46%。在施用钾肥的基础上，增施磷肥，表现为植株高，叶数增多，叶面积增大，生育期提早。

土壤中钾的形态一般可分为下列三种：水溶性钾、代换性钾、含钾磷物。向日葵主要吸收利用前两种形态的钾。钾在现蕾期主要集中

在茎里，花期集中在叶里，成熟期集中在花盘里。向日葵从出苗到现蕾，吸收的钾占全生育期吸收量的 40%，现蕾到开花占 26%，开花到成熟占 34%，是需钾较多的作物。

钾在向日葵各部位的含量见表 14-11。

表 14-11　钾在向日葵各部位的含量　　　　单位：%

生育时期	植株部位				
	茎	叶	花盘	籽实	全株
3～4 对叶					4.12
现蕾期	3.96	2.75			3.16
开花期	1.72	2.64	2.60		2.23
成熟期	1.16	1.55	3.67	0.91	1.60

二、向日葵施肥技术

正确的施肥技术，除根据向日葵吸收营养的特点、土壤性质、温度变化、降雨情况等有关因素之外，还必须确定适宜的施肥时期、施肥方法和施肥数量，并结合其他栽培措施，以充分发挥施肥的增产作用。据各地高产典型经验，要想获得高产，必须是基肥、种肥、追肥三肥下地，有机肥和化肥结合。

（一）基肥

播种前施用的肥料称为基肥，可以作基肥施用的肥料种类很多，如家畜粪尿、人粪尿、家禽粪、堆肥、绿肥、土杂肥等。这些肥料肥效时间长，养分齐全，含量较高，施肥后对土壤肥力的提高和向日葵产量都有良好作用。

基肥的施用量，一般每亩 1.5～2.0t。增加基肥施用量，能相应地提高向日葵产量。基肥施用数量主要根据土壤肥力水平，肥料质量来确定。

基肥施用有条施、撒施、穴施三种方法。基肥集中条施，肥料靠近向日葵根系。条施方法是施肥前把肥料研细，随耕地把肥料施入犁沟内。撒施的方法是在耕地前，把肥料均匀撒在地面，然后耕翻土内。穴施一般是在肥料较少的情况下，集中施肥。肥料较多时，应一部分撒施，一部分集中施。

一般情况下，基肥宜及早施用。在春播地区，随秋耕施上基肥，可以促进肥料分解。夏播区，因作物收获后要及早抢种，劳动力紧张，可在前作增施较多有机肥作基肥，同样能提高向日葵产量。

在有机肥料作基肥施用时，还可配施氮磷化学肥料，一般比单施化肥要好。这样既可以满足苗期对速效养分的需要，还利于中后期生长。

（二）种肥

向日葵出苗后，初生根系较少，吸收养分能力较弱，所以种肥应以速效性养分为主。如磷酸钙、过磷酸钙、尿素、硝酸铵、氯化钾、硫酸钾等化学肥料，以及腐熟后的人粪尿，草木灰，牛、羊粪等农家肥料。

种肥的用量，据各地经验，应看土壤肥力水平，基肥用量多少，栽培方式不同而定。肥沃土壤，基肥用量又多，可少施种肥；地力瘠薄，基肥用量又少，应增加种肥数量。用氮素化学肥料，一般每亩施纯氮 1.5kg 左右；用磷素化学肥料，每亩施纯磷 2kg 左右；用钾素化学肥料，每亩施 3～5kg；用氮磷复合肥料，每亩施 4～5kg，或每亩施人粪尿 300kg，或草木灰 50～80kg。如有金针虫等地下害虫，可用甲基异硫磷和氮磷复合肥料拌匀，一般用 0.5kg 瓶装甲基异硫磷和 40～45kg 复合肥拌匀，每亩施种肥 4～5kg，既可施肥，又可防止地下害虫危害。

种肥施用方法，应按肥料性质和栽培措施合理施用。种肥如果是腐熟良好的有机肥料，对种子出芽和幼根没有什么影响，可以直接接触种子或盖在种子上。如果是化学肥料，增加用量必须和种子有适当距离，否则则将产生不良后果，影响出苗。

（三）追肥

向日葵是需肥较多的作物，单靠基肥和种肥，不能满足现蕾后对养分的需要，所以增施追肥更为重要。向日葵追肥技术必须按照不同生育时期需肥状况来掌握。

用作追肥的肥料，有尿素、硝酸铵、碳酸氢铵、氯化钾以及腐熟的人粪尿、草木灰等。

追肥时间的确定，主要根据土壤供肥能力、气候条件，施用基肥、种肥数量而定，但主要是根据向日葵不同生育时期、需肥情况来确定。向日葵产量的多少，现蕾到开花是关键，这个时期营养生长和生殖生长同时进行，是旺盛生长阶段。因此，也是追肥的重要时期。一般在 $7\sim8$ 对真叶和花盘 3cm 左右时各追施一次氮、钾肥。

追肥方法可分条施和穴施两种，但主要是穴施。在距向日葵茎基部 $6\sim10cm$ 处开穴，然后施入肥料，随即覆土。穴深视肥料种类及土壤墒情而定。碳酸氢铵或过磷酸钙等容易挥发或不易移动的肥料应深施。天旱土干也应深施，使肥料和湿土接触，易于发挥肥效，也可结合浇水进行追肥。

追肥数量，一般数量为每亩尿素 $10\sim15kg$，硝酸铵 $13\sim18kg$，过磷酸钙 20kg，氯化钾 15kg。

第八节 蔬菜施肥

蔬菜作物种类繁多，品种各异。以其供食的部位可粗略分为果菜类、叶菜类、根菜类、茎菜类等。由于各类蔬菜生物学特性不同，在营养上要求也不同，所以在施肥上也就有所区别。

一、蔬菜作物需肥特点

蔬菜作物和其他植物一样，通过根系从土壤中以无机盐或离子形态吸收多种营养元素。吸收量最多的是氮、磷、钾，其次是钙、镁、硫等微量元素。虽然不同的蔬菜品种对外界条件的要求及吸肥特点不同，但在营养元素的吸收方面有其共同特点。

1. 蔬菜作物根系吸收能力强

蔬菜作物具有生长快、生育期较短、产量高等特点，对水分和养分的吸收量也相对要高。植物根部的伸长带，也称根毛发生带，此部位的吸收和氧化力强，是根系中最活跃部分。由于蔬菜作物根的盐基代换量比禾本科作物高，所以蔬菜作物根系的吸收能力较强。

2. 蔬菜作物多为喜硝态氮作物

蔬菜作物在完全的硝态氮条件下，产量最高，而对铵态氮敏感，过量时，则抑制钾和钙的吸收。番茄在完全铵态条件下，生长受到阻碍。铵态氮加入量占全氮量的 30％左右为宜。洋葱在铵态氮超过 50％时，产量显著下降。而硝态氮在 100％的条件下，大多数蔬菜生长良好。所以在蔬菜栽培中，应注意硝态氮与铵态氮的比例，一般情况下，铵态氮为 1/3～1/4。但硝态氮肥料不易被土壤胶体吸附，容易流失，应采取少施多次的措施，以提高肥料的利用率。

3. 蔬菜作物需硼量高

硼在植物体内是以无机态的不溶性、可溶性形态存在，而不是以有机化合物存在。一般单子叶植物体内可溶性硼含量比双子叶植物多，蔬菜作物多属双子叶植物，所以蔬菜作物比禾本科作物吸硼量多。如根菜类蔬菜比麦类高 8～20 倍，比玉米高 5～10 倍。据有关材料报道，植物体内可溶性硼含量愈高，硼在植物体内再利用率也高。由于蔬菜作物体内不溶性硼含量高，硼在其体内再利用也低。所以，蔬菜作物需硼量一般均高于禾本科作物。在蔬菜栽培中，如甜菜的心腐病、芹菜的茎裂病、萝卜的褐心病等，均属缺硼而引起的生理病害，故应注意硼肥的施用。

另外，土壤通气状况对根系生长与吸收功能有密切关系。在通气良好的土壤中，根系的根毛多，根部细胞膜厚，皮层细胞密集整齐。相反，在通气不良的土壤中，根系短，根毛少。在缺氧的条件下影响根部主动吸收和根部的渗透性，不仅使地上部氮、磷、钾含量低，而且也影响钾、磷的转运，导致产量的下降。如当土壤含氧量减少一半时，黄瓜可减产 10％。当然也有对含氧量不太敏感的蔬菜，如茄子，当需氧量减少一半时，对产量的影响不明显。

二、蔬菜作物施肥技术

不同蔬菜作物对氮、磷、钾主要营养元素的需要比例和敏感程度有明显不同。如叶菜类蔬菜需要的氮素较多，根菜类蔬菜则需钾的比例最高。即使同一蔬菜品种，在不同的生育时期，其吸收营养元素的速度也不同，一般是生育的前期小于生育的中后期。

（一）果菜类蔬菜施肥

果菜类蔬菜包括瓜类和茄果类蔬菜。这类蔬菜的生长过程，分为营养生长与生殖生长两个阶段。

　　果菜类蔬菜的苗期阶段是其产量形成的基础，因为决定果菜类产量因素的花芽分化和雌花的数目是在苗期阶段完成的。因此，苗期的养分供应状况，对花芽分化有着显著的影响。一般情况，苗期需要氮多、钾多，其次是磷、钙。当然不同的蔬菜种类也有差异。

　　果菜类蔬菜的幼苗对于土壤的湿度、温度、营养和通气等都有较严格的要求。优良的育苗床土要求营养齐全，保肥、保水，通气性好，不含土传病害的病原物及虫卵。床土的一般配比是：粮田土6份，腐熟的圈肥4份，混匀后过筛，每立方米加过磷酸钙3kg、草木灰10kg，为了杀虫灭菌，可再加50%多菌灵100g、50%敌敌畏50g。近年来，经研究表明，在苗期施一定量的硫酸锌、硫酸锰微量元素，可起到壮苗的效果。

　　移栽定植后，果菜类蔬菜进入营养生长与生殖生长并进时期。由于各器官之间对养分争夺矛盾，所以要注意协调营养生长与生殖生长，使其一致。

　　对氮素养分的吸收，从生育初期延续到生长末期，吸收的数量是连续的增加。其中85%的氮贮藏于果实中，随着果实的采收而带走。因此，采果期间要补充氮肥。

　　对磷素养分的吸收，虽然磷吸收量不大，但对产量影响较大。在初期吸收量少，从果实膨大开始，吸收显著增加。磷吸收量有60%转移到果实中，也随着果实的采收而带走，所以要补充磷肥。

　　对钾素养分的吸收，从定植到生长末期都吸收钾，有60%的钾转运到果实被带走。因此，在施基肥时应注意钾的施用。

　　对钙的吸收，蔬菜作物其吸收数量远远超过大田作物。钙的吸收是随着蔬菜的生长发育而增加。吸收量最高的时期是初果期到盛果期，在生育后期，作物茎叶内钙含量很高，而果实内却很低。从测定数字表示，果实内钙含量仅是叶内的1/20～1/30，是茎内的1/6～1/8。说明钙与叶内形成同化物有关，而不参与同化物的运输，所以番茄、辣椒果实内钙不足易发生生理病害。众所周知的番茄蒂腐病、辣椒褐腐病，不仅严重影响产量，而且使果实失掉商品价值。这种病害发生，虽然与土壤水分及气候条件有关，主要是由于钙在作物体内不易转运，而致使果实内钙不足，而使真菌侵入，以致产生蒂腐。防治措施可在番茄初果喷二氯化钙溶液，以增加果实中钙的含量。

微量元素锌肥对番茄、辣椒，锰肥对黄瓜、茄子都有良好的增产作用。硫酸锌每亩施 0.5~1kg，硫酸锰每亩 1~2kg，不仅增产，同时还可改善品质，提高维生素 C 和糖的含量。根外喷施 0.05%~0.1%硫酸锌、0.1%~0.2%硫酸锰，其效果也佳。

（二）叶菜类蔬菜施肥

叶菜类蔬菜主要有结球白菜、结球甘蓝、菠菜、芹菜和苋菜等。由于种类繁多，对外界生长条件要求各不相同，其中白菜、甘蓝、菠菜、芹菜喜欢冷凉气候，而苋菜、蕹菜则喜欢较高的温度。

叶菜类蔬菜生长迅速，单位面积株数多，叶面积指数大，根系较浅，多在早春或秋冬播种。叶菜类蔬菜中的结球白菜和结球甘蓝，其产量高低与施肥水平密切相关，对养分的吸收量与生长量是平行的，尤其在进入结球期，生长量增加快，养分吸收也快，到结球后期生长量降低，吸收养分的数量也减少。

对氮素营养要求，由于叶菜类蔬菜是以叶为食用器官，所以氮素营养对增加产量作用明显。据试验施 1kg 硫酸铵可增产大白菜 15~20kg，以播种期、莲座期、结球包心期分次施氮比一次集中施氮肥效果好。分次施氮肥可以延长外叶的生命，加速外叶的生长，增强植株的光合势，使球叶充实。但是用量不宜过多，追肥期不应过迟，否则硝酸还原作用在叶部进行，如遇不利的气候条件（尤其是光照不足时），硝酸还原受阻而积累。硝酸盐的过量对蔬菜本身无害，但对人体食用有害，它在人体能使血红蛋白变性和产生亚硝胺。

叶菜类蔬菜对磷、钾养分也很需要，磷、钾影响白菜的结球性，当磷不足时，植株叶色带绿而不鲜明，叶背的叶脉出现紫色，植株矮小。缺钾时，叶缘带赤褐色而干枯，叶球内部叶变小弯曲，所以磷、钾养分不足，白菜结球不好。

叶菜类蔬菜中的结球白菜、结球甘蓝需要足够的钙营养。钙在叶序中的分布，呈有次序的从外叶向内叶逐渐减少，内外叶可相差 17倍。在北方地区常发现，这两类蔬菜缺钙症状，幼嫩球叶先端开始有烧边现象，称为干烧心或叶缘腐烂病，究其原因，并不是土壤的钙不足，而是根吸收钙后，运输受阻。钙是通过木质部向上部运输，白天依靠蒸腾流，晚间依靠根压流。相对湿度影响蒸腾率也就影响了钙的运输。白天外叶蒸腾率高，吸收的钙多向老叶运输，晚间外叶气孔关闭，蒸腾率低而停止吸收钙，由于心叶吸水，所以钙可以从外叶运输到内叶。因此，要使外叶的钙不断运输到内叶，就要使夜间的气候湿润。在生产上可用风障来减少空气的流通。还可以在结球前通过喷施二氯化钙溶液增加心叶和莲座叶的含钙量。

微量元素硼、锰、铜、锌对叶菜类蔬菜都有一定的增产效果。根部施用时要注意用量，以免超量而产生毒害作物。采用根外喷肥也可取得良好效果。

（三）根菜类蔬菜施肥

根茎类蔬菜是食用肉质根、膨大的地下茎的蔬菜如薯类、姜、芋、萝卜和胡萝卜等。由于这类蔬菜多含淀粉和糖，又称低热量的蔬菜。

一般来说，根菜类蔬菜为深根性作物，生长前期根系的主要功能是吸收水分和养分。生长中期根部一方面吸收水分和养分，另一方面逐渐膨大为将来的供食部分。所以，土壤条件不仅影响到根系发育前期的营养生长水平，而且也决定着根菜类蔬菜产品质量的优劣。根菜类蔬菜喜土壤疏松、土层较深的沙壤土或冲积黏土，含有丰富的有机质和较低地下水位。如土壤黏重，则肉质根粗糙，着色不好，品质下降。故应重视增施腐熟有机肥和高垄栽培，以创造适宜的土壤条件。

根菜类蔬菜种子发芽后，初期地上部生长缓慢，进入肉质根膨大时，生长量迅速增加，这时干物质生产量达到最高水平，吸收养分也达到最高值。所以，肉质根膨大时期的营养很重要。

氮的供应，要注重在中期，因此期同化叶面积急剧增加，同化产物大量积累，根部开始膨大。在后期氮供应过多，易发生腐烂现象。

钾的供应，根菜类蔬菜是喜钾作物，吸钾量是吸氮量的 $1\sim2$ 倍，钾对此类蔬菜产量影响极大。在生长初期供钾，叶重增加，叶中还原糖含量也随之增加，同时钾还促进糖向根部转移。

根菜类蔬菜对磷的需要较氮、钾少，但各种根菜类需磷量也大不相同，如胡萝卜比萝卜多 2 倍左右。

根菜类蔬菜对微量元素的反应以硼效果最好。根菜类蔬菜含硼量高达 $35\sim60mg/kg$。其中甜菜、萝卜、芜菁需硼较多，胡萝卜需硼中等。在石灰性土壤或酸性土施用石灰后，使硼吸收及运转困难，常出现缺硼病。在轻度缺硼时，地上部分看不到症状，而影响根部膨大，严重时，根内部薄膜组织少，木质部病变，细胞壁增厚，变褐色坏死，被称为褐心病。使根部可溶性糖、淀粉含量减少。

防治根菜类蔬菜缺硼措施，可采用硼肥浸种，生长旺盛期进行根外喷肥，以及调节好植株中的钙硼比。

（四）茎菜类蔬菜施肥

茎菜类蔬菜以肥大的茎部为产品的蔬菜主要有莴笋、茭白、茎用芥菜、球茎甘蓝等。以萌发的嫩芽为产品的主要有石刁柏、竹笋、香椿等。这一类蔬菜的生活习性差异很大，其需肥特性也不同，下面仅以代表性蔬菜品种的施肥要点作一简介。

（1）莴笋　根系不发达，为直根系浅根性蔬菜。春莴笋有秋季育苗冬前定植和冬季阳畦育苗春季露地定植两种。冬前定植缓苗后施速效性氮肥，以促进叶片数的增加及叶面积的扩大。地冻前，用马粪或圈粪堆在植株周围保护根茎，以防受冻。返青后及时追肥，促叶片生长，苗子"团棵"时应施速效性氮肥，并注意配施钾肥。

秋莴笋的苗期正值高温季节，注意苗龄不宜过长。为防止秋莴笋抽薹，必须满足其肥水的要求。大田要施足基肥，缓苗后及时追施速效性氮肥，团棵至茎部开始膨大时是需肥高峰期，施用速效性氮肥和钾肥可促进茎部的肥大。

（2）茭白　茭白多栽培于湖畔及藕田边缘，属水生蔬菜。以土壤深厚、含有丰富有机质、肥沃而疏松的土壤为最好。冬前结合翻地将基肥翻入土中，第二年栽植前再施一次厩肥。新茭田栽植后当年于分蘖前期和孕茭期分期追粪肥，也可追适量的速效氮肥。

（3）石刁柏　属多年生蔬菜，对土壤的适应范围广泛，要达到高产优质，需选土层深厚、通气性好、有机质丰富的土壤，所以增施堆肥和厩肥等有机肥料是丰产的基础。秋末植株进入休眠期，基本不吸收矿质养分。到第二年春季幼茎抽生是依靠肉质根中贮藏养分，当长出绿色的地上茎后，根的吸收机能开始旺盛，需提供足够的养分才能满足植株生长的需要。石刁柏对氮、磷、钾吸收的比例大致为 5：3：4。到秋季生长的旺盛期还需追肥，以促进植株养分积累，为明年幼茎生长提供养分。

在我国北方地区，为了满足新鲜蔬菜的周年供应，常采用保温设备措施栽培蔬菜，如温室、塑料大棚等。保护地生产蔬菜，施肥量一般超过露地生产的肥料用量，加之保护地与外界隔绝，灌水量比蒸发量少，养分淋失少，水分从下向上移动。所以所施氮肥除作物吸收外，就不像露地那样被淋失而在土壤中积累。除硝酸盐外还有化肥的副成分也都遗留在土壤中。这样就易发生土壤 pH 的变化与盐类积聚的危害，使土壤产生高浓度的盐类溶液。蔬菜所能忍受的溶液浓度是有一定限度的，因此在高浓度情况下，使蔬菜根的渗透压加大，影响作物对养分和水分的吸收，黄瓜根细胞汁液的渗透压较低，叶片面积大，蒸腾量也大，所以耐盐性最差，苗期只能忍受 0.034% 的浓度，定植后也只能忍受 0.05% 浓度的盐分。同时土壤溶液浓度高，易引起离子吸收紊乱，特别是 Mg^{2+}、NH_4^+ 和 K^+ 等对 Ca^{2+} 吸收有抑制作用，NO_3^- 的增加也抑制 Mg^{2+} 的吸收，这些与肥料种类也有密切关系，溶解大的又不被土壤吸附的肥料，土壤浓度就极易升高。所以要防止保护地土壤养分富集，就要选择适宜的肥料种类、合理的肥料用量，还要经常进行土壤盐分的测定。

第九节　烟草肥料

烟草是我国重要的经济作物之一，由于烟草属嗜好类作物，故其产品的质量优劣特别重要。但烟草的产量与质量是有矛盾的，当烟草产量不高时，质量亦不高；当烟草产量达一定水平时，烤烟的产量和质量同时上升，直至质量达到顶峰；如产量继续上升，则质量急剧下降。为了解决由于单位面积产量过高而导致烟叶质量下降的矛盾，目前在国内外的烟草生产中提出烤烟适产优质的新概念，即烤烟的质量达到最高点时的产量范围。这一观点经全国烤烟主要产区的生产实践及烟草研究单位的试验都取得了肯定的成效。

对烤烟质量的要求，因卷烟工业的要求不同而异。当前国际市场要求混合型卷烟中主料烟适宜产量最低，以每亩生产 150kg 烟叶为宜；混合型卷烟中的填充烟适宜产量最高，每亩生产 200kg 左右烟叶。当然适宜的产量指标也应环境不同而异。

总之，烟草生产所采取的栽培技术应从适产优质着手，除了采用优良品种和良好的栽培管理外，合理施肥是重要的环节之一。而烟草植株对养分的吸收规律、特点以及对养分的要求等是合理施肥的重要

283

依据。

一、烟草植株的吸肥规律

在烟草整个生长期间，烟株对氮、磷、钾、钙、镁等大量元素及铁、硼、锌、铜、锰等微量元素的吸收规律是：生长初期吸收较少，中期吸收量最多，后期吸收又逐渐减少。

烟草在移栽后 30d 内吸收、积累的养分较少，表现为烟苗生长缓慢，叶面积小，光合产物也少。这可能是由于移栽时根系受伤，吸收机能受到影响，只有当新根长到一定程度后，才能从外界环境中吸收并积累养分。在移栽后 40～80d 是烟株吸收、积累各种营养元素的高峰期。此时期吸收养分量占总吸收量的情况是：大量元素为 55%～70%（氮为 69.94%，磷为 58.42%，钾为 57.55%，钙为 55.12%，镁为 69.70%），微量元素为 63%～67%（硼为 63.33%，锰为 57.60%，铜为 66.83%，锌为 67.96%，铁为 53.83%）。烟株吸收营养元素的高峰期大多在移栽后 42～58d，这说明烤烟要获得适产优质，养分必须及早供应。移栽 80d 后，烟株养分吸收又趋减少，这时正值现蕾期，烟株各器官虽具很高活力，吸收养分应较多，但此时又是吸收、积累养分的转折点，吸收、积累量迅速下降。若在现蕾后，土壤有效氮含量过多，则烟株吸氮多，而烟叶不能及时转入工艺成熟，易产生贪青不落黄，使烤烟在烘烤时产生质量差的黑暴烟而影响品质。因此，现蕾后，土壤养分含量下降，使烟株含氮量少，是烤烟优质适产栽培的要求。在幼苗移栽后 40～80d 是烤烟进行栽培管理、制订促控措施的重要时期。为了使烟株在旺盛生长期得到充足的养分，需重视基肥的施用，而作追肥的肥料要在移栽后 2～3 周时施入，以发挥肥料的最大效益。

二、烟草的营养特点

(一) 烟草的吸氮特点

(1) 烟草的吸氮形态　烟草植株能吸收硝态氮、铵态氮及酰胺态氮，但不同形态的氮素对烟株生长发育及产量、质量的影响是不同的。从我国河南、山东、安徽、贵州等省烟区所进行的氮肥品种试验的结果看出，硝态氮肥的效果最好，铵态氮肥的肥效其次，而酰胺态氮及有机氮肥的肥效依次变差。由于硝态氮肥不需要任何转化能直接被作物吸收利用，因而它不受温度低、土壤消毒等因子的干扰，使烟草在还苗期后能立即吸收到氮素，所以能促进烟株早发快长，可在较短时间内达到最大生长量，同时硝态氮不被土壤胶体所吸附，在土壤中移动更方便迅速，能向烟根密集的土层移动，而在烟株后期不需氮时，硝态氮也易淋失，使烟株能正常成熟、分层落黄，以达到优质适产的长相。但在多雨年份易发生后期脱肥早衰，应注意施用追肥。所以，在美国、巴西等烟草生产先进国家的烟草专用肥，至少有 50％的硝态氮作基肥施用，而作为追肥时，则要求100％的硝态氮。

酰胺态氮容易导致烟株后期对氮的过量吸收，造成叶片贪青晚熟，产量低，烤后烟叶质量差；有机氮的肥效更慢，释放速率和数量受当时土温、水分等环境因子的影响，同时也受有机氮本身的含氮量及碳氮比所制约。因此，很难预测和控制氮素的释放时间和释放量。施有机氮比施硝态氮，上等烟比率减少 38.5％。因此，烤烟的施肥原则应以无机肥料为主，有机肥料为辅。

（2）氮肥用量对烟草产量、质量的影响　氮素是所有营养元素中对烟叶的产量和质量影响最大、最敏感的元素。氮肥不足，烟株生长缓慢，植株矮小，叶片小，产量低，质量差，烟碱含量低，还原糖含量高，糖碱比例失调，烘烤后叶薄色淡，缺乏油性、弹性和香气。氮肥用量过多，烟株呈现深绿色，叶片肥厚，株高茎粗，组织粗糙，落黄差，成熟晚，叶内蛋白质、烟碱含量提高，糖碱比也不协调。氮肥用量适当，烟叶烘烤后颜色鲜亮，吃、香味均佳，产量不低，质量不差。据中国农业科学院烟草研究所在土壤速效氮含量 60mg/kg 的烟田上进行的氮肥用量试验表明，施用氮肥能提高烤烟的产量及质量，但亩施 4kg 氮素处理的烤烟亩产量、亩收益、内在和外观的质量均比亩施 3kg 氮素处理的差。由此可见，氮肥用量是否适量，对烟草的产量和质量影响极大。

至于氮肥的最佳用量是由烤烟品种、土壤质地、基础肥力、其他营养水平、雨量、温度及氮肥品种等多种因子综合决定的。因此，氮肥施用量最可靠的参数是通过当地氮肥用量的田间试验结果，并结合烟农的实践经验，提出适合当地最佳氮肥用量的推荐意见。

（二）烟草吸收钾素的特点

烟草是喜钾作物，它吸收的钾素比其他任何元素都多，据试验每生产 100kg 烟叶需吸收氮 2.67kg、磷 0.71kg、钾 3.82kg，其三要素的吸收比例为 1：0.26：1.43，可见钾素的供应状况对烟草的产、质量影响很大。一般来说，烟叶中含钾量高被公认是优质烟叶的指标之一。当钾素供应不足时，烟株生长缓慢，中、下部叶片的叶尖、叶缘出现黄褐色枯斑，成熟时叶尖、叶缘呈褴褛状，产量受影响，质量明显变差；当钾素供应充足时，烟叶组织细致，叶面平展，落黄好，烤后色泽鲜亮，香气足，吃味醇和，富有弹性和韧性，燃持火力强，焦油含量相对减少。

烟株在吸收钾素的同时，也吸收钙、镁等其他阳离子，这三种元素间有一种平衡关系。许多试验证明：烟株吸收钾多，钙、镁吸收就少；如果土壤溶液中钾的活度高时，钙、镁的活度就低。钾的活度系数大，表明钾的供应强度大。要使钾肥发挥其肥效，必须是在其他营养元素有充足供应的前提下才能实现。特别是氮、磷之间的交互作用对烟草的产、质量有明显的作用。

在施用氮、磷肥相同的基础上进行钾肥用量的试验表明，亩施 12kg 钾素的产量、均价、亩产值、上等烟的比例皆最高（表 14-12）。由此可知，钾肥用量应与氮、磷有一定的比例，不是越多越好。

表 14-12　钾肥用量对烤烟产量及品质的影响

处理	产量 /(kg/亩)	产值 /(元/亩)	均价 /元	上等烟 /%	中等烟 /%	下等烟 /%	烟碱/%		
							腰叶	上二棚	顶叶
底肥＋k_8	152.7	345.65	2.264	23.7	68.3	8.0	1.63	3.19	3.44
底肥＋k_{12}	159.3	363.74	2.284	27.8	64.5	7.7	1.51	3.16	3.71
底肥＋k_{16}	160.5	349.79	2.180	21.7	65.6	12.7	1.61	3.15	2.87

钾肥的品种必须选用硫酸钾，若用含氯离子的钾盐，对烟叶的品质不利。据试验，烟叶中氯化物含量 1% 以下为好。当氯化物含量大于 2% 时会使烟叶吸湿性增加，烟叶燃烧性降低，在卷烟中造成黑灰、熄火现象，香味、吃味变劣。

（三）烟草吸收磷素的特点

烟草吸收磷的曲线和生长曲线相似，但对磷的吸收增长要比相对生长增长快，当烟草生长只占整个生长期 20% 时，磷素在烟株内的相对含量已达 50%。因此，磷肥应及早施用，才能发挥肥效。磷素的供应多少，也会影响烟草的产量和质量。磷素供应过少，首先影响根系的生长，同时使地上部生长缓慢，叶色暗绿，叶片狭长；磷素供应过多，叶片肥厚，叶脉突出，组织粗糙，烘烤后烟叶缺乏弹性和油分，易破碎，品质较差；磷素供应适量，烟株根系发达，地上部生长健壮，落黄适时，烤后烟叶鲜亮，烟质好。

（四）烟草吸收微量元素的特点

烟草吸收微量元素的数量较少，一棵烟草植株每天吸收微量元素的总量仅 300mg。所以，在施用有机肥料的情况下，不会感到微量元素的缺乏。但有些地区，土壤中微量元素的有效含量低，又施用了浓度较高的复肥，也会产生微量元素的缺乏，这时就应在施用含大量元素肥料的同时，加入微量元素肥料。其丰缺指标可参考表 14-13。大多数微量元素（除铁外）的吸收、积累高峰在移栽后 50～60d，铁素的吸收、积累峰在栽后 70d，所以在烟草后期应注意铁肥的施用。

表 14-13　烟草微量元素丰缺的参考指标

微量元素	正常值/(mg/kg)	缺乏值/(mg/kg)
硼	12～45	10
铜	7～25	4
铁	200～800	50
锰	40～150	20
锌	10～60	20
钼	3～6	1

三、烟草对土壤的要求

烟草对环境条件有广泛的适应性，但烟草对营养条件十分敏感，营养条件的合适与否，不仅影响烟草生长，且能直接影响烟叶的质量。因此，选择适宜的土壤条件，如土壤质地、有机质含量是优质烟栽培的重要环节。

（一）土壤质地

在考虑适烟的土壤质地时，应注意优质烤烟对土壤的总体要求，因为土壤质地对土壤的水、肥、气、热有很大的影响，栽种优质烤烟要求土壤具有良好的排水、通气性能，要求前期有较高的肥水水平，能满足烟草前、中期的正常生长，后期肥水水平较低，能使烟叶适时落黄。在砂质土上种植的烟草，一般叶片薄，烟碱含量较低，烘烤时易变黄，烤后颜色较淡，燃烧性、香味较淡。在黏质土壤上栽植的烟草，烟株较大。但施氮肥不当易发生黑曝，不易落黄，叶片较厚，组织粗，不宜烘烤，质量低劣。壤质土由于砂粒、黏粒适中，通气性、透水性良好，保水、保肥力强，供肥速率适中，能满足烟草生长前期、后期对养分的要求。目前国内认为一般山陵区砂砾质中壤至重壤土为好；在平原地区以轻壤土至中壤土为宜。

（二）土壤有机质

优质烟要求栽种在土壤有机质适中的土壤上，有机质过高的土壤不适于种植烟草。我国栽种优质烤烟的土壤有机质含量一般为0.9%～1.2%，当土壤有机质含量>1.2%时，就会引起烤烟的"黑曝"。

（三）对土壤养分的要求

（1）对土壤氮素的要求　山东农业大学曾用[15]N肥料示踪，结果表明烟株从土壤中和肥料中吸收氮素的营养特点是：烟株中有60%～70%的氮素是来自肥料的，而30%～40%的氮素来自土壤，烟株的氮素营养主要靠肥料供应，所以合理增施氮肥是获得适产优质的一项重要措施。由于烟株对土壤氮的依存率低，所以它对土壤供氮水平的要求不高。

（2）对土壤钾素的要求　烟株吸钾量的30.83%～44.96%来自土壤中水溶性和交换性钾，而55.01%～69.17%来自土壤非交换性钾（缓效钾），由于土壤缓效性钾来自土壤原生矿物的分解，为此，对于喜钾的烟草，除了要施用钾素化肥外，种植烟草的地块应选择成土母质中含钾矿物多的土壤。

（3）对土壤氯素含量的要求　烟草生长期间，对氯素的需要极微，即使土壤含氯量低于0.1%时，烟株也能正常生长发育。同时，烟草对氯有很大的吸收容量，可以大量吸收氯，即使土壤中氯含量高达40%时，烟株亦能正常生长发育。据调查了解：土壤含氯量与烟叶燃烧性呈极显著负相关。因此，土壤含氯量成为土壤种植优质烟草必须重视的因子。据研究，生产优质烟，土壤含氯量不宜超过40mg/kg左右，否则影响烟叶质量。

四、烟草施肥技术

（一）重施基肥、早施追肥

（1）**重施基肥**　基肥应占总施肥量的70％以上，基肥可以是化肥，也可以是有机肥，也可两者混用。

基肥施用时间：在冬闲地栽春烟时，如肥料充足或土壤瘠薄，可在秋、冬整地时用。在冬作地后栽夏烟，可在前作收获后、移栽前施用。

施用方法：除撒施外，一般采用穴施，即在移栽前把肥料施在穴中，与穴土拌匀后移栽；也有把肥料施在穴的一边，烟苗栽在穴的另一边。穴施法能使营养集中，经济用肥，充分发挥肥效。

（2）**早施追肥**　烟草一般在移栽后30～40d发叶率高，为了满足旺盛生长期对养分的需要，同时有利于维持烟株后期有一定的营养，避免脱肥早衰，应在移栽后两周内进行追肥，若过晚施用，会引起叶片后期贪青，不易落黄，影响品质。

追肥用量应占施肥量的30％左右，以追施化肥为主。据贵州农学院在中等肥力的烟田施用基肥2000kg/亩的基础上进行施肥时间的试验表明，施足基肥，早施追肥符合烟草的需肥规律，能获得高产优质的烟叶。

（二）适施氮肥，增施磷、钾肥

烟草的施肥除了要保证烟株能得到必需数量的营养元素外，还要把产量控制在获得最佳品质的范围内，以获得优质的烟叶。试验研究及生产实践均证明，氮、磷、钾三要素是烟草施肥中的主要问题，而氮肥用量、施用期以及氮、磷、钾肥之间的配合比例是烟草施肥中的重要环节。

（1）**适施氮肥**　烟草的氮素营养供应是前期要足，以促进生长，但不能徒长，不能使下部叶片过分肥厚；后期氮素的供应少而不缺，使叶片适时生长成熟，又不早衰。因此，氮肥的施用是前期足而不过，后期少而不缺，以获得适产优质的烟叶。

肥料高效施用技术

近年来，我国烟草产区把烟田土壤按肥力划分成高、中、低三级水平，制定出适于当地的氮肥用量标准。如山东省的平原烟区，按土壤耕层有效氮含量＞60mg/kg的田块为肥力高的烟田，亩施纯氮2～3kg；在土壤速效氮为40～60mg/kg的定为肥力中等的烟田，每亩施纯氮3～4kg；土壤速效氮＜40mg/kg的定为低肥力烟田，每亩施纯氮4～5kg。再如河南省平原区将土壤含有效氮40～60mg/kg的地块定为高肥力烟田，氮肥应完全控制施用，而增施磷、钾肥；土壤含有效氮25～40mg/kg的定为中肥力烟田，采用控制氮肥用量，增施磷、钾肥，按烟叶亩产175kg计，需施纯氮1.5～3kg，纯磷3.0～4.25kg，纯钾5～7.5kg；土壤速效氮量＜25mg/kg为低肥力烟田，应适施氮肥，增施磷、钾肥，按烟叶单产175kg计，需施纯氮3～4.5kg，纯磷3.5～5.6kg，纯钾6.25～8.75kg。以上两省的施肥用量在各省大面积生产实践中都取得亩产150～175kg优质烟叶的良好效果。

（2）配施磷、钾肥　烟草对磷素的吸收量较氮、钾少，仅为吸氮量的1/2～1/4，但由于磷肥在土壤中固定率高，当季利用率只有20%左右。所以，磷肥的用量往往与氮肥用量相当或稍多些。

烟草是喜钾作物，对钾素的吸收量是三要素中最多的元素。为此，钾肥必须充足供应。在速效钾比较丰富的土壤（含钾100mg/kg以上），肥料中N∶K为1∶（2～3）。据山东、河南、安徽、江西、云南、贵州、福建、辽宁等省的试验，在各省中等肥力的烟田，施用N∶P∶K均以1∶1∶（1～2）时品质为好。在速效磷含量低及磷易被固定的土壤上，N∶P可提高到1∶（1.5～2）。

总之，氮、磷、钾的比例要根据具体田块中有效氮、磷、钾含量作相应的调整。

（三）根外适施微量元素肥

烤烟吸收微量元素的规律与大量元素相似，但烟叶对微量元素的吸收高峰与大量元素相比，大多出现较晚。硼的吸收峰在移栽后55d；锰、铁的吸收高峰出现更晚，分别为移栽后的67d和86d。因此，在生长后期，注意微量元素尤其是铁、锰的施用，是获得适产优质烟叶的一项重要措施。但由于各种微量元素适量与过量之间的范围较窄，若盲目施用微量元素可能会对烟草产生危害，也会造成环境的

290

污染。因此，土壤中有效态微量元素的含量是决定是否需要施用微量元素的重要参考依据。

第十节　苹果树施肥

一、苹果树的营养特点

（一）不同树龄的营养需求不同

苹果树一生可分为幼树期、结果初期、结果盛期、结果后期、衰老期五个时期。各期对营养元素需要是不同的。在幼树期，由于根系和地上部分旺盛生长，需要大量的氮、磷补给；结果期，由于大量结果之需要，亦需要大量氮、钾营养，尤以结果盛期为多；衰老期则对养分需要趋弱，但为促进更新复壮，保持树势，氮素供应不应过少。

（二）年周期内生长阶段不同，营养需求亦不同

前期，苹果树开始萌芽、展叶、开花着果、新梢生长，属于以氮素代谢为主的扩大型代谢营养阶段。在此营养阶段，苹果树营养器官生长旺盛，对氮素的需求和同化十分强烈，主要是利用树体内养分。然后则转入以碳素代谢为主的贮藏型代谢营养阶段，此阶段，苹果树进入花芽分化，果实肥大和成熟，枝干组织成熟等物候期，该阶段营养物质的积累大于消耗。在营养上要求能保证年周期内这两个营养阶段得以顺利转换，使苹果树有关物候活动能顺利通过。

（三）苹果树长期在固定地点生长，容易造成营养贫乏

多年生深根性的苹果树，一生固定在一个地点度过，容易发生某种营养元素特别是微量元素贫乏症。例如，缺锌引起的小叶病，缺铁引起的黄叶病，缺硼引起的缩果病或果肉组织木栓化等。

（四）品种、砧木不同，对营养要求亦不同

苹果树品种和砧木不同，其营养特性亦有很大差异。因此，施肥时亦应因树而异。如富士系品种喜肥高产，通常要求有较高的施肥量。

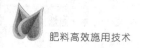

二、苹果树施肥技术

（一）适用于苹果园的肥料种类和施肥量

苹果园常施用的肥料分为有机肥和化肥两大类。有机肥包括猪厩肥、堆沤肥、饼肥、绿肥等，在果园主要作基肥施用。而各种氮磷钾单质化肥、复合肥以及苹果专用肥，主要用作追肥。

苹果园施肥制度中最重要的环节是施用基肥。基肥的作用是改善苹果树根际生态环境，增强土壤供肥、保肥性能，为来年果树生长和结果提供充足养分。为了加强休眠期树体内糖类积累，及早恢复树势，还可将氮素化肥或复合肥和基肥同时施用。通过基肥形式，可以弥补果园土壤有机质的耗损。若按树体及结果情况来确定施肥量，一般每株施猪厩肥、堆沤肥 100～400kg。

除了基肥之外，苹果园的追肥量一般应占全年需肥量的 40%。追肥的作用是及时补充苹果树对某种养分的迫切需要，主要是追施氮素。一般矮化栽培的幼树，施氮 0.1～0.25kg/株；在初果期追氮 0.25～0.50kg/株；盛果期追氮 0.5～1.0kg/株。磷、钾肥的追肥用量，在盛果期一般追磷 0.3～0.5kg/株，追钾 0.5～1kg/株。

苹果树每株产果量差异很大，对于成年苹果树还可以依其产量确定氮磷钾的追肥量。一般 100kg 产果量应追施氮 0.4～0.7kg/株，追磷 0.2～0.35kg/株，追钾 0.4～0.7kg/株。

苹果果园土壤含氮贫乏的，追施氮肥的增产效果相当显著。但过量施氮亦会造成果树的奢侈吸收，致使果质变劣，甚至引起营养失调和生理病害。

（二）苹果树施肥的氮磷钾三要素比例

在确定施肥量的基础上，重视氮磷钾三要素的配合应用，对促进树体强壮生长、提高果实品质具有重要的作用。据全国果树化肥试验网多点田间试验的结果，证明在各主要苹果产区氮磷钾的配合施用或氮磷、氮钾的配合施用，均比单施氮肥的增产显著，幼树则以氮磷钾和氮钾配合施用的表现根系发达和枝干粗壮。一般幼树氮磷钾的适宜配比为 2：2：1 或 1：2：1，表示幼树生长需要较多的氮和磷；成年结果树氮磷钾的适宜配比为 2：1：2 或 3：1：3，表示苹果大量结果时需要较多的氮和钾。

各地适宜的氮磷钾配比不可能完全一致，这与当地土壤养分的供给情况密切有关。生产中可根据叶分析的结果及施肥后树势和产量的表现调整三要素的配比。

（三）施肥时期

基肥在中、晚熟苹果品种果实采收后直至落叶休眠这一阶段中施用。秋季正值苹果根系进入第三次生长高峰之际，早施基肥能提高叶片同化能力，促进养分积累，有利于根系及早恢复生长和次年的开花坐果。但施用过早则不利于树体正常进入休眠期。

追肥一般每年进行 1～3 次。春季萌芽开花期是大量需氮期，在萌芽前 15～20d 追施速效氮肥可弥补秋肥不足的影响，使开花整齐、坐果率提高，并促进梢叶生长和幼果发育。凡树势弱、树体贮藏营养水平低、花芽质量差的树，应重施这次追肥。而树势强、生长旺的树，则不施这次追肥，以免拉长营养生长期，影响坐果和花芽分化。对花量过大的大年树，宜改花前肥为花后肥，以适当减少坐果。

春梢大部停长期是苹果花芽分化的临界期，也是幼果开始迅速膨大期，需氮磷钾都比较多。适时追肥能促进花芽分化和幼果膨大，有助于防止或克服大小年现象。但到秋梢开始生长时，要控制氮肥的施用，否则会影响花芽的分化和充实，并使果实品质下降。

秋季，正值中、晚熟苹果品种果实肥大成熟之时，也是钾的吸收高峰期。此期追施磷钾肥，有助于果实内糖分的运转，对增产和提高果实品质作用显著。果实采收后，树体贮藏养分（包括氮素养分）开始大量积累，苹果准备越冬。这时追肥可延缓叶片衰老，加速树势恢复，并为次年的生长结果奠定良好基础，故这次追肥又称补肥或礼肥。肥料种类应以磷钾为主，配施氮肥，并可采用根外追肥的形式。生产上为节约用工，常将补肥与基肥合并施用，晚熟品种可将施肥期提前到采收之前。

关于追肥（主要是氮肥）的最大效应期，依植株生长状况和品种而异。大体上富士、金冠、国光等坐果率高的品种，正常结果树以花芽分化前的施肥效应最高，而元帅、红星等坐果率低的品种，以秋季秋梢停长后落叶前的施肥效应最高。对花多结实少而春梢生长短弱的衰老树来说，则以早春的施肥效应为最好。此外，对于大、小年树的追肥适期也有差异。

（四）施肥方法

为发挥最大肥效，基肥应施于根系主要分布层或其稍深处。通常生产上多以树干为中心，在树盘外缘挖环状沟、半环状沟或条沟进行沟施；或树盘内外挖数条呈放射状的条沟施入。沟宽、沟深一般30～50cm。肥料预先掺和磷钾肥后腐熟好，施用时再与表土相结合，心土则铺在上部。另外，每年需更换施肥沟位置。

对于实行密植的苹果园，如成年果树密集区，其土壤内根系密布，可以在全园撒施肥料然后深刨入土；也可以隔年实行隔行条沟，深翻施肥。

在土层浅薄、缺水少肥的丘陵旱地上，可沿树盘挖坑穴，把有机肥混土集中施入；或在竖埋秸秆，辅施化肥后灌水，并将地膜或杂草覆盖坑穴，以充分发挥肥效。

追肥的施用方法，一般采用挖深10cm左右的浅穴或浅沟，土壤干旱时需浇水，然后覆土。肥料易流失的山地、砂地，每次追肥量应适当减少，而相应增加施肥次数。

此外，早春或晚秋苹果树根系吸收力弱，根部施肥效果较差。而此时如地上部分的生长发育急需某种养分时，可采用根外追肥。果树的梢叶以及幼果，都具有一定的吸肥能力，一般喷施后2h肥料即可被吸收利用。根外追肥喷施浓度很低，应连续喷2～3次才能见效。兹将苹果树根外追肥常用的肥料种类、喷施浓度和喷施时期列于表14-14。

表14-14　苹果树根外追肥常用的肥料种类、喷施浓度和喷施时期

肥料种类	施用浓度/%	喷施时期（月份）	主要效应
尿素	0.3～0.5	5～10	提高光合效能，促进新梢生长；提高坐果率和果实产量；促进花芽分化；提高果树贮备营养
腐熟人尿	5～10	5～10	
硫酸铵	0.1～0.3	5～10	
磷酸铵	0.5～1	5～10	
过磷酸钙	1～3（浸出液）	5～10	提高光合效能和坐果率，促进花芽分化；提高果实含糖量，增大果实，增进色泽；增强树体抗寒力
硫酸钾	0.3～0.5	5～9	
氯化钾	0.3～0.5	5～9	
磷酸二氢钾	0.5～1	5～9	
草木灰	2～4（浸出液）	5～9	

续表

肥料种类	施用浓度/%	喷施时期(月份)	主要效应
硼砂	0.2~0.4	4~9	提高坐果率,防治缩果病
硫酸锌	3~5	萌芽前	防治小叶病
	0.15~0.4	萌芽后	
硫酸亚铁	0.2~0.4	4~9	防治缺铁性黄叶
硝酸钙	0.3~0.5	4~8	防治苹果苦痘病和水心病

注：生长早期一般低浓度。

第十一节　柑橘施肥

一、柑橘营养特点及需肥规律

柑橘系亚热带常绿果树，周年多次抽梢和发根，且挂果期长，故树体具有一定的营养特点和需肥规律。

(一) 柑橘树体的矿质营养成分

柑橘在生长发育过程中，需吸收大量养分供根、枝（干）、叶、花、果等器官的生长，且各元素含量在不同种类、品种、树龄之间有一定差异。综合资料表明，柑橘果实以钾、氮的含量最高（表14-15）；叶、枝（干）以钙的含量最高，次为氮；根则以氮、钙含量较高。通常，果实元素含量为根系吸收量的30%～60%。以平均亩产4000kg的温州蜜柑植株为例，其新生器官全年吸收量氮20.81kg，磷3.85kg，钾14.29kg（表14-16）。

表14-15　柑橘鲜果的主要元素含量（鲜重）　　单位：%

品种或种类	N	P_2O_5	K_2O	CaO	MgO
蕉柑	0.190	0.040	0.160	0.030	0.020
椪柑	0.170	0.050	0.280	0.030	0.010
甜橙	0.177	0.053	0.322	0.078	0.038
温州蜜柑	0.169	0.040	0.206	0.092	0.033
柠檬	0.169	0.084	0.223	0.158	0.033
平均	0.175	0.053	0.240	0.078	0.027

表 14-16　温州蜜柑的三要素年吸收量　　单位：kg/亩

器官	新生长量	N	P₂O₅	K₂O
新叶	607.1	8.52	1.44	3.60
新梢	81.9	2.96	0.46	1.45
枝干	267.9	2.96	0.46	1.45
新根	349.7	2.66	0.34	1.00
果实	4013.5	6.67	1.61	8.24
合计	5520.1	20.81	3.85	14.29

注：树龄 22 年生及 25 年生，亩植 45 株，平均亩产 4013.5kg。

（二）柑橘树体营养元素的季节性变化

由于外界环境条件季节性的差异，造成树体不同物候期对养分的吸收、利用和积累存在着明显的变化。庄伊美等报道，福建蕉柑和椪柑盛果期叶片含钙量随叶龄增大而明显增加，通常是年底增至最高值；叶片含钾量随叶龄增加呈下降的趋势；叶片含镁量基本上亦是由前期的高值降至后期的低值；叶片含氮量，前期及后期较低，而中期较高。总的看，各元素含量在 7～11 月为稳定期。佐藤报道，成年温州蜜柑枝梢从 4 月开始迅速吸收氮、磷、钾，6 月达最高峰，7～8 月下降；氮、磷 9～10 月再次上升，11 月吸收甚微；钾 10～11 月再次升高，12 月基本停止。而果实三要素含量从 5 月开始急剧上升，8～9 月达最高峰，然后逐渐下降，11 月处于最低值。

（三）柑橘不同年龄时期的营养特点

柑橘属多年生木本果树，其生命周期较长，包括生长、结果、盛果、衰老和更新等阶段。各年龄时期有不同的生理特点和营养需求。幼龄期，主要是扩大根系和树冠，此期植株尚小，需肥量亦较少，通常应施足氮肥，适当配合磷、钾肥；生长结果期，植株除了保持足量的营养生长外，因已进入开花结果，为促进花芽分化、提早结果，应增施磷、钾肥；结果盛期，树体结果量处于其生命周期中的高产阶段，为保证稳定高产和优质、并延长盛果年限，除需增加各元素的施用量外，尤应注意各元素的配合施用。综合资料表明（表 14-17），柑橘不同树龄每年吸收养分的数量明显不同。随着树龄增大，对各元素的吸收量增加（盛果期尤甚），且各元素间的吸收比率亦有差异。

表 14-17　柑橘不同树龄每年吸收养分量　　单位：g/株

树龄/年	N	P_2O_5	K_2O	CaO	MgO
4	63.0(1.0)	10.0(0.16)	41.0(0.65)	28.0(0.44)	12.0(0.19)
10	99.0(1.0)	12.5(0.14)	97.5(1.08)	90.5(1.0)	19.0(0.21)
23	392.0(1.0)	55.0(0.14)	289.0(0.73)	538.0(1.37)	—
45~50	298.3(1.0)	47.7(0.16)	258.3(0.87)	420.0(1.41)	54.3(0.18)

注：（　）内为元素比例。

(四) 柑橘根系的特点

柑橘根系的水平分布，一般比树冠宽 1~3 倍，且垂直根与水平根的生长相互制约，同时，地下部根系与地上部枝梢的生长关系密切。

土壤温度、水分、通气等状况，会影响根系生长和吸肥能力。土壤温度以 23~31℃ 为最适；适宜土壤含水量，相当于土壤田间持水量的 60%~80%；土壤氧气则以 17%~25% 为宜。温州蜜柑土壤的最适"三相"比为：固相 40%~50%，液相 20%~40%，气相 15%~37%。

柑橘根系对土壤酸碱度的适应范围较广，在 pH 4~8 均可栽培，但以 pH 5.5~6.5 较适宜。若土壤 pH 超过 8，会影响锌、铁、锰、硼的吸收；pH 低于 4，对磷、钙、镁、钼等元素的吸收亦会受到障碍，故酸度大的土壤可施石灰来调整。

柑橘属亚热带果树中具内生菌根的典型树种，其菌根为"泡囊一丛枝"（V-A）型。根系吸收养分的能力与菌根存在的状况关系密切。此类菌根可扩大根系吸收面积，增加对某些养分的吸收，特别是磷，以及锌、铜、铁等；能在土壤水分低于凋萎系数时，从土壤中吸收水分，增强抗旱力；对有机质及矿物质具有分解作用；能分泌多种活性物质（如维生素、激素等），促进根系生长。

二、柑橘营养诊断及施肥技术

(一) 营养诊断

应用营养诊断技术，了解柑橘植株生长过程中营养元素的盈亏状况，是指导合理施肥的重要依据。除了通过观测外部形态来判别营养不足或过剩外，还可采用土壤及叶片的营养诊断。

（1）土壤营养诊断　通过土壤分析，可查明影响植株营养状况的土壤限制因子。根据现有资料，柑橘园耕作层土壤营养的适宜指标是：pH 5.5～6.5，有机质 1%～3%，全氮 0.1%～0.15%，水解性氮 10～20mg/100g 土，硝态氮 5～10mg/kg，铵态氮 10～25mg/kg，速效磷 10～40mg/kg，速效钾 100～300mg/kg，代换性钙 500～2000mg/kg，代换性镁 80～125mg/kg，有效态铁 20～100mg/kg。土壤微量元素的适宜指标，据庄伊美等对福建红壤柑橘园的初步研究提出：有效态锌 2.0～8.0mg/kg，代换态锰 3.0～7.0mg/kg，易还原态锰 100～200mg/kg，有效态铜 2.0～6.0mg/kg，水溶性硼 0.50～1.00mg/kg，有效态钼 0.15～0.30mg/kg。

（2）叶片营养诊断　叶片分析能准确地反映植株养分的丰缺状况，从而采取施肥等措施予以调整。我国多数柑橘品种可在 8～9 月间采集样品，于果园中选有代表性檀株 20～25 株。一般选当年生营养性春梢 4～7 月龄叶片，每株 4～8 叶，混合样 100～200 叶。然后按常规方法进行处理和分析。根据各元素分析值对照叶片营养的适宜指标（表 14-18），评估植株的营养状况，从而为合理施肥提供依据。

（二）施肥技术

1. 施肥期

为促进幼树生长和施早结果，通常在抽梢前和顶芽自枯至新叶转绿期进行施肥。我国偏北柑橘产区（如江苏、浙江），以促春、夏梢和早秋梢为主；偏南柑橘产区（如广东、福建等），每年可培养 3～4 次梢，即春、夏（1～2 次）及秋梢。对结果树施肥主要分四个时期。

（1）萌芽肥（花前肥）　促进春梢抽生，有利于有叶果枝的形成，并供应开花结果所需的部分营养，且为次年培养足量壮实结果母枝打好基础。用肥量约占全年 20%。

（2）稳果肥　谢花后至 6～7 月是幼果长大期，亦是生理落果期，以氮为主配合磷、钾肥施用，使幼果获得充足养分，减少落果，提高坐果率。用肥量约占全年 20%。

（3）壮果肥　秋梢萌发前施用，目的在于保证果实迅速膨大，改善品质，促进抽发，次年健壮结果母枝秋梢。宜配合氮、磷、钾等元素，用肥量约占全年的 30%。

表 14-18　我国柑橘叶片元素含量的适宜指标

元素		温州蜜柑	椪柑	琯溪蜜柚	锦橙	柳橙改良橙 伏令夏橙	本地早	南丰蜜橘
N	←	3.0~3.5	2.9~3.5 (2.7~3.3)	2.5~3.1	2.75~3.25	2.50~3.30	2.8~3.2	2.7~3.0
P		0.1~0.18	0.1~0.16 (0.12~0.15)	0.14~0.18	0.1~0.17	0.12~0.18	0.14~0.18	0.13~0.18
K	%	1.0~1.6	1.0~1.7 (1.0~1.8)	1.4~2.2	0.7~1.5	1.0~2.0	1.0~1.7	0.9~1.3
Ca		2.5~5.0	2.5~3.7 (2.3~2.7)	2.0~3.8	3.2~5.5	2.0~3.5	3.0~5.2	2.4~3.6
Mg	←	0.3~0.6	0.25~0.50 (0.25~0.38)	0.32~0.47	0.2~0.5	0.22~0.40	0.30~0.55	0.29~0.49
B	←	30~100	20~60	15~50	40~100	25~100	—	—
Fe		50~120	50~140	60~140	60~170	90~160	—	—
Mn	mg/kg	25~100	20~150	15~140	20~40	20~100	—	—
Zn		25~100	20~50	24~44	13~20	25~70	—	—
Cu	→	4~10	4~16	8~17	4~8	4~18	—	—

（4）采果肥　采果前后施下，可恢复树势，增加树体养分积累，促进花芽分化，增进植株越冬能力。一般在采果前施一些化肥，采果后再施有机肥。用肥量约占全年30%。

2. 施肥量

柑橘植株每年需吸收大量养分，以供根、茎（枝）、叶、花及果的生长发育，并累积部分养分在树体中。在确定其合理施肥量时，须考虑：①品种的需肥特性；②土壤及气候条件；③养分的损失及肥料利用率。通常采用以下方法来确定施肥量：

（1）公式计算　按下列公式换算取得。

$$肥料施用量 = \frac{计划产量对某要素需要量 - 土壤对某要素的供给量}{肥料中某要素含量（\%）\times 肥料当季利用率（\%）}$$

全年吸收量系指新叶、梢、枝干增大，新根及果实的全年吸收总量。表14-18所列为我国柑橘叶片元素含量的适宜指标。例如，平均亩产4000kg左右的温州蜜柑植株新生器官全年吸收量：氮20.81kg，磷3.85kg，钾14.29kg。土壤天然供给量一般按吸收量的1/3计算。肥料利用率以氮50%、磷30%、钾40%计算。求得亩产4000kg左右的施肥量为：氮27.8kg，磷8.5kg，钾23.8kg。由此得出施肥量的约数。而有的果农施肥量超过此标准的20%~30%。

（2）实践经验　我国长期积累的幼树施肥量：1~3年生植株，全年株施氮70~150g，磷为氮的25%~50%，钾为氮的50%。结果树施肥量由于各地栽培特点不同而存在着差异（表14-19）。我国广大柑橘产区，就较重视有机肥的施用，按各地所施有机肥的氮素计算，通常，约占全年施氮量的50%左右。

表14-19　我国有关产区柑橘结果树的施肥量　　　　单位：kg/亩

地区	N	P$_2$O$_5$	K$_2$O	N：P$_2$O$_5$：K$_2$O
四川	39.5	15.0	15.9	1：0.38：0.40
浙江	32.9	9.6	14.6	1：0.29：0.45
福建	55.3	24.9	33.2	1：0.45：0.60
广东	75.0	22.3	40.1	1：0.30：0.53
台湾	32.5	16.0	25.0	1：0.49：0.77
湖南	25.0	12.5	12.3	1：0.50：0.49

（3）田间试验　通常多年的田间试验，亦可制订出切合实际的适

宜施肥量。庄伊美等在福建经八年比较试验，提出丘陵红壤亩产
2500～3000kg 的椪柑园年施氮量为 25～40kg，其中，有机肥占 50%
以上（以氮计），氮、磷、钾施用比例为 1：(0.4～0.5)：(0.8～
1.0)。周学伍等对四川紫色土上的甜橙施用氮肥量的比较研究认为，
单株年施用纯氮以 0.4～0.8kg 为宜。

3. 施肥方法

（1）基肥施用　采用深施、浅施、环状施、条沟施等方式。应按
吸收根分布的深浅范围以及肥料种类、气候条件和施肥时期而定。一
般在树冠滴水线附近开沟为宜，掌握根浅浅施，根深深施；春夏浅
施，秋冬深施；有机肥深施，化学肥浅施；无机氮肥浅施，磷、钾肥
深施的原则。环状沟或条沟深 15～20cm，宽 30～35cm；放射状沟，
宜从近树干处向外开浅沟，且逐渐向外沿加深。

（2）根外追肥　可依叶龄、气候等条件喷布必要的营养元素，喷
肥种类及浓度见表 14-20。

表 14-20　柑橘叶面喷肥溶液浓度　　　　单位：%

肥料种类	喷布浓度	肥料种类	喷布浓度
尿素	0.3～0.8	硫酸亚铁	0.1～0.3
硫酸铵	0.3	硫酸锌	0.1～0.3
硝酸铵	0.3	硫酸锰	0.1～0.3
过磷酸铵	0.5～1.0	硫酸铜	0.1～0.2
草木灰	2.0～3.0	硝酸镁	1.0
硫酸钾	0.5	硫酸镁	1.0～2.0
硝酸钾	0.5	硼酸、硼砂	0.1～0.2
柠檬酸铁	0.1～0.3	钼酸铵	0.01～0.05

第十二节　茶树施肥

茶树是以采摘幼嫩芽叶为主要目的的多年生木本植物，要使茶树
新梢强有力地不断萌发、生长，必须在茶树生长期间进行施肥。实践
证明，增施氮肥，三要素适当配合和改进施肥技术是各地茶叶单产大

幅度提高的重要因素。茶树合理施肥就是既要充分发挥施肥的增产作用，又要提高鲜茶叶中有效成分含量，改善茶叶品质，做到经济用肥，提高肥效，减少流失，改良土壤。

一、茶树的吸肥规律

茶树在个体发育的不同阶段，对各种营养元素的需要有所不同。幼年茶树以培养健壮而开展的枝条骨架和分布深广的根系为目的，这时期以磷，钾肥为主，适当施用氮肥。处于生长旺盛高产时期的青壮年茶树，生殖生长同时达到盛期，为了提高鲜叶产量，延长高产年限，抑制生殖生长，应加强氮素营养，并注意配合磷、钾肥。进入衰老期的茶树，树势衰退，产量、品质降低很快，增施氮肥的增产效果已不明显，此时为复壮茶树，一般都用重修剪、台刈和深耕等措施来促进茶树枝条和根系的更新。为了重新培养树冠与促进新根生长，必须配合施用氮、磷、钾肥。

据资料表明，在年生长周期中，茶树对营养元素的需求也不一致，一年中对氮的吸收以 4～6 月、7～8 月、9 月和 10～11 月为多，而前两个时期的吸收量占全年总吸氮量的 55％以上。磷吸收主要集中在 4～7 月和 9 月，约占全年吸磷量的 80％。对钾的吸收以 7～9 月为最多，占全年吸收总量的 56％。

全年茶树不同部位的吸肥情况也不一样，叶子对三要素的吸收比根、茎为多，以三年生茶树为例，不同器官的吸收量见表 14-21。

表 14-21　不同器官年吸肥量　　　单位：％

元素	根	茎	叶
氮	25	25	50
磷	34	30	36
钾	35	25	40

二、茶树的施肥原则

1. 重施有机肥，有机肥与无机肥相结合

我国茶区大多分布在水热条件较好的亚热带、热带酸性土壤上，有机质分解迅速，土壤理化性质较差，必须不断改良。因此，每年需

要大量施用有机肥，提高土壤肥力。同时，有机肥中各种营养元素经微生物作用，可提供茶树所需营养。但有机肥中有效成分低、释放慢，不能适应茶树生长季节需肥量大、吸收快的要求，还必须有化肥的配合。

2. 重视基肥，基肥与追肥相结合

茶树是多年生作物，贮藏的养分能再利用。每当茶树地上部分进入休眠期时，地下部分仍有吸收能力，其吸收的营养物质在茶树各器官中贮存起来，成为翌年春茶萌发的重要物质基础。而且基肥对全年茶树生长都有影响。因此，无论是幼龄茶园、成龄茶园或衰老茶园，都应重视基肥的施用。但茶树在一年中有明显的需肥、吸肥阶段，故在施足基肥的基础上，针对茶树不同的生育时期，还应分期进行追肥，做到基、追肥相结合。

3. 追肥以春肥为主，并配施夏秋肥

春茶生长旺盛，产量高，品质好，需肥量也大，它的产量、产值在全年茶叶生产中占有很大的比重。为了提高春茶的产量和品质，在茶园追肥中必须以春茶追肥为主，这次追肥不仅提供了春茶的营养，也为夏、秋茶提供营养。同时，为了茶树的持续生长和积累，也要施用夏、秋茶追肥。

4. 以氮肥为主，配合磷、钾肥及其他微量元素肥

茶树是芽用作物，所以在基肥中要选择含氮量较高的有机肥。同时，配施一定比例的化学氮肥，追肥亦应以氮肥为主，有利于茶叶产量的提高。

氮肥的形态对茶树生长和内质成分有较大的影响（表 14-22），茶树是一种喜铵态氮作物，分别施用等氮量的铵态氮和硝态氮时，铵态氮效果好，而当两者混合施用时效果就更好。

表 14-22　氮肥形态和茶树生长及茶叶成分的关系

氮肥形态	伸长量（全枝伸长）/m	茶叶成分/%			
		叶绿素	全氮	全磷	全钾
铵态氮	3.32	0.17	4.02	0.67	2.59
硝态氮	2.19	0.11	3.72	0.67	2.41
50%铵态氮＋50%硝态氮	4.28	0.20	5.60	0.71	2.88

在施用氮肥的基础上还需要配合磷、钾及微量元素肥，以保持茶树体内养分平衡，保证茶树正常生长。但茶树是一种忌氯厌钙作物，要控制氯、钙元素用量，以确保茶叶产量和质量。

5. 根部施肥为主，配施叶面喷肥

茶树根系发达，吸肥能力很强，应以根部施肥为主。但由于茶园情况不同，特别是土壤 pH 的差异，容易导致某些元素不同程度的亏缺。另外，长江中下游茶区常遇伏旱和秋旱，会影响根部的吸收。为了补充根部吸肥的不足，可用叶面喷肥来协助和调节。

三、茶园施肥技术

（一）茶园的施肥量

茶园秋冬基肥的施用量，一般要根据茶树的树龄、茶园的生产能力及肥料的种类而定。幼龄茶园，二三年生的幼龄茶园一般用1000～1500kg 堆肥，15～25kg 过磷酸钙，7.5～10kg 硫酸钾。四年生或五年生的茶园一般用 1000～2000kg 堆肥，20～30kg 过磷酸钙，10～15kg 硫酸钾。成龄的茶园通常亩施 1500～2500kg 堆肥，磷、钾肥的施用量则要根据茶叶产量与土壤的供肥能力而定。一般认为，每生产100kg 干茶需要 15kg 过磷酸钙和 10kg 硫酸钾，若土壤磷、钾含量丰富可少施。至于高额丰产茶园，根据各丰产茶园经验，亩产 500kg 以上的茶园，堆、厩肥量在 5000kg 以上。

追肥多以氮肥为主。据资料表明，每采收 100kg 干茶要从茶树上带走 4.5kg 纯氮。据同位素示踪试验结果，茶园中的氮肥利用率一般在 45％左右。这样，每从茶园采走 100kg 干茶，至少应补偿给土壤 10kg 纯氮。按照经验，施肥总量中追肥的施用量约占 2/3。例如某茶园预计亩产可达 150kg 干茶，则需补充 15kg 纯氮，其中 10kg 纯氮作为当年追肥用较为合适。对于丰产茶园，由于消耗养分多，所以，肥料施用量要适当增加。这样，既能满足茶树高产对养分的要求，又能使土壤肥力维持在高水平上。据长江中、下游茶区 400～500kg 的丰产茶园的施肥经验，每生产 100kg 干茶需要 15kg 纯氮，其中 2/3 以化肥氮的形式作追肥施入茶园。例如，某茶园预计采收每亩 400kg 干茶，则年施纯氮约需 60kg，其中作追肥的为 40kg 纯氮。

以上是成龄茶园的施肥量。对于幼龄茶树的非生产茶园，以及幼龄初采茶园，追肥量主要依树龄来确定：一年生茶苗因苗小幼嫩，一般不宜追施化肥；二年生茶苗每亩可施 3～4kg 纯氮；三年生茶树每亩增至 5～6kg 纯氮；四年生茶树每亩可增至 7～8kg 纯氮；五年生茶树每亩增至 9～10kg 纯氮。已投产的六年生茶树，可按产量施肥。

（二）三要素的适宜比例

茶叶对品质要求很高，只有在不同生育期对生产不同种类的茶园分别定出合理的三要素配合比例，才能充分发挥施肥的良好效果。

幼龄茶树尚未开采，主要是培养健壮的骨架和庞大的根系，搭成丰产的架子。此时氮肥耗量不多，要增加磷、钾肥的比重。据试验，长江中下游茶区，氮、磷、钾的配比一二龄时采用 1：1：1；三四龄时采用 2：1.5：1.5，或者 2：1.5：1；五六龄时采用 2：1：1。投产以后的茶园必须促进其营养生长而抑制生殖生长，应提高氮的比例，一般采用（3～4）：1：1 的配比，生产绿茶区可适当提高氮的比例，生产红茶区则适当提高磷、钾的比例，以利红、绿茶品质的提高。

（三）施肥时期

1. 基肥的施用时期

基肥的作用在于为茶树提供足够的缓慢分解的营养物质，既保证越冬期间茶树根系活动所需的养分和安全越冬，也为翌年春茶萌发提供养分。

茶树基肥施用时期要根据各茶区茶树的具体情况而定，一般宜早不宜迟。在地上部分停止生长时就立即施下，以确保茶树安全越冬，也有利于茶树越冬芽的正常发育，保证春茶的萌发、生长。据无锡市茶叶研究所试验，在日均温稳定在 18～12℃时，就可以开始施用基肥。长江中、下游茶区，一般从 9 月底至 10 月底施，不要超过 11 月上旬。

2. 追肥的施用时期

（1）春肥施用　春季茶树生长能力强，吸收能力亦强，长势猛、需肥量大。为了充分满足春茶生长对矿质养分的需要，促进茶树芽叶早发、快发、多发，齐发，要及时施下全年第一次追肥，这次追肥俗称"催芽肥"。施用时期应根据当地品种的物候期确定，一般是当鳞片初展到鱼叶开展期施下效果最好。从气温上讲，在日均温稳定在8℃时就可施用，并在采摘前15~20d完成追肥。追肥量较多的地区，可分二次施用。长江中下游茶区第二次追肥，一般在4月中下旬进行。

（2）夏秋茶追肥　茶树经过春茶旺长和勤采后，势必消耗体内大量的养分，只有及时补充才能保证夏秋茶的正常生长，夺取全年丰收。因此，在春茶结束以后，及时进行夏茶追肥。夏茶采摘结束后，随即进行秋茶追肥。夏秋茶追肥时期的确定，通常掌握两个要点：第一，看茶树。当茶树形成驻芽后及时施追肥。此时追肥，肥效发挥最好。如果推迟到下轮新梢萌发后再施，则萌发新梢的养分需从其他枝叶上获取。且由于养分供应量不足，形成芽瘦梢短，从而影响产量和质量。第二，看天气。气温在15~30℃，月雨量在50~80mm时都可施用，若处于32℃以上的高温，天气又干旱，茶树营养消耗过多，肥效作用小。

另外，还应注意到早芽品种要适当早施，迟芽品种要适当迟施；阳坡砂土茶园宜早施，阴坡、沟谷或黏土茶园宜迟施。追肥次数按茶芽萌发次数而定。最早一次追肥必须在早霜来临前一个月结束。

（四）施肥的位置和深度

无论施用基肥或追肥，要相对集中，条栽茶园要条施，丛栽茶园要按丛环施，幼龄茶园要按苗穴施。成龄采摘茶园的施肥位置一般在茶丛蓬面边缘垂直向下的地方，未形成茶蓬的幼茶树，施肥穴离根茎的距离一二年生苗为7~10cm，三四年生苗为10~18cm。

基肥深度，开采茶园施肥沟深度为15~30cm；幼龄茶园一二年生茶树为15~20cm，三四年生茶树为20~25cm。施肥后要及时覆土。

追肥一般为化学氮肥，其开沟深度视肥料性质而定，不易挥发而易流失的肥料适当浅施，5~10cm即可；而易挥发的肥料要适当深施，需10~15cm，并要做到随施随覆土。

（五）茶树叶面肥施用技术

叶面施肥应在茶树生长季节进行，新梢旺盛生长时施用，在一芽一叶或一芽二叶开展时施用效果最好。低温早春根外施肥有明显的催芽作用；夏秋干旱季节进行叶面施肥对增产有良好作用。晚秋叶面喷施磷、钾肥能增强茶树的抗寒能力。

茶树根外施肥以氮肥为主，可配以其他营养元素，也可与防治病虫害喷洒农药一起进行，但应注意只能与酸碱度相同的农药混合。另外，茶树叶片正面的角质层较厚，吸收养分能力差。而叶背面角质层较薄，并有很多气孔，吸收养分能力强。因此，根外追肥时要喷透茶叶叶片的正反面，喷肥时要掌握好各种肥料的适宜浓度，浓度过高会灼伤茶树叶芽。

茶树叶面施肥的适宜浓度见表 14-23。

表 14-23　茶树叶面施肥的适宜浓度

肥料	浓度/(mg/L)	肥料	浓度/(mg/L)
尿素	5000	硫酸锰	$50\sim200$
硫酸铵	10000	硼砂	$50\sim100$
过磷酸钙	10000	硫酸锌	$50\sim100$
硫酸镁	$100\sim500$	硫酸铜	$50\sim100$
磷酸二氢钾	5000	硼酸	$50\sim100$
硫酸钾	$5000\sim10000$	钼酸铵	$20\sim50$

参 考 文 献

[1] 于振文. 作物栽培学各论. 北京：中国农业出版社，2003.
[2] 刘树堂，崔德杰. 作物施肥技术与缺素症矫治. 北京：金盾出版社，2009.
[3] 邹国元，吴玉光. 经济作物施肥. 北京：化学工业出版社，2001.
[4] 张福锁，陈新平，陈清. 中国主要作物施肥指南. 北京：中国农业大学出版社，2009.